远程宽体客机科学与技术丛书

民用飞机湍流流动控制减阻技术

郑　耀　张　阳　叶志贤　邹建锋　著

科　学　出　版　社

北　京

内 容 简 介

本书以现代大型民用飞机湍流摩擦减阻为应用背景,总结了浙江大学课题组在中欧航空科技合作技术研究项目"基于湍流边界层流动控制的减阻技术(DRAGY)"中的部分工作,同时也汇聚了作者十多年来在绿色航空领域的技术积累。从数值计算和物理实验两个方面重点介绍了微吹气、沟槽、合成射流三种流动控制手段的基本概念、设计方法、流动机理以及控制规律等内容,探索真正可用于民用飞机摩擦减阻的有效途径。

本书可供航空宇航科学与技术、力学等相关专业的高年级研究生以及从事该领域研究工作的学者作为参考书使用。

图书在版编目(CIP)数据

民用飞机湍流流动控制减阻技术 / 郑耀等著. —北京:
科学出版社,2023.9
(远程宽体客机科学与技术丛书)
ISBN 978－7－03－076201－6

Ⅰ.①民… Ⅱ.①郑… Ⅲ.①民用飞机－湍流流动－
空气动力学－研究 Ⅳ.①V271

中国国家版本馆 CIP 数据核字(2023)第 156139 号

责任编辑:胡文治 / 责任校对:谭宏宇
责任印制:黄晓鸣 / 封面设计:殷 靓

科学出版社 出版
北京东黄城根北街 16 号
邮政编码:100717
http://www.sciencep.com

南京展望文化发展有限公司排版
苏州市越洋印刷有限公司印刷
科学出版社发行 各地新华书店经销

*

2023 年 9 月第 一 版 开本:B5(720×1000)
2023 年 9 月第一次印刷 印张:15 1/2
字数:304 000
定价:140.00 元
(如有印装质量问题,我社负责调换)

远程宽体客机科学与技术丛书

丛书序

大型飞机是国家中长期科学和技术发展规划纲要确定的重大科技专项,是建设创新型国家、提高我国自主创新能力和增强国家核心竞争力的重大战略举措。发展大型客机项目是党中央、国务院把握世界科技发展趋势,着眼我国现代化建设全局作出的一项重大战略决策,也是国家意志和民族梦想的集中体现。国产客机按照"支线-窄体-远程宽体"三步走战略实施发展。

远程宽体客机的研制是高度复杂的系统工程,涉及数学、力学、材料、机械、电子、自动控制等诸多学科与技术门类的综合集成,并向着全球分布式、协同设计与制造的方向不断发展。为了满足国产远程宽体客机对飞机的安全性、经济性、环保性和舒适性等方面提出的严苛技术指标,同时应对新的国际国内形势下设计理论和制造技术等方面的严峻挑战,迫切需要总结国内外已有的经验和成果,编著一套以"远程宽体客机"为主题的丛书,从而推动远程宽体客机研制中的科学与技术发展,具有极为重要的工程价值和深远的历史意义。

2017 年,科学出版社就开始酝酿"远程宽体客机科学与技术丛书"。我作为远程宽体客机的总设计师,欣然接受了科学出版社的邀请担任该丛书的主编。出版社邀请了国内部分知名院士担任丛书专家委员会顾问,同时组织国内优势高校和主要科研院所的知名专家,在基础研究的学术成果和工程研究实践的基础上,共同编写这套"远程宽体客机科学与技术丛书",确保丛书具有系统性、专业性、实用性和前瞻性。

本套丛书主要涵盖了飞机总体设计、空气动力学、材料与结构、机载系统、飞机制造、适航与管理、系统工程管理和地面与飞行试验等主要远程宽体客机研制专业方向和关键技术领域,在聚焦远程宽体客机研制一线的理念思路与工程经验的同时，着重关注领域内专家最新的理论方法和技术成果。本套丛书蕴含了我国近十几年来远程宽体客机研制技术发展的科技成果，既可供航空专业人员学习和参考，也可作为飞机工程研制的案头工具书。期望本套丛书能有益于国产大飞机的成功研制、有益于航空领域高层次人才的培养、有益于我国航空事业的高质量发展。

　　是为序！

2022 年 12 月

前　言

现代大型民用飞机不仅需要有优秀的空气动力学外形设计,而且需要有节能环保的良好品质。发展绿色航空技术是应对未来航空运输业发展、占领市场制高点的必要手段。据统计,民用飞机所受阻力中有超过 50% 的阻力来源于飞机表面黏性摩擦效应,因而减少飞行过程中的阻力是发展绿色航空技术的重要手段,阻力的减少可以大大减少飞行过程的燃油消耗,进而减少 CO_2 等气体的排放。减阻、降噪、减排、绿色能源等绿色航空技术已经成为未来民用航空研究发展的重点,引起了各国航空科技研究人员的重视。

自 2005 年起,中欧民用航空科技合作机制在双方政府的大力支持下逐步建立,双方先后共同开展了 AEROCHINA、AEROCHINA2、GRAIN、GRAIN2 共 4 个交流平台项目,以及 MARS、COLTS、DRAGY、IMAGE 等 8 个技术研究项目。其中,"基于湍流边界层流动控制的减阻技术(DRAGY：Drag Reduction via Turbulent Boundary Layer Flow Control)"项目,于 2016 年由中国工业和信息化部与欧盟科研创新总司联合投资设立,旨在通过中欧双方航空优势单位的联合专题研究,满足我国航空工业中长期科技发展中有关民用飞机性能提升、环保和安全性的战略目标,同时为欧盟 ACARE "航迹 2050"中制定的绿色航空环保目标奠定基础。该项目中方参研单位为浙江大学、清华大学、西北工业大学、北京大学、南京航空航天大学、北京航空航天大学、西安交通大学、中国商飞上海飞机设计研究院、中国航发商用航空发动机有限责任公司、航空工业西安航空计算技术研究所、中国航发四川燃气涡轮研究院、航空工业第一飞机设计研究院、航空工业空气动力研究院共 13 家,欧方参研单位为 CIMNE(工程数值方法国际研究中心)、UPM(西班牙马德里理工大学)、USFD(英国谢菲尔德大学)、DLR(德国航空航天研究院)、ONERA(法国航空航天研究院)、CNRS－PPRIME(法国国家科学研究院 PPRIME 研究所)、ICL(英国伦敦帝国理工学院)、CHALMERS(瑞典查尔姆斯理工大学)、POLIMI(意大利米兰大学)、AGI(空客创新集团)、AIRBUS(空客公司)、DASSAV(达索飞机制造公司)共 12 家。中欧双方参研单位共同推动着中欧航空科技合作湍流流动控制与减阻技术的发展。本书是 DRAGY 项目的重要研究成果之一,也汇聚了作者十多年来在绿色航空领域的技术积累,将有助于促进我国民用飞机空气动力学减阻设计新理念、新方法和新技术的提出和发展。

湍流是一种随机、紊乱、不规则的复杂流动现象,广泛存在于自然界,如江河急流、空气流动、烟囱排烟等。1883 年英国力学家雷诺在管道水流实验中观察到两种性质截然不同的流动状态,并引入表征流动中流体惯性力和黏性力之比的一个无量纲数,即雷诺数,作为判别层流和湍流两种流态的标准。湍流问题一直是困扰科学家的世纪难题。高空高速运动的飞行器,其表面大多数情况处于高雷诺数的湍流状态,因此,湍流减阻成为了提高飞行器空气动力学特性的主导方法之一,表现出高技术、高复杂度和高系统集成等特点。

湍流边界层流动控制是一种控制边界层流态变化的有效技术手段,减阻技术在巨大经济和社会效益的背后,驱动了许多表面摩擦阻力流动控制手段的出现。尽管早在 20 世纪 70 年代美国国家航空航天局 NASA 兰利研究中心就发现鲨鱼表皮齿状结构可以有助于减小鲨鱼快速游动时的流动阻力,但通过湍流边界层控制来减少表面摩擦阻力仍是一个相对较新的技术。一方面,随着计算模拟能力的进步,可以提升人们对湍流结构的理解,使得流动控制技术的实施成为可能;另一方面,微电子技术以及现代加工工艺的进步,使得各种构型流动控制作动器的制造、加工和批量生产成为可能。

本书以大型民用飞机空气动力学减阻设计问题为应用背景,通过数值模拟、风洞实验、物理分析以及控制装置设计等技术的研究,主要总结了我们课题组在湍流减阻方面所做的部分工作,重点介绍了微吹气、合成射流、沟槽等流动控制手段的基本思路、设计方法、流动机理以及控制规律等内容,讨论了真正可用于飞机流动控制减阻的有效途径,期望有助于提高湍流流动控制减阻技术的成熟度,加快民用飞机减阻技术在工程实践中的应用。在数值模拟方面,主要介绍了高精度的可压缩湍流直接数值模拟方法,其求解策略参考了中国科学院力学研究所李新亮研究员的部分研究成果,同时提出了虚拟单元浸没边界法与有限差分法相结合的新的数值求解方法,可用于复杂几何可压缩流动问题的高精度数值模拟,为各种主/被动控制技术的数值仿真提供了计算工具;在风洞实验方面,主要介绍了低湍流度风洞平台搭建、流动控制实验平台设计以及湍流边界层摩擦阻力测试技术等研究,重点分析了热线风速仪测试系统、激光多普勒测速系统以及时间分辨粒子图像测速系统的工作原理,为壁湍流物理特性测试技术提供了可行的技术手段;在物理分析方面,发展了新的湍流特征提取动态模态分解方法,重点研究了湍流边界层时空结构演化与摩擦阻力之间的关联性,揭示了湍流边界层表面摩擦阻力抑制机理,系统论证了各种流动控制技术的减阻可行性,奠定了湍流流动控制减阻技术的理论基础;在流动控制装置设计方面,重点研究了微尺寸沟槽薄膜大面积制备技术以及合成射流激励器及其阵列设计技术,详细讨论了辊轴热压印技术和微细铣削技术的工艺参数调优、合成射流激励器动态响应特性,为湍流减阻流动控制技术应用于工程实践提供了具体模型。

本书主要内容是以浙江大学 DRAGY 项目课题组成员在湍流减阻流动控制方面所发表的学术论文和博士论文为基础撰写而成。全书共分 6 章,第 1 章为湍流流动控制基本知识,概述了湍流边界层基本物理性质、各种流动控制策略以及绿色航空湍流摩擦减阻技术的发展潜力;第 2 章为可压缩湍流直接数值模拟方法,重点介绍了高精度有限差分法以及复杂几何虚拟单元浸没边界法,阐述了直接数值模拟方法对于精细湍流结构的捕捉精度;第 3、4、5 章分别介绍了微吹气、沟槽和合成射流三种流动控制技术,较为细致地阐述了这几种流动控制技术在湍流边界层摩擦减阻方面的详细原理;第 6 章为湍流特征提取动态模态分解方法,借鉴了马德里理工大学 Eusebio Valero、Jesús Garicano-Mena、Esteban Ferrer 以及李炳华所做的研究工作,详细阐述了动态模态分解方法的理论基础、数学推导以及改进策略,为湍流摩擦减阻研究提供了大规模数据分析工具。

湍流流动控制减阻技术目前还有待于深入研究,很多问题还有待进一步探讨和解决,再加上作者能力水平有限,只讨论了几种典型的流动控制手段,书中难免有疏漏和不足之处,望广大读者和专家批评指正。

　　本书适合于航空宇航科学与技术、力学等相关专业的高年级研究生以及从事该领域研究工作的学者作为参考书使用。衷心感谢参与中欧航空科技合作项目的参研单位和成员,大家的愉快合作和相互勉励使我们完成了一项有意义的工作。

郑　耀　张　阳　叶志贤　邹建锋

浙江大学航空航天学院

浙江省涡轮机械与推进系统研究院

目　录

第1章　**湍流流动控制基本知识**　　1

1.1　引言 …… 1

1.2　湍流基本物理特性 …… 3

1.3　边界层基本特性 …… 6

1.3.1　边界层损失 …… 6

1.3.2　边界层转捩 …… 8

1.4　壁湍流边界层 …… 9

1.4.1　黏性底层 …… 10

1.4.2　对数律层 …… 10

1.4.3　过渡层 …… 11

1.5　流动控制技术发展历程 …… 11

1.6　湍流流动控制减阻策略 …… 12

1.6.1　局部壁面变形 …… 12

1.6.2　吹/吸气控制 …… 16

1.6.3　合成射流控制 …… 20

1.6.4　等离子体流动控制 …… 22

1.6.5　涡流发生器 …… 25

1.6.6　其他控制策略 …… 25

第2章　**可压缩湍流直接数值模拟方法**　　31

2.1　前言 …… 31

2.2　三维可压缩 Navier‒Stokes 控制方程 …… 32

2.2.1　笛卡儿直角坐标系下控制方程 …… 32

2.2.2　曲线坐标系下空间变换 ……………………………………………… 34

2.3　流通矢量分裂 …………………………………………………………… 36

2.4　数值离散格式 …………………………………………………………… 37

2.4.1　WENO 格式 ………………………………………………………… 37

2.4.2　WCNS 格式 ………………………………………………………… 39

2.4.3　中心差分格式 ……………………………………………………… 40

2.4.4　时间离散 …………………………………………………………… 41

2.5　直接数值模拟求解过程 ………………………………………………… 41

2.6　可压缩平板湍流边界层 ………………………………………………… 42

2.6.1　基本算例设置 ……………………………………………………… 42

2.6.2　计算结果和验证 …………………………………………………… 44

2.7　浸没边界法 ……………………………………………………………… 48

2.7.1　虚拟单元浸没边界法 ……………………………………………… 48

2.7.2　验证算例 1：二维低马赫数圆柱绕流 …………………………… 52

2.7.3　验证算例 2：二维激波/圆柱相互作用 ………………………… 56

2.7.4　三维超声速球体绕流 ……………………………………………… 62

第3章　微吹气控制技术　　　　　　　　　　　　　　75

3.1　前言 ……………………………………………………………………… 75

3.2　微吹气技术 ……………………………………………………………… 76

3.3　微吹气控制平板计算模型 ……………………………………………… 77

3.4　湍流摩擦阻力 …………………………………………………………… 80

3.5　湍流瞬态结构和平均属性 ……………………………………………… 82

3.6　涡量动力学特性 ………………………………………………………… 85

3.7　湍流脉动强度 …………………………………………………………… 90

3.8　湍流信号经验模态分解 ………………………………………………… 91

3.9　摩擦阻力分解 …………………………………………………………… 96

3.10　影响微吹气减阻效果的因素 ………………………………………… 98

3.10.1　湍流摩擦阻力对比 ……………………………………………… 99

3.10.2　湍流平均速度场对比 …………………………………………… 100

3.10.3　湍流平均温度场对比 …………………………………………… 104

3.10.4　湍流脉动场分析 ………………………………………………… 106

3.10.5　涡结构对比 ……………………………………………………… 108

第4章　沟槽被动控制技术　113

4.1　前言 …………………………………………………… 113

4.2　辊轴热压印技术 ……………………………………… 114

4.2.1　辊轴热压印原理与装置设计 ………………… 114

4.2.2　热压印工艺参数正交试验设计 ……………… 116

4.2.3　沟槽薄膜制备效果与优化 …………………… 118

4.3　微细铣削技术 ………………………………………… 121

4.3.1　微细铣削参数正交试验设计 ………………… 122

4.3.2　沟槽平板制备效果与优化 …………………… 124

4.3.3　沟槽制备效果快速评估方法 ………………… 126

4.4　沟槽流动控制风洞实验平台 ………………………… 128

4.5　实验测量技术 ………………………………………… 131

4.5.1　热线风速仪测量系统 ………………………… 132

4.5.2　激光多普勒测速系统 ………………………… 134

4.6　实验数据处理方法 …………………………………… 136

4.6.1　湍流充分发展验证 …………………………… 136

4.6.2　速度采集点分布 ……………………………… 137

4.6.3　边界层不同高度速度测量 …………………… 137

4.6.4　摩擦阻力及湍流统计量 ……………………… 139

4.7　沟槽减阻风洞实验结果 ……………………………… 140

4.7.1　直沟槽流动控制减阻效果 …………………… 140

4.7.2　曲形沟槽流动控制减阻效果 ………………… 144

4.7.3　两种沟槽表面减阻特性对比 ………………… 146

4.8　沟槽控制湍流边界层的直接数值模拟 ……………… 149

4.8.1　直接数值模拟计算模型 ……………………… 150

4.8.2　流向速度型与减阻率 ………………………… 155

4.8.3　脉动速度场 …………………………………… 160

4.8.4　脉动涡量 ……………………………………… 164

4.8.5　近壁区条带结构 ……………………………… 168

4.8.6　规律性归纳 …………………………………… 172

第5章　合成射流控制技术　176

5.1　前言 …………………………………………………… 176

5.2 合成射流激励器 176

5.3 激励器响应特性 177

5.4 激励器流场 PIV 实验 181

5.4.1 时间分辨粒子图像测速系统 181

5.4.2 激励器出口瞬态流场特征 182

5.4.3 激励器出口平均流场特征 187

5.5 激励器流场模态分析 188

5.5.1 POD 方法 188

5.5.2 激励器流场模态分析结果 190

5.6 合成射流激励器阵列设计 194

5.7 充分发展湍流 196

5.8 激励器阵列信号输入 197

5.9 风洞实验结果 198

5.9.1 边界层速度分布特性 198

5.9.2 壁面摩擦阻力变化 201

5.9.3 湍流流场相关性分析 202

5.10 合成射流控制直接数值模拟 203

5.10.1 计算域与合成射流条件 204

5.10.2 光滑平板湍流边界层算例验证 206

5.10.3 合成射流减阻控制计算结果分析 206

第6章 湍流特征提取动态模态分解方法 212

6.1 前言 212

6.2 DMD 方法理论框架 213

6.3 DMD 方法的展开 213

6.4 比较 POD 方法与 DMD 方法的比较 219

6.5 复合动态模态分解方法 221

6.6 动态模态分解方法的并行技术 223

6.7 复合 DMD 在槽道湍流分析中的应用 224

6.7.1 串行化复合 DMD 分析 226

6.7.2 并行化复合 DMD 分析 229

第1章

湍流流动控制基本知识

1.1 引言

我国第十四个五年规划和二〇三五年远景目标的建议中指出,"要加快推动绿色低碳发展""支持绿色技术创新,推进清洁生产"。在过去几十年,尽管人类在保护环境方面取得了一定成绩,但全球环境形势依然十分严峻。节能减排已成为新兴技术关注的焦点,特别是交通运输工具的节能必然成为研究的重点。人们日益增长的出行、运输等方面的需求,与自然能源吃紧、燃油费用上涨、环境污染加剧之间的矛盾,使得降低飞机、汽车、轮船等运输工具的能耗,将成为各大运输公司以及科研工作者日益关注的迫切任务。

可以预见,在未来一二十年间,航空运输业将持续快速发展,其经济效益和环境效益也将备受关注。保护环境与经济发展都对现代工程技术的发展有着越来越重要的影响,成为推动技术革新发展的主要动力。欧洲航空研究与创新咨询委员会(Advisory Council for Aviation Research and Innovation in Europe, ACARE)在"航迹 2050"计划中设定了绿色航空运输业的环境目标为:二氧化碳(CO_2)排放量减少 75%,氮氧化物(NO_x)排放量减少 90%,可感噪声降低 65%。针对航空运输更为严苛的排放限制和监管措施极有可能在未来几年中出现,设计环境友好型飞机也已经成为飞机制造商的一大挑战。减少排放,尤其是 CO_2 和 NO_x 等温室气体的排放,是当前飞机设计的新范例。下面是两种减少排放的主要方法:

(1)改善航空发动机的效率;

(2)改进机身的气动设计。

航空发动机的高效设计有利于减少污染的产生。然而,减少最终的排放只能通过减少飞行过程中的阻力,从而进一步减少燃料消耗来实现。就飞行器来看,减少飞行过程的阻力是减排的重要手段,阻力的减少可以大大减少飞行过程的燃油消耗,减少 CO_2 等气体的排放。据不完全统计,美国能源消耗总量的 16%用于克服高速运输系统(如飞机和高铁)产生的空气动力学阻力,像诸如空客 A340 这样的飞机,每减阻 1% 每年可以节省约 400 000 L 燃油。由此可见,减小飞机的巡航阻力可以有效降低航空公司的运营成本,提高经济效益。

关于绿色航空飞行器减阻问题,必须考虑以下两个方面。

首先,表面摩擦阻力是总阻力的主要组成部分,要减小总阻力可以通过改变边界层流动状态来减小摩擦阻力。据统计,民用飞机所受阻力中有超过 50% 的阻力来源于黏性阻力(图 1.1),该阻力与飞机表面和边界层相互作用而产生的摩擦有关,其他部分还包括了诱导阻力、干扰阻力和激波阻力等;而在这 50% 的黏性阻力中,通过发展先进的技术手段,可减小黏性阻力高达 40% 以上,相当于总阻力的 15%。因此,相较于其他阻力来说,减小黏性阻力具有更大的发展潜力。

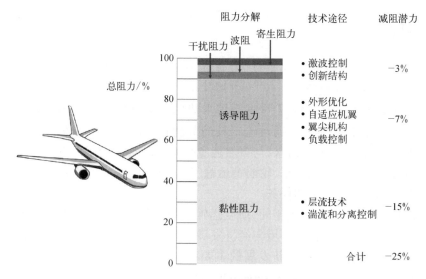

图 1.1　飞机的阻力和减阻潜力的分析

其次,飞机所处的大部分流动都是高雷诺数状态,因此表现出高度非线性湍流流动特性。黏性摩擦阻力主要包括两个部分:层流阻力和湍流阻力。在减小黏性阻力方面,主要的出发点是基于层流减阻和基于湍流减阻两个方面。倘若不发生流动分离,层流引起的黏性摩擦阻力相比湍流引起的摩擦阻力要小得多,所以在飞行器空气动力学设计中尽可能保持流线型外形以使得绕飞行器表面流动为层流,或者通过控制延迟转捩发生进而扩大层流区域。然而,飞行器的特征尺寸和运动速度通常较大,由此带来其表面流动大部分处于高雷诺数状态,在航空应用中湍流很难被避免。尽管人们对湍流边界层已经进行了多年研究并取得了很多进展,但受绿色可持续发展和减阻技术的推动,基于湍流边界层的摩擦减阻技术一直以来都是湍流研究的热门话题。

1.2　湍流基本物理特性

湍流是流体质点随机运动的集合,具体表现为流场中速度、压力等流动变量的随机脉动。作为自然界中存在最广泛的流动,湍流长期以来由于理论的匮乏并没有得到很好的解决,曾被称为"经典物理学最后的未解难题"。尽管如此,科技工作者仍然孜孜不倦地利用各种数学工具,立足多种角度对湍流进行深入探索与剖析,并总结出了湍流的一些物理特性。

首先,湍流是流体的一种运动特性,符合流体连续介质力学的基本规律,因此遵从纳维-斯托克斯(Navier‐Stokes)方程,其矢量形式表达式如下:

$$
\begin{aligned}
&\frac{\partial \rho}{\partial t} + \nabla \cdot (\rho \boldsymbol{V}) = 0 \\
&\frac{\partial \rho \boldsymbol{V}}{\partial t} + \nabla \cdot (\rho \boldsymbol{V}\boldsymbol{V}) = -\nabla p + \nabla \boldsymbol{\tau} \\
&\frac{\partial E}{\partial t} + \nabla \cdot (\boldsymbol{V}E) = -\nabla \cdot (p\boldsymbol{V}) + \nabla \cdot (\boldsymbol{V}\boldsymbol{\tau}) - \nabla \cdot (q)
\end{aligned}
\tag{1.1}
$$

其中, $E = \rho(e + \boldsymbol{V}^2/2)$; ρ 、 $\boldsymbol{V}$ 、 p 、 e 分别表示流体密度、速度矢量、压力和内能; t 为流动时间; q 是热流矢量,且满足傅里叶(Fourier)热传导关系。

剪切应力 $\boldsymbol{\tau}$ 的张量表达式为

$$
\tau_{ij} = \mu \left(\frac{\partial u_i}{\partial x_j} + \frac{\partial u_j}{\partial x_i} - \frac{2}{3} \frac{\partial u_k}{\partial x_k} \delta_{ij} \right)
\tag{1.2}
$$

其中, μ 表示流体动力黏度; δ_{ij} 是克罗内克 δ 函数。对于可压缩流体,还需补充状态方程使方程组封闭,如下:

$$
p = \rho RT
\tag{1.3}
$$

其中, R 是气体常数。

其次,湍流具有不规则性、多尺度性、相关性等多种典型物理特性,其具体表现可归纳如下。

1. 不规则性

在所有湍流运动中,流体粒子作杂乱、无规则和随机性运动。流体质点在向下游运动的同时,会不断与周围流体质点发生掺混和碰撞,由此产生动量和能量的交换。流体质点各流动变量是关于时间和空间的脉动函数,如图 1.2 所示给出了流场中某位置处速度随时间变化情况。从图 1.2 中可以看出,任意时刻流体位置的

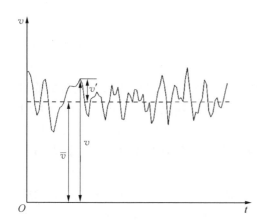

图 1.2　湍流速度的不规则性

速度均不相同,但它的分布却在某一平均值上下波动,即服从统计规律。因此,研究湍流大多采用统计方法。

将流体的瞬时速度 v 在时间 T 内取平均值,得到时均速度 $\bar{v}$ 为

$$\bar{v} = \frac{1}{T} \int_0^T v \mathrm{d}t \qquad (1.4)$$

则瞬时速度为时均速度与脉动速度之和,即

$$v = \bar{v} + v' \qquad (1.5)$$

通常来说,时均速度 $\bar{v}$ 依然是关于时间和空间的函数,称这种流动为非定常湍流。另外,脉动速度的时均值为 0,即

$$\bar{v}' = \frac{1}{T} \int_0^T (v - \bar{v}) \mathrm{d}t = \bar{v} - \bar{v} = 0 \qquad (1.6)$$

同理可知,对于流场变量例如压强、密度、温度等都可以将瞬时值分解为时均值和脉动值的代数和形式。

2. 多尺度性

湍流场中涡旋是一种时空多尺度结构,而且所对应的谱范围也很宽泛[1]。一般来说,这种对应关系表现为:低频率/短波数脉动对应于大尺度涡结构,而高频率/长波数则对应于小尺度涡结构。

以脉动速度 v' 的时间序列为例,对一段时间序列内的脉动速度作傅里叶积分,可以发现湍流脉动速度具有连续的频谱:

$$\hat{v}(x, \omega) = \frac{1}{2\pi} \int_{-\infty}^{\infty} v'(x, t) \mathrm{e}^{(\mathrm{i}\omega t)} \mathrm{d}t \qquad (1.7)$$

其中,频率 ω 就是一种时间尺度。脉动速度的频谱表征湍流运动不同时间尺度成分的叠加,通常时间尺度很小或很大的脉动成分只占少部分比例。

而在空间上,脉动速度也具有不同尺度成分。对于空间均匀的湍流,用傅里叶积分可获得脉动的波谱:

$$\hat{v}(x, k) = \frac{1}{8\pi^3} \int_{-\infty}^{\infty} v'(x, t) \mathrm{e}^{(\mathrm{i}k \cdot x)} \mathrm{d}x \qquad (1.8)$$

其中,波数 k 的倒数是波长,是一种长度尺度。脉动速度的波谱表示脉动速度动能

在空间各个尺度上的分布。

3. 相关性

在不同的时间点或空间点上,湍流运动并不是独立的,而是相互关联的,但是这种关联会随着时间间隔或空间距离的增大而减小,最后趋于 0。可通过相关函数来表征湍流时空结构流动特征之间的相关性,把相邻两点上脉动信息联系起来[2]。下面以脉动速度为例,定义自相关函数。

以湍流场中脉动速度 $v'(x, t)$ 为例,在 t 时刻 x 空间位置处的函数值与在 t' 时刻 x' 空间位置处的函数值乘积的统计平均量称为湍流脉动速度的自相关函数 R_{vv},其表达式如下:

$$R_{vv}(x, t, \xi, \tau) = \frac{\overline{v'(x, t)v'(x + \xi, t + \tau)}}{(\overline{v'^2(x, t)})^{1/2}(\overline{v'^2(x + \xi, t + \tau)})^{1/2}} \tag{1.9}$$

这里用脉动量的均方根进行规整化,$\xi = x' - x$,$\tau = t' - t$,x 和 t 分别是空间坐标和时间。

通常在数值模拟过程中,要求所选取的计算域足够大,以至于不影响到湍流脉动的发展,这就需要能包含所有脉动量两点之间自相关量不可忽略的区域,即在该区域边界区内,湍流脉动量的两点自相关函数值趋近于 0。为了判断在各空间方向上所选取的计算域长度是否合适,需考察脉动变量的两点自相关函数。例如考虑脉动速度 v',其展向自相关函数如下:

$$R_{vv}(z, y) = \frac{\overline{v'(x, y, z' + z)v'(x, y, z')}}{\overline{v'^2(x, y, z')}} \tag{1.10}$$

其中,上横杠表示对物理量同时进行流向和展向平均,然后再按时间平均,其自相关量 R_{vv} 是两点之间距离 z 和法向位置 y 的函数。

在相关函数中,随机变量乘积的因子数称为相关函数的阶数。例如式(1.9)称为脉动速度的二阶相关函数或二阶矩。此外,脉动速度的三阶矩表示为

$$S(v') = \frac{\overline{(v')^3}}{(\overline{v'^2})^{3/2}} \tag{1.11}$$

通常来说,三阶矩表示该随机变量的概率密度函数的不对称性,称为偏斜因子或扭曲率,对小尺度脉动极为敏感。为了能正确给出随机变量的高阶统计矩,要求有足够准确的随机变量变化数据和足够多的样本空间。随机变量的四阶矩表示该随机变量的间歇特征,称为平坦因子。这是相对于随机变量的概率密度函数为高斯(Gauss)分布而言的。因为 Gauss 分布是没有间歇性的正态分布,其平坦因子为

3,平坦因子大于 3 的随机变量被认为具有间歇性。

此外,湍流还具有:

(1)扩散性,即湍流脉动具有比分子运动更强的扩散能力,导致流体快速混合,增加了动量、热量及质量交换的速率;

(2)耗散性,即湍流的脉动会通过黏性剪切而将其动能转换为内能,只有连续不断的能量传输,湍流才能得以维持;

(3)旋转性,即湍流中伴随着大量的涡结构等。

对湍流的度量主要包括湍流强度、湍流尺度和湍流能谱等。在湍流运动中,伴随着涡旋的拉伸、破碎,能量由大尺度涡旋传递给较小尺度涡旋,直至最小尺度的涡旋在黏性力的作用下,把旋转动能转变为热能而耗散。这种湍流能量逐级传递的过程称为湍动能级串过程,可以是逐级发生,也可以是越级发生。在涡尺度不断减小的过程中,外部条件的影响逐级衰退,大涡结构的各向异性特性逐级消失,而趋于小尺度涡结构的各向同性,或称局部各向同性。

1.3 边界层基本特性

湍流作为一种多尺度、宽频带的混沌运动,在流动现象上比层流复杂得多。而当湍流中存在固壁边界约束时,则会形成相比于各向同性湍流等其他湍流更加真实而典型的流动现象,即壁湍流。当流体运动至固体物面时,由于流体黏性的作用以及物面无滑移边界条件,在紧贴物面的区域会产生一层具有速度梯度 $\partial u/\partial y$ 的流体薄层,被称为边界层。边界层概念由德国科学家普朗特于 1904 年[3] 提出,他首次阐述了这一区域的流体剪切作用正是黏性阻力产生的根源,并描述了边界层及其减阻在流线型设计中的应用。

1.3.1 边界层损失

边界层最基本特征是在远离物面处,流体速度与主流速度相等;在物面处受制于无滑移条件,流体速度则为零。当 $u = 99\% U_\infty$(U_∞ 为边界层外边界的速度)时的,垂直物面的法向距离为边界层厚度 δ_{99}。飞行器表面流动大多属于大雷诺数下的流动问题,且靠近壁表面速度梯度很大的这一层都是很薄的,因此边界层厚度 δ_{99} 相对飞行器尺寸来说实际上是个小量。但边界层厚度会随黏性流体空间的发展而有所增加。由于边界层内流体黏性效应较强,剪切应力作用较大,因而形成了流动阻力。边界层内阻力产生的根源在于流体与物体表面之间的摩擦以及边界层分离引起的。此外,由于边界层分离形成的尾迹区逆压梯度,也会产生所谓的压差阻力。

边界层内流体黏性和速度梯度特征使得通过边界层内流体的流量和动量存在

损失,可以用位移损失厚度 δ_d 和动量损失厚度 δ_θ 来进行描述。

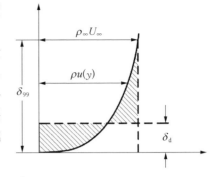

位移损失厚度是指因为边界层内质量流量降低而要求流道加宽的厚度,如图 1.3 所示。假设壁面上某一点处的边界层厚度为 δ_{99},边界层内的流动速度减小,这使得实际流过边界层内的质量流量比不存在边界层的无黏流体减少,所减少的质量流量可表示为

$$\int_0^{\delta_{99}} \left[\rho_\infty U_\infty - \rho u(y) \right] \mathrm{d}y \qquad (1.12)$$

图 1.3　位移损失厚度

其中,ρ 和 $u(y)$ 分别是边界层内流体的密度和速度;ρ_∞ 和 U_∞ 分别是边界层外无黏流体主流密度和速度。这些减少的质量流量要在主流中减去 δ_d 距离才能流出去。因此,它应等于以无黏流体(ρ_∞,U_∞)流过 δ_d 距离上的质量流量,即

$$\rho_\infty U_\infty \delta_\mathrm{d} = \int_0^{\delta_{99}} \left[\rho_\infty U_\infty - \rho u(y) \right] \mathrm{d}y \qquad (1.13)$$

可得

$$\delta_\mathrm{d} = \int_0^{\delta_{99}} \left[1 - \frac{\rho u(y)}{\rho_\infty U_\infty} \right] \mathrm{d}y \qquad (1.14)$$

由此可见,在质量流量相等的条件下,这正如将无黏流体(ρ_∞,U_∞)的流动区域自壁面向外移动了一个 δ_d 距离,由此来表征由于流体黏性效应而导致边界层内流体质量流量相对无黏流动减小的程度。

由于边界层内流速小于主流速度,因此边界层内流体的动量也会减小。实际通过边界层内流体具有的动量为 $\int_0^{\delta_{99}} \rho u^2(y) \mathrm{d}y$,若此部分流体以边界层外无黏流体速度运动时,所具有的动量为 $\int_0^{\delta_{99}} \rho u(y) U_\infty \mathrm{d}y$。因此,边界层内动量损失应等于单位时间内以无黏流体(ρ_∞,U_∞)流过厚度 $\delta_\theta \times$ 宽度 1 面积的流体所具有的动量,即

$$\rho_\infty U_\infty^2 \delta_\theta = \int_0^{\delta_{99}} \rho u(y) U_\infty \mathrm{d}y - \int_0^{\delta_{99}} \rho u^2(y) \mathrm{d}y \qquad (1.15)$$

可得,动量损失厚度为

$$\delta_\theta = \int_0^{\delta_{99}} \frac{\rho u(y)}{\rho_\infty U_\infty} \left[1 - \frac{u(y)}{U_\infty} \right] \mathrm{d}y \qquad (1.16)$$

通过式(1.14)和式(1.16)可以看出,位移厚度和动量损失厚度均与边界层厚度和速度分布有关,通常用形状因子 H 将两者联系起来,用来表征边界层内速度分布的形状,即

$$H = \frac{\delta_d}{\delta_\theta} \tag{1.17}$$

当 H 越大时,边界层内速度分布越呈现凹形状,如图 1.4 所示;当 H 越小时,速度分布越饱满。通常来说,湍流流体横向脉动的动量交换相比层流更剧烈,因此湍流边界层内形状因子比层流的小,边界层内速度分布更为饱满。

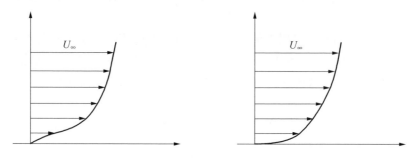

图 1.4　两种边界层速度分布

1.3.2　边界层转捩

与湍流相对应的流动状态称为层流。随着雷诺数的增大,流动会发生层流到湍流的演变,即转捩。同样,边界层流动和管流一样也分为层流边界层和湍流边界层。实验观察表明,流体从物体前缘开始,最先形成层流边界层。但层流边界层存在一个发展极限,当超过此极限时,层流处于不稳定状态,并会逐渐转捩为湍流边界层。图 1.5 所示是自由流体流过平板示意图,其中 L－S 称为层流边界层段,S－T 称为转捩段,转捩起点 S 距平板前缘的距离用 x_S 表示,对应于转捩点 S 的雷诺数称为临界雷诺数 Re_{cr},即 $Re_{cr} = \dfrac{\rho U_\infty x_S}{\mu}$。通常临界雷诺数 Re_{cr} 的大小可通过实验确定。对于平板流动来说,临界雷诺数 Re_{cr} 为 $5 \times 10^5 \sim 3 \times 10^6$。经过转捩段 S－T 后,边界层转变为湍流。由 Re_{cr} 可得到转捩点的位置,即

$$x_S = \frac{\mu\, Re_{cr}}{\rho U_\infty} \tag{1.18}$$

由式(1.18)可知,转捩点位置与流体黏度、密度、主流速度和临界雷诺数有关。

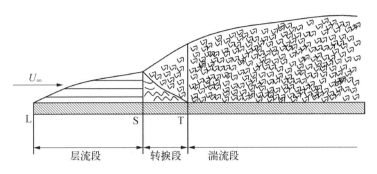

图 1.5　自由来流平板边界层

1.4　壁湍流边界层

壁湍流是指流动受一侧或多侧固体壁面边界所限制的流动。典型的壁湍流有槽道流、管道流、平板边界层等,其特点为平均流方向与固体壁面近似平行,流动特征沿壁面法向变化较大,但沿流向与展向的变化很缓慢。因此,在壁湍流问题的研究中,探究各流动特征量沿法向变化情况非常重要。下面将通过量纲分析,简要推导平均流向速度 $\bar{u}$ 沿法向的变化情况,即壁面律。

充分发展的湍流边界层可由流体密度 ρ、流体黏度 μ、边界层厚度 δ、壁面摩擦应力 τ_w 来表征。其中,由于壁面处脉动速度为 0,壁面摩擦应力完全由黏性应力组成,即

$$\tau_w = \mu \left.\frac{\mathrm{d}\bar{u}}{\mathrm{d}y}\right|_{y=0} \tag{1.19}$$

于是,壁面律有以下表示形式:

$$\bar{u} = f(\rho, \mu, \delta, \tau_w, y) \tag{1.20}$$

其中,y 为沿着壁面法向高度。定义壁面摩擦速度 $u_\tau = \sqrt{\tau_w/\rho}$ 以及黏性尺度 $\delta_\nu = \nu/u_\tau$,其中 $\nu = \mu/\rho$ 是流体运动黏度。

将式(1.20)改写成以下无量纲形式:

$$\frac{\mathrm{d}\bar{u}}{\mathrm{d}y} = \frac{u_\tau}{y}\Phi\left(\frac{y}{\delta_\nu}, \frac{y}{\delta}\right) \tag{1.21}$$

根据普朗特假设,在 $y/\delta \ll 1$ 区域,壁面律仅与黏性尺度 δ_ν 有关,而与外区尺度 δ 无关。定义无量纲高度 $y^+ = y/\delta_\nu$ 与无量纲速度 $u^+ = \bar{u}/u_\tau$,一般在 $y/\delta < 1$ 情况

下,进一步地将式(1.21)表示为

$$\frac{\mathrm{d}u^+}{\mathrm{d}y^+} = \frac{1}{y^+}\Phi_1(y^+)$$ (1.22)

1.4.1 黏性底层

考虑不可压缩零压力梯度平板湍流,其流向方向的动量方程有如下表达式:

$$\bar{u}\frac{\partial \bar{u}}{\partial x} + \bar{v}\frac{\partial \bar{u}}{\partial y} = \nu\frac{\partial^2 \bar{u}}{\partial y^2} - \frac{\partial \overline{u'v'}}{\partial y}$$ (1.23)

由于无滑移壁面条件 $\bar{u} = \bar{v} = u' = v' = 0$, 有

$$\mu\frac{\partial^2 \bar{u}}{\partial y^2}\bigg|_{y=0} = 0$$ (1.24)

可进一步推出:

$$\frac{\partial^2 u^+}{\partial y^{+2}}\bigg|_{y=0} = 0$$ (1.25)

又由于在壁面 $y = 0$ 处,有

$$\frac{\partial u^+}{\partial y^+}\bigg|_{y=0} = 1$$ (1.26)

由此,依据泰勒级数展开,在紧贴壁面区域的壁面律满足:

$$u^+ = y^+ + o(y^{+3})$$ (1.27)

大量研究结论表明,在 $y^+ < 5$ 时,可忽略高阶项。因而,壁面律可表示为线性形式:

$$u^+ = y^+$$ (1.28)

1.4.2 对数律层

假设当湍流雷诺数 Re_τ 较大时,边界层内存在区域同时满足 $y/\delta \ll 1$ 和 $y^+ \gg 1$ 两个条件。

首先需要证明这个区域的存在性。在内层边界处 $y/\delta \approx 0.1$, 有

$$y^+ \approx 0.1\delta/\delta_\nu = 0.1Re_\tau$$ (1.29)

可见当雷诺数较大时可以满足 $y^+ \gg 1$。因而,我们通常划定对数律层的范围为 $y^+ > 30$, $y/\delta < 0.3$。

第一个条件($y/\delta \ll 1$)表明该区域的流动特性与外层参数无关(普朗特假设),第二个条件($y^+ \gg 1$)表明流体的黏性作用非常小。因此可以认为,对数区的壁面律分布与内外层特征尺度 δ 和 δ_ν 的关联性都较弱。

于是可令式(1.22)中 $\varPhi(y^+)$ 为常数 $1/\kappa$,并展开积分,得到对数区的壁面律表达式:

$$u^+ = \frac{1}{\kappa}\ln y^+ + B \tag{1.30}$$

其中,κ 为冯卡门常数,一般认为是 0.41,但其普适性仍有待学术界讨论;B 取值在不同的壁湍流问题中会有差异,对于平板湍流边界层 $B \approx 5.1$,圆管湍流 $B \approx 5.2$,槽道湍流 $B \approx 5.5$。

1.4.3　过渡层

这一区域位于黏性底层与对数层之间的过渡区域,其区域范围大致为 $5 < y^+ < 30$。这里的平均速度既不是线性分布,也不是对数分布,即同时不满足式(1.28)和式(1.30),分子黏性应力和雷诺应力属于同一量级。此时,壁面律由线性分布逐渐向对数分布转变,湍流强度和雷诺应力急剧增加,流向速度脉动在此区域达到极大值。

1.5　流动控制技术发展历程

流动控制技术是一种用于操纵流体流动行为和特性的技术手段,其目的是增强或修改流动属性,如速度、压力和湍流强度等。流动控制技术涉及流体力学、材料科学、控制理论和计算机科学等多个学科,其在航空航天、汽车、民用和生物医学工程等各个领域都有广泛的应用。通过主/被动的流动控制技术可以实现转捩延迟或推前、湍流抑制或增强、流动分离控制等,从而实现对空气动力学升阻力、流致振荡或噪声等有效控制的目标。

从时代发展的角度可以将流动控制的发展大体分为五个阶段[4,5]:经验时期(1900 年之前),流动控制的主要形式为河道、挡风墙等;科学时期(1900~1940年),普朗特(Prandtl)于 1904 年提出边界层理论,并阐释流动分离和控制现象;二战时期(1940~1970 年):对快速、高效、高机动性的飞行器及潜水艇等设备的需求使得流动控制变得尤为重要,自然层流设计及层流控制、聚合物减阻开始出现;能源危机时期(1970~1990 年),工业发展对流动控制在民用航空、航海和陆地工具的应用提出新的要求,大涡破碎装置和沟槽成为湍流边界层流动控制的主要手段;高速发展时期(1990 年之后),针对拟序结构控制的更为复杂交互的手段陆续被提出,其中表面处理工艺、微机电系统以及智能控制算法等起到了关键性作用。

流动控制技术的主要目的之一就是增升减阻,它是提高飞行器空气动力学性能的有效方式。通常情况下,民用飞机表面流动雷诺数可达 10^6,使其湍流边界层摩擦阻力远高于层流,是飞机表面摩擦阻力的主要来源。通过各种流动控制手段对湍流边界层进行干扰作用,可以有效提升飞行器气动性能,从而提高碳氢燃料的利用率,减少污染物的生成和排放。伴随着保护环境和工业应用的需求,流动控制技术也在不断革新和发展,特别是湍流减阻效应的背后蕴含着巨大的经济利益,更加驱动着人们对流动控制减阻技术的发展。

1.6 湍流流动控制减阻策略

真正找到一种有效的湍流边界层流动控制减阻策略是一项非常困难的任务,目前大部分研究尚处于机理探索阶段,且有些策略的优缺点还不完全被人所知,因此非常有必要系统深入地对各种流动控制手段进行探讨,建立湍流流动控制理论框架,设计应用可行性的流动控制装置。

从能量输入的角度来看,减阻控制主要分为被动控制和主动控制。主动控制需要额外的能量输入,主要通过施加体积力或在壁面输入能量来对流动进行控制,它们可以达到大于 30%的减阻率。而被动控制不需要系统能量的输入,主要是改变壁面外形,进而改变近壁面流动状态来减阻,一般具有较小的减阻率。下面对几种典型的主/被动流动控制策略进行介绍。

1.6.1 局部壁面变形

局部壁面变形控制包括主动变形和被动变形两种。

主动变形控制利用壁表面形状的动态变形(如凸起或凹陷)来影响湍流边界层近壁区特征结构,例如高速条纹和准流向涡。比较常见的有流向行波控制和展向行波控制,如图 1.6 所示。当湍流反馈控制的作动器特征尺寸和响应时间与近壁区特征结构的尺寸在相近数量级时,这两种行波方式都可以产生较好的减阻效果[6-8]。但主动变形控制在实践应用时,会存在控制装置复杂和安装难度大等问题。

被动变形控制不需要辅助作动装置,只需在壁表面生成有一定形状和大小的脊状结构,最常见的是沟槽或小肋微结构控制。早在 20 世纪 70 年代,美国国家航空航天局 NASA 兰利研究中心[9]的研究人员就发现,鲨鱼表皮并非如大多数人所想象的那样光滑,而是存在各种各样的齿状结构,它能有效降低鲨鱼快速游动时的摩擦阻力,如图 1.7 所示。这一重大发现打破了表面越光滑,阻力越小的传统思维,使得人们开始重新思考湍流边界层减阻的理论与方法。后来,人们陆续在蝴蝶、鸟羽毛、荷叶等动植物光滑表面也发现了类似不光滑的微结构,这进一步启发了人们如何将仿生学思想借鉴到工业应用中。

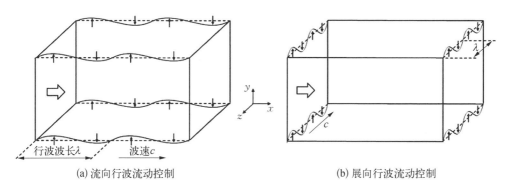

(a) 流向行波流动控制　　　　　　　(b) 展向行波流动控制

图 1.6　主动变形流动控制示意图

图 1.7　仿生学现象

迄今为止,将被动变形控制技术应用最成功的例子是 Speedo 运动品牌设计的鲨鱼皮泳衣,大大减少了游泳运动员在水中的阻力,帮助游泳运动员菲尔普斯在北京奥运会一举拿下 8 枚金牌。2015 年,中国和欧盟委员会在民用航空科技合作框架下开展了基于湍流边界层流动控制的减阻技术研究[10,11],探索民用飞机实际真正可应用的减阻方案,沟槽被动控制被列为重点研制手段。中欧双方 20 多个科研机构进行了长达 36 个月的研制工作。从基础实验、数值模拟、飞行试验和工业评估等多方面,对整个沟槽减阻技术的应用过程开展了联合研究,系统地评估了沟槽减阻在民用飞机应用的可行性。如图 1.8 展示了中方研发团队设计加工的沟槽薄膜微尺度结构以及在飞机机身上的减阻应用。2021 年,德国汉莎技术公司宣布,与巴斯夫公司合作研发了一种由 50 μm 棱柱形突起组成的仿鲨鱼皮薄膜,可用于减少飞机表面摩擦阻力,并且在飞行控制方面,鲨鱼表面结构的安装尚未给飞行安全造成负面影响。经过估算后认为,倘若在每架波音 777 - 300ER 飞机上覆盖有鲨鱼皮薄膜,每年能节约 400 t 燃料,相当于减少 1 200 t CO_2 排放。但这种结构能否经受得住长期飞行任务的考验,真正做到高效节能,也需要继续验证。

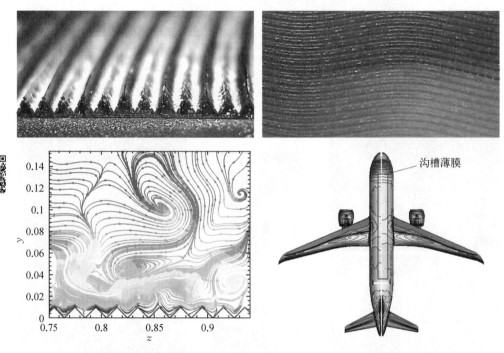

图 1.8　中欧航空合作设计研发的沟槽薄膜以及在飞机机身上的减阻验证[10,11]

　　沟槽作为一种被动流动控制技术,其减阻效率和机理的研究已经持续了超过 50 年。但目前为止,关于沟槽控制湍流边界层时空演化规律的研究仍然不透彻。究其原因,一方面是由于沟槽尺寸较小,实验技术很难获得沟槽内部流动的信息,数值模拟方面也需要高分辨率网格解析;另一方面是由于湍流本身的复杂性以至于人们对于湍流及其边界层理论的认识还不足以对湍流边界层流动控制减阻的机理进行深刻的阐述。

　　对于沟槽减阻的机理,一般认为存在两种观点,观点一认为壁面沟槽结构抬升了近壁区流向涡,从而减弱流向涡与底层壁面之间相互作用;观点二认为,受沟槽两侧二次涡的影响,流向涡强度减弱,抑制了低速条带的形成和底层流体向外层的抬升、振荡和破碎过程。Lee 和 Lee[12] 采用粒子图像测速和高速相机捕捉示踪粒子在沟槽内部的轨迹,如图 1.9 所示。从中发现沟槽发挥减阻作用时,壁面附近的流向涡被集中到了沟槽尖峰的位置,沟槽谷底流动平稳;沟槽处于增阻状态时,流向涡掉落到沟槽谷底并与壁面相互作用。因此,他们认为沟槽的减阻有效性在于合适宽度的沟槽可以抬升流向涡,避免了与壁面直接接触,进而起到了减阻效果,这是对第一种观点的有力支持。

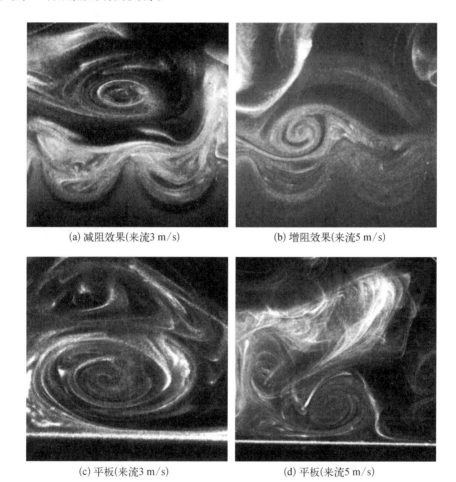

(a) 减阻效果(来流3 m/s)　　　　　　　(b) 增阻效果(来流5 m/s)

(c) 平板(来流3 m/s)　　　　　　　　(d) 平板(来流5 m/s)

图 1.9　近壁区流向涡结构可视化[12]

对于第二种观点,Bacher 和 Smith[13] 使用高清流动显示技术和热膜传感器测量了沟槽内的流动状态,如图 1.10 所示,观察到沟槽表面流向涡附近产生了小涡结构,流向涡的强度在沟槽尖峰处被减弱,且流向涡的展向运动被沟槽所限制。Choi 等[14]发现沟槽尖峰使流向涡的展向运动趋势减弱,并形成了展向的涡卷结构,降低了湍流脉动强度。此外,Martin 和 Bhushan[15]通过数值模拟发现,通过改变沟槽特征几何参数,近壁区展向速度脉动尽管发生变化,但其改变趋势与沟槽的减阻趋势并不一致,这也就意味着展向流动的减弱只是流向涡抬升效果的一种表现,而并非减阻机理本身。

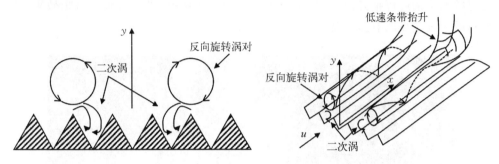

图 1.10　沟槽附近流向涡与二次涡结构

值得说明的是,无论是蝴蝶表面还是鲨鱼皮,其真实表面的结构都是三维形态,相比二维沟槽结构来说可能更具复杂性。作为一个非线性的流体动力学演化过程来说,沟槽控制湍流边界层流动机理的认识和理解仍需要科研人员努力去挖掘和探索。

1.6.2　吹/吸气控制

吹/吸气是一种常见的主动流动控制策略,如图 1.11 所示,其中吹气控制是一种通过向壁面入射流体并与低能量的边界层流体混合,以实现对湍流控制的流动方式。与吹气相对应的吸气控制,则是吸走喷口处的低能量流体,使边界层流体更为附着。最早普朗特在研究边界层理论时就提出利用抽吸的方法可以延迟圆柱绕流的流动分离。特别是在强吸气控制下甚至可实现湍流边界层"再层流化"。常见的各种吹气方法包括均匀吹/吸气、非定常吹气、微吹气、吹/吸气反馈等。

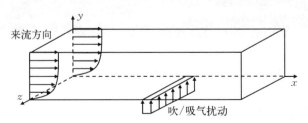

图 1.11　展向吹/吸气流动控制示意图

按照控制频率可将吹/吸气控制大致分为定常和非定常两种。定常吹/吸气的气体状态不随时间发生变化,可以理解为均匀气体与湍流边界层之间的相互作用。Antonia 和 Fulachier[16,17]发现二维定常吸气控制可以使得近壁区的展向涡强度、湍流应变率和流线曲率均减小,低速条带结构的流向长度增加。Park 和 Choi[18]发现在定常吹气控制下,边界层内对数律层上移,流向涡被抬升,吹气控制区表面的摩擦阻力会呈现减小效果,但定常吸气控制给壁面湍流边界层会带来完全相反的情形。此外,吹/吸气控制还会影响到湍流的各向同性特征,例如 Chung 等[19,20]对槽道流中定常吹/吸流动控制进行了直接数值模拟研究,发现吹气减弱了近壁面湍流结构的各向异性特性,而吸气增强了湍流的各向异性。Keirsbulck 等[21]和 Guo 等[22]通过风洞实验进一步验证这一观点,吹气控制使得湍流边界层的耗散尺度增强,剪切尺度缩短,积分尺度减小,流动趋于各向同性。

吹/吸气应用于飞机机翼表面有助于改善其空气动力学特性[23]。下面展示了对 NACA4412 翼型进行定常吹/吸气控制的数值研究,计算条件是进口雷诺数 $Re = 200\ 000$,攻角 $\alpha = 5°$,分别在翼型上吸力面和下压力面不同位置施加定常吹/吸气控制,如表 1.1 所示,其中 x/c 表示流向位置与弦长的比值,取两种吹/吸气体强度,其速度分别为来流速度 U_∞ 的 0.1% 和 0.2%。

表 1.1 NACA4412 翼型表面吹/吸气控制

工 况	吸 力 面	压 力 面
A	—	—
B	定常吹气,0.1% U_∞ (0.25<x/c<0.86)	—
C	定常吹气,0.2% U_∞ (0.25<x/c<0.86)	—
D	定常吸气,0.1% U_∞ (0.25<x/c<0.86)	—
E	定常吸气,0.2% U_∞ (0.25<x/c<0.86)	—
F	定常吸气,0.1% U_∞ (0.25<x/c<0.86)	定常吹气,0.1% U_∞ (0.25<x/c<0.86)
G	—	定常吹气,0.1% U_∞ (0.2<x/c<1.0)
H	—	定常吹气,0.2% U_∞ (0.2<x/c<1.0)

如图 1.12 是工况 C 和 E 两种情形下机翼上表面大小尺度涡旋可视化分布图,其中涡旋表面颜色由流向速度 u/U_∞ 来表征,从红色变化到蓝色对应于 $u/U_\infty = -0.2 \sim 1.7$,图中黄线标识出了吹/吸气控制区域的范围,通过对比可以看出,吹气使

得湍流边界层厚度明显增加,机翼尾缘附近底层边界层流向速度相比吸气工况有所下降。

(a) 吸力面定常吹气   (b) 吸力面定常吸气

图 1.12 翼型表面涡结构分布

红色~蓝色表示流向速度 $u/U_\infty = -0.2 \sim 1.7$,黄线标识控制区长度

通常来说,无论在吸力面还是压力面,吹气控制都使得壁表面摩擦阻力减小,吸气控制则增大摩擦阻力,并且吹气(吸气)强度越高,减阻(增阻)越大。表 1.2 所示是几种工况下升阻力系数对比。可以发现,在吸力面施加吹气控制,虽然摩擦阻力 $C_{d,f}$ 减小,但带来压差阻力 $C_{p,f}$ 显著提高和升力下降,使得总阻力 C_d 增加,升阻比 C_l/C_d 下降;在吸力面施加吸气控制,虽然摩擦阻力增加,但带来压差阻力显著下降和升力大小提高,进而使得总阻力下降,升阻比增加;综合来看,在压力面施加吹气控制,与此同时,在吸力面施加吸气控制,会带来较优的升阻比特性。

表 1.2 吹/吸气控制升阻力系数对比

工况	C_l	$C_{d,f}$	$C_{d,p}$	C_d	C_l/C_d
A	0.867	0.012 8	0.008 7	0.021 5	41
B	0.833(−4%)	0.012 2(−4%)	0.009 9(+14%)	0.022 1(+3%)	38(−7%)
C	0.796(−8%)	0.011 7(−8%)	0.011 3(+31%)	0.023 1(+8%)	34(−15%)
D	0.898(+4%)	0.013 3(+4%)	0.007 6(−12%)	0.021 0(−2%)	43(+6%)
E	0.925(+7%)	0.014(+10%)	0.006 6(−24%)	0.020 6(−4%)	45(+11%)
F	0.899(+4%)	0.013(+1%)	0.007 4(−14%)	0.020 4(−5%)	44(+9%)
G	0.871(0%)	0.012 3(−4%)	0.008 4(−3%)	0.020 7(−3%)	42(+4%)
H	0.880(+1%)	0.011 9(−7%)	0.008 4(−3%)	0.020 3(−5%)	43(+7%)

除了定常吹/吸气流动控制外,还有非定常吹/吸气控制,例如周期性吹/吸气控制。其激励周期会使得吹/吸气射流能够与近壁面湍流结构更有效地相耦合,但也带来了实际应用方面复杂的控制系统设计。Kim 和 Sung[24] 以及 Araya[25] 等发现,定常/非定常吹气控制都可使壁面的摩擦阻力降低。但与定常吹气相比,非定常吹气控制会在流场中诱导出周期性的展向涡,使得近壁区的湍流雷诺应力、流向涡脉动和能量再分配增加。

美国 NASA 航空航天局格伦研究中心研究员 Hwang[26, 27] 提出了一种微吹气技术(micro blowing technique,MBT),如图 1.13 所示,其主要目的是控制湍流边界层用于摩擦减阻。通过在壁面上布置一系列微小多孔阵列(孔径在亚毫米级别),通过微孔垂直于壁面入射微量动量的气体,由此改变壁表面的边界层流场结构。微吹气技术最显著的特点在于多孔板的应用,它使得无论是定常或周期性吹/吸气技术在实际工程应用上具备了可操作的载体。他们通过在飞机发动机全尺寸的短

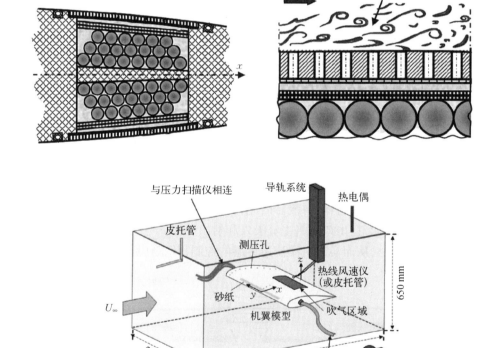

图 1.13　微吹气技术真实翼型实验

舱表面布置微吹气的多孔板装置，在 $Ma0.8$ 条件下成功实现了摩擦减阻。俄罗斯科学研究院 Kornilov 和 Boiko[28-30] 在 Hwang 前期研究基础上，在亚声速低湍流度风洞中对多孔阵列布置的可渗透平板微吹气控制进行了实验研究，也证明了微吹气控制边界层减阻的有效性。

除了吹气强度和自由来流条件外，影响微吹气减阻控制效率的几何因素主要有：吹气孔形状（如圆孔、方孔、狭缝等）、吹气孔空间分布（如多个孔沿流向均匀或无规则分布等）以及吹气孔尺寸（如缝宽、孔径、孔深等）。微孔的设计要保证在零吹气条件下壁表面摩擦阻力与不开孔情况都处于相当的水平，这样才能达到更好的减阻效率。

北京航空航天大学李椿萱院士团队早期对微吹气技术开展了研究工作[31-33]，旨在描述多孔微射流壁面的减阻规律和空气动力学特性，通过建立微孔壁物理模型提高了微吹气控制在数值模拟方面的计算精度。此外，还针对超临界翼型进行了微吹气流动控制的研究，发现翼型前缘微吹气控制的减阻效果比尾缘更佳；在无激波的情况下，在距翼型尾缘 20% c 处施加微吹气控制，可以实现 12.8%～16.8% 减阻和 14.7%～17.8% 升力增加，而存在激波情况下，微吹气的控制效果则受到抑制。刘沛清教授对二维翼型微吹/吸气控制技术进行了数值研究[34]，结果发现，前缘微吸气可延迟边界层转捩，且随着吸气量的增加，转捩位置趋于固定；在同一雷诺数下，吹/吸气联合控制可使翼型总阻力减小约 16%。

1.6.3　合成射流控制

事实上，合成射流也是一种吹/吸气主动控制策略，但区别在于合成射流控制所需气流的净流量为 0，合成射流控制最关键的在于激励器的设计，它是采用一个带薄膜或活塞的腔体将气体交替吹/吸入孔中，用以模拟一个零净质量流量的射流扰动装置。当一个周期内吹气量和吸气量相同即保持流场中总流体质量不变时，就形成了零净质量流量的合成射流。因此，合成射流不需要外部气源供气，仅靠激励器内的作动器振动，在出口处将主流吸入和射出腔体，产生一系列不断向外扩展的非定常涡环/涡对，从而实现对湍流边界层的控制，其工作原理如图 1.14 所示。

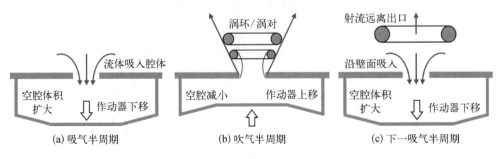

图 1.14　合成射流工作原理

1998 年,美国佐治亚理工学院 Ari Glezer 团队成功研制出一种压电式零质量射流激励器[35-37]。该激励器在电信号的激励下,压电晶体发生逆压电效应,进而导致振动部件随压电晶体振动,而腔体则发生了周期性的增大和减小,使空气周期性吸入和排出腔体,如图 1.15 所示。Pimpin 等[38]和 Dubois 等[39]应用一种聚二甲基硅氧烷(PDMS)电致伸缩材料作为震荡膜,与兼容电极结合来制造合成射流,膜电极被设计为可以承受 112 μm 挠度,这个挠度是控制器直径的 5.6%。射流的最大速度是 0.4 m/s,频率为 1.1 kHz,位于孔的下游 4 mm 处。Liang 等[40]应用形状记忆合金板及电磁系统制作了复合隔膜,产生了较大速度的射流,但是这个射流频率范围被限制在 300 Hz 以内,并且由于模型过大,需要的能量也较多。

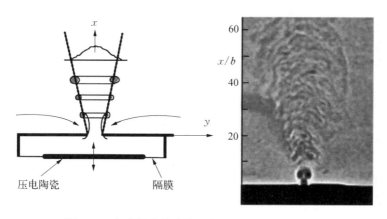

图 1.15　合成射流激励器示意图及出口流场纹影图

国内在合成射流方面的研究可以追溯到从 20 世纪对声学整流现象的研究。南京航空航天大学明晓教授通过对声学整流效应的研究发现了零质量射流现象,成功地将开口圆管中气体非线性震荡产生的零质量射流应用于流动主动控制中[41-43]。国防科技大学罗振兵教授对压电式合成射流激励器开展了比较全面系统的研究,建立了激励器计算模型,获得了合成射流激励器工作特性、频响特性及激励器结构因素、驱动因素对合成射流的影响规律,并开展了合成射流激励器主流矢量控制研究[44,45]。北京航空航天大学[46,47]、西北工业大学[48]、南京航空航天大学[49]也开展了合成射流控制流动分离和减阻的实验和数值模拟研究。浙江大学在合成射流对湍流边界层流场结构影响方面做了大量数值和实验研究工作[50,51],例如设计了一种狭缝出口的合成射流激励器阵列,如图 1.16 所示。使用热线风速仪等对流场特性进行研究,发现高/低激励电压下激励器的平均流场表现为出口向外的射流,其非定常流场特征由一系列的涡对结构组成,涡旋之间的相互作用形成了不同的射流状态。当低雷诺数时,主流在出口涡对及衍生涡的作用下分成三股流动,并具有对称性;而在较高雷诺数时,涡旋随主流在向下游运动,随之破碎并发

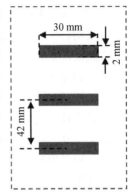

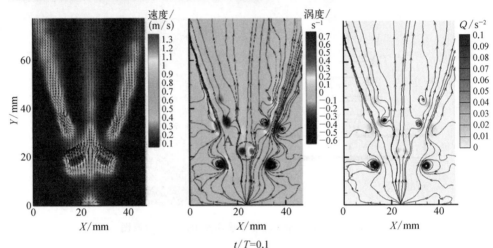

$t/T=0.1$

图 1.16　狭缝出口合成射流激励器阵列以及流场变量分布

展为大范围的湍流结构。

　　由于合成射流激励器的工作状态只由通入的电信号控制,因此可以在湍流壁面安装流场特征参数监控的实时传感器,根据监测到的流场信息反馈给激励器,从而实现对合成射流的吹/吸气智能反馈控制。例如 Rathnasingham 和 Breuer[52] 在激励器前后的壁面安装热膜式剪切应力传感器,对流场参数进行实时检测,并将采集到的流场信息反馈给激励器控制单元,构建出具有反馈控制通道的交替吹/吸气激励装置,如图 1.17 所示。

1.6.4　等离子体流动控制

　　早在 1998 年,美国田纳西大学 Roth 教授提出了一种基于表面电介质阻挡放电的新型等离子作动器[53,54]。它是由安装在两侧绝缘材料上的电极组成,中间有高电压的交流电,它在任何环境条件下都能实现稳定的放电,这个非常简单的设计

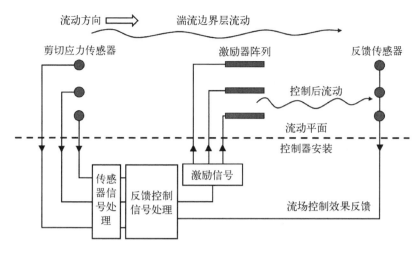

图 1.17　湍流边界层合成射流吹/吸气反馈控制示意图

沿用至今仍然是最常用的。

如图 1.18 所示,表面电介质阻挡放电(dielectric barrier discharge, DBD)的控制机理是放电产生诱导射流,进而引起电流体动力。通常情况下,单一 DBD 能够产生的力和电子风速高达 1 mN 和 7 m/s。如果采用多 DBD 设计,速度能够达到 11 m/s,力可以达到 350 mN。倘若电极位于飞行器翼展方向,则作动器可以用来增加或减少壁面流速。此外,通过特定的几何构型设计,其产生的气流可以形成强烈横向涡。实际上,所有类型的空间作动器都可以通过等离子作动器来实现,因为其电流体动力只取决于电指令和电极的几何形状,而电极可以很容易地在铝箔片上实现。大量研究表明[55],电离子作动器能够产生足够大的体积力改变壁面湍流边界层特性,从而产生减阻、减噪等效果。

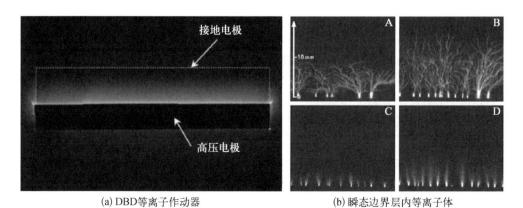

(a) DBD等离子作动器　　　　　　　　(b) 瞬态边界层内等离子体

图 1.18　典型等离子体作动器对湍流边界层控制

近几年来,学者们对不同条件下等离子体放电流动控制方式进行了研究,但该方法仅限于低速流场中使用。其中一些流动控制方法试图直接与已生成的准流向涡产生相互作用,而另一些流动控制方法则着眼于利用闭环流动控制方式来稳定低速条纹结构。Jukes 等[56]研究发现,等离子体激励器在湍流边界层内部区域引起了周期性同向旋转涡结构,而这些周期性旋涡有可能与准流向涡相互作用,进而扰乱整个湍动能平衡,从而使表面摩擦系数减少 45%,如图 1.19 所示。但是,产生等离子体诱导流场振动所需的电能明显大于减阻所节约的净能量。

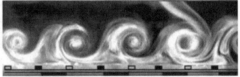

图 1.19　等离子体顺序放电引起的典型流向涡旋流场

减少表面摩擦阻力的一种方法是通过控制手段延迟层流到湍流的转捩。事实上,使用等离子体激励器可以直接减弱流场中的扰动。这种激励装置可以改变边界层的速度场,从而直接影响流场的稳定性。表面等离子体激励器能够有效地减弱引起前期转捩的 Tollmien - Schlichting(T - S)波[57],但诱导阻力的变化尚未研究。由于层流边界层的生长率小于湍流边界层的生长率,压差阻力将受到影响并减少。另一种减少的表面摩擦阻力的方法是在 T - S 波发展为三维结构前主动消除其二维波,从而抑制边界层涡旋的形成和湍流转捩。这种方法产生的周期性扰动对流场产生的影响类似于 T - S 波相位角移动 180° 对流场产生的影响[58]。这表明固有波和扰动波相互作用并相抵,从而导致了层流。Hanson 等[59]也对该控制技术进行了实验研究,在平板表面增加粗糙度使之能够产生不稳定波,展向排列的等离子体激励器能够生成边界层的条纹结构。放电产生的电流体动力能够用于抑制条纹结构的瞬态生长,而表面粗糙度则促进了条纹结构的瞬态生长,发现影响等离子体流动控制效果的主要是 T - S 波的波长和体积力的空间尺度。Kotsonis 等[60]通过在边界层施加等离子体诱导的体积力,改变了边界层速度型剖面,发现等离子体激励可以抑制层流边界层中的条带,抑制了 T - S 波增长,可有效降低 25% 左右扰动能量。

国内学者在等离子体流动控制方面也做了大量研究工作,涉及 DBD 等离子体气动机理特性、纳秒脉冲等离子体流动控制等,其中空军工程大学李应红院士建立了等离子体冲击流动控制理论[61,62],被用于解决航空器和发动机等一系列流动稳定性设计难题。

1.6.5　涡流发生器

涡流发生器是一种通过控制边界层分离来改善飞机气动性能的被动流动控制技术,如图 1.20 所示。其最早由 Bmynes 和 Taylr 于 1947 年提出,逐渐发展成为现代飞行器上控制湍流边界层流动分离较为广泛的一种手段。国内外研究机构如波音公司、空客公司、西北工业大学、中国商用飞机有限责任公司上海飞机设计研究院、中国航空工业空气动力研究院等[63-65]对涡流发生器形状、排列布局、安装位置等多参数进行了大量优化研究,评估了设计状态和非设计状态气动性能,以准确掌握其流动控制机理。

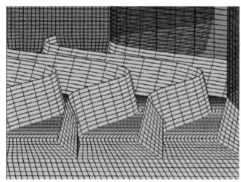 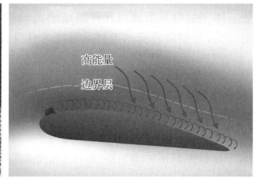

图 1.20　涡流发生器表面网格(左)和流动示意图(右)

根据几何尺寸大小的差异,可以将涡流发生器分为常规尺寸和微型尺寸(或称作亚边界层尺寸)等。常规尺寸涡流发生器的高度与边界层厚度相当,甚至更大,这种比较大尺寸的涡流发生器通过在机体表面安装小翼结构[64]诱导主流产生高能量翼尖涡,与下游边界层内的低能量流体混合,从而抑制较大逆压梯度的形成,进而使得流体继续贴附在机体表面流动,起到推迟分离的目的。但当在非设计点状态,例如边界层不分离的巡航飞行状态时,将会产生较大的附加阻力,对飞机气动性能会产生不利影响。因此,相继发展出微型涡流发生器或智能涡流发生器[66],其高度小于当地局部边界层厚度,甚至只有边界层厚度的 10%。如果设计构型与安装布局合适,同样具有常规尺寸涡流发生器的优点,而且在非设计点状态时也会产生较小的附加阻力。

1.6.6　其他控制策略

随着湍流减阻研究的不断丰富与深入,除了上面介绍的几种典型流动控制减阻策略外,还有许多其他减阻方法,例如添加高分子聚合物减阻[67,68]、水下气泡和超疏水表面材料减阻[69,70]、施加电磁力减阻[71,72]等,其中添加高聚物的方法多用于管道流动。例如 Luchik 和 Tiederman[67]在槽道流中添加 $1 \sim 2$ ppm(1 ppm $= 10^{-6}$)的聚合物,发现壁面摩擦阻力下降超过 20%,且减阻机理与湍流猝发有关。Sureshkumar 等[68]通过直接数值模拟研究了添加聚合物槽道表面湍流流动,得到了约 15%减阻率。

值得注意的是,国内外许多学者在流动控制技术方面都做了很多研究工作,本章的介绍不一定详尽。随着如今人们对湍流现象及流动规律的理解愈发深刻,所提出的流动控制策略也远不止上述所介绍的几种手段。往往单一减阻策略在实际飞行器工业应用中会遇到很大的制约,两种或多种减阻手段的联合使用可能会带来更好的控制效果,这也有赖于将来研究者在湍流流动控制减阻技术方面继续深耕。本书后续章节通过几种典型的流动控制手段的介绍,重点在于流动控制机理的讨论,希望湍流流动控制减阻技术日益成熟,并成功应用到实际工程中。

参 考 文 献

[1] 张兆顺,崔桂香,许春晓.湍流大涡数值模拟的理论和应用[M].北京:清华大学出版社,2008.

[2] 傅德熏,马延文,李新亮,等.可压缩湍流直接数值模拟[M].北京:科学出版社,2010.

[3] Prandtl L. Uber flussigkeitsbewegung bei sehr kleiner reibung[C]. Heidelberg: 3rd International Congress of Mathematicians, 1904.

[4] Gad-El-Hak M. Flow control: Passive, active, and reactive flow management[M]. Cambridge: Cambridge University Press, 2007.

[5] Gad-El-Hak M. Modern developments in flow control[J]. Applied Mechanics Reviews, 1996, 49(7): 365 - 379.

[6] Nakanishi R, Mamori H, Fukagata K. Relaminarization of turbulent channel flow using traveling wave-like wall deformation[J]. The International Journal of Heat and Fluid Flow, 2012, 35: 152 - 159.

[7] Tamano S, Itoh M. Drag reduction in turbulent boundary layers by spanwise traveling waves with wall deformation[J]. Journal of Turbulence, 2012, 13(13): N9.

[8] Tomiyama N, Fukagata K. Direct numerical simulation of drag reduction in a turbulent channel flow using spanwise traveling wave-like wall deformation [J]. Physics of Fluids, 2013, 25(10): 105115.

[9] Walsh M J. Riblets as a viscous drag reduction technique[J]. AIAA Journal, 1983, 21(4): 485 - 486.

[10] Abbas A, Bugeda G, Ferrer E, et al. Drag reduction via turbulent boundary layer flow control [J]. Science China Technological Sciences, 2017, 60: 1281 - 1290.

[11] Zhang Y, Ye Z, Li B, et al. Numerical analysis of turbulence characteristics in a flat-plate flow

with riblets control[J]. Advances in Aerodynamics, 2022, 4(1): 1-28.

[12] Lee S J, Lee S H. Flow field analysis of a turbulent boundary layer over a riblet surface[J]. Experiments in Fluids, 2001, 30(2): 153-166.

[13] Bacher E V, Smith C R. Turbulent boundary-layer modification by surface riblets[J]. AIAA Journal, 1986, 24(8): 1382-1385.

[14] Choi H, Moin P, Kim J. Direct numerical simulation of turbulent flow over riblets[J]. Journal of Fluid Mechanics, 1993, 255(1): 503-539.

[15] Martin S, Bhushan B. Fluid flow analysis of a shark-inspired microstructure[J]. Journal of Fluid Mechanics, 2014, 756: 5-29.

[16] Antonia R A, Fulachier L. Topology of a turbulent boundary layer with and without wall suction [J]. Journal of Fluid Mechanics, 1989, 198: 429-451.

[17] Antonia R A, Fulachier L, Krishnamoorthy L V, et al. Influence of wall suction on the organized motion in a turbulent boundary layer[J]. Journal of Fluid Mechanics, 1988, 190: 217-240.

[18] Park J, Choi H. Effects of uniform blowing or suction from a spanwise slot on a turbulent boundary layer flow[J]. Physics of Fluids, 1999, 11(10): 3095-3105.

[19] Chung Y M, Sung H J. Initial relaxation of spatially evolving turbulent channel flow with blowing and suction[J]. AIAA Journal, 2001, 39(11): 2091-2099.

[20] Chung Y M, Sung H J, Krogstad P A. Modulation of near-wall turbulence structure with wall blowing and suction[J]. AIAA Journal, 2002, 40(8): 1529-1535.

[21] Keirsbulck L, Labraga L, Haddad M. Influence of blowing on the anisotropy of the Reynolds stress tensor in a turbulent channel flow[J]. Experiments in Fluids, 2006, 40(4): 654-662.

[22] Guo H, Huang Q M, Liu P Q, et al. Influence of localized unsteady ejection on the scaling laws and intermittency in a turbulent boundary layer flow[J]. Experiments in Fluids, 2015, 56: 1-9.

[23] Atzori M, Vinuesa R, Fahland G, et al. Aerodynamic effects of uniform blowing and suction on a NACA4412 airfoil[J]. Flow, Turbulence and Combustion, 2020, 105(3): 735-759.

[24] Kim K, Sung H J. Effects of unsteady blowing through a spanwise slot on a turbulent boundary layer[J]. Journal of Fluid Mechanics, 2006, 557: 423-450.

[25] Araya G, Leonardi S, Castillo L. Steady and time-periodic blowing/suction perturbations in a turbulent channel flow[J]. Physica D: Nonlinear Phenomena, 2011, 240(1): 59-77.

[26] Hwang D. A proof of concept experiment for reducing skin friction by using a micro-blowing technique[C]. Reno: 35th Aerospace Sciences Meeting and Exhibit, 1997.

[27] Hwang D. Review of research into the concept of the microblowing technique for turbulent skin friction reduction[J]. Progress in Aerospace Sciences, 2004, 40(8): 559-575.

[28] Kornilov V I, Boiko A V. Efficiency of air microblowing through microperforated wall for flat plate drag reduction[J]. AIAA Journal, 2012, 50(3): 724-732.

[29] Kornilov V I, Boiko A V. Flat-plate drag reduction with streamwise noncontinuous microblowing [J]. AIAA Journal, 2014, 52(1): 93-103.

[30] Kornilov V I. Current state and prospects of researches on the control of turbulent boundary layer by air blowing[J]. Progress in Aerospace Sciences, 2015, 76: 1 - 23.

[31] Li J, Lee C H, Jia L, et al. Numerical study on flow control by micro-blowing[C]. Orlando: 47th AIAA Aerospace Sciences Meeting including The New Horizons Forum and Aerospace Exposition, 2009.

[32] 李舰,李椿萱,贾力平,等.微吹减阻技术影响因素的数值模拟[J].北京航空航天大学学报, 2010,36(2): 218 - 222.

[33] Gao Z, Cai J, Li J, et al. Numerical study on mechanism of drag reduction by microblowing technique on supercritical airfoil [J]. Journal of Aerospace Engineering, 2017, 30 (3): 04016084.

[34] 段会申,刘沛清,何雨薇,等.二维翼型微吸吹气减阻控制新技术数值研究[J].航空学报, 2009,30(7): 61 - 68.

[35] Smith B L, Glezer A. The formation and evolution of synthetic jets[J]. Physics of Fluids, 1998, 10(9): 2281 - 2297.

[36] Glezer A, Amitay M. Synthetic jets[J]. Annual Review of Fluid Mechanics, 2002, 34(1): 503 - 529.

[37] Smith B L, Glezer A. Jet vectoring using synthetic jets[J]. Journal of Fluid Mechanics, 2002, 458: 1 - 34.

[38] Pimpin A, Suzuki Y, Kasagi N. Microelectrostrictive actuator with large out-of-plane deformation for flow-control application[J]. Journal of Microelectromechanical Systems, 2007, 16(3): 753 - 764.

[39] Dubois P, Rosset S, Niklaus M, et al. Metal ion implanted compliant electrodes in dielectric electroactive polymer (EAP) membranes[J]. Advances in Science and Technology, 2008, 61: 18 - 25.

[40] Liang Y, Kuga Y, Taya M. Design of membrane actuator based on ferromagnetic shape memory alloy composite for synthetic jet applications[J]. Sensors and Actuators A: Physical, 2006, 125 (2): 512 - 518.

[41] 明晓.钝体尾流的特性及其控制[D].南京: 南京航空学院,1988.

[42] 明晓,戴昌晖,史胜熙.声学整流效应的新现象[J].力学学报,1992,24(1): 48 - 54.

[43] 顾蕴松,明晓.应用 PIV 技术研究"零质量"射流的非定常流场特性[J].实验流体力学, 2005,19(1): 83 - 86.

[44] 罗振兵,夏智勋.合成射流技术及其在流动控制中应用的进展[J].力学进展,2005(2): 221 - 234.

[45] 罗振兵,朱伯鹏,夏智勋,等.合成射流激励器对射流矢量的影响[J].推进技术,2004,25 (5): 405 - 410.

[46] 张攀峰,王晋军,冯立好.零质量射流技术及其应用研究进展[J].中国科学(E 辑: 技术科学),2008(3): 321 - 349.

[47] Peng X, Qu Y, Wang J. Numerical investigation on synthetic jet control for flow over two-

dimensional square cylinder[J]. Ocean Engineering, 2021, 239: 109853.

[48] Lu L, Li D, Gao Z, et al. Characteristics of array of distributed synthetic jets and effect on turbulent boundary layer[J]. Acta Mechanica Sinica, 2020, 36: 1171 - 1190.

[49] 顾蕴松,李斌斌,程克明.斜出口合成射流激励器横流输运特性与边界层控制[J].航空学报,2010,31(2): 231 - 237.

[50] 刘峰,邹建锋,郑耀.合成射流物理参数对控制翼型流动分离的影响[J].浙江大学学报(工学版),2013,47(1): 147 - 153.

[51] 叶志贤,方元祺,邹建锋,等.合成射流激励器流场 PIV 实验及模态分析[J].推进技术,2021,42(2): 258 - 271.

[52] Rathnasingham R, Breuer K S. Active control of turbulent boundary layers[J]. Journal of Fluid Mechanics, 2003, 495: 209.

[53] Roth J, Sherman D, Wilkinson S. Boundary layer flow control with a one atmosphere uniform glow discharge surface plasma [C]. Reno: 36th AIAA Aerospace Sciences Meeting and Exhibit, 1998.

[54] Roth J R, Sherman D M, Wilkinson S P. Electrohydrodynamic flow control with a glow-discharge surface plasma[J]. AIAA Journal, 2000, 38(7): 1166 - 1172.

[55] Benard N, Moreau E. Electrical and mechanical characteristics of surface AC dielectric barrier discharge plasma actuators applied to airflow control[J]. Experiments in Fluids, 2014, 55: 1 - 43.

[56] Jukes T, Choi K S, Johnson G, et al. Turbulent drag reduction by surface plasma through spanwise flow oscillation[C]. San Francisco: 3rd AIAA Flow Control Conference, 2006.

[57] Grundmann S, Tropea C. Experimental transition delay using glow-discharge plasma actuators [J]. Experiments in Fluids, 2007, 42: 653 - 657.

[58] Grundmann S, Tropea C. Active cancellation of artificially introduced Tollmien-Schlichting waves using plasma actuators[J]. Experiments in Fluids, 2008, 44: 795 - 806.

[59] Hanson R E, Bade K M, Belson B A, et al. Feedback control of slowly-varying transient growth by an array of plasma actuators[J]. Physics of Fluids, 2014, 26(2): 024102.

[60] Kotsonis M, Giepman R, Hulshoff S, et al. Numerical study of the control of Tollmien-Schlichting waves using plasma actuators[J]. AIAA Journal, 2013, 51(10): 2353 - 2364.

[61] 李应红,吴云,梁华,等.提高抑制流动分离能力的等离子体冲击流动控制原理[J].科学通报,2010,55(31): 3063 - 3071.

[62] 吴云,李应红.等离子体流动控制研究进展与展望[J].航空学报,2015,36(2): 381 - 405.

[63] 郝礼书,乔志德,宋文萍.涡流发生器布局方式对翼型失速流动控制效果影响的实验研究[J].西北工业大学学报,2011,29(4): 524 - 528.

[64] 褚胡冰,陈迎春,张彬乾,等.增升装置微型涡流发生器数值模拟方法研究[J].航空学报,2012,33(1): 11 - 21.

[65] 杜希奇,蒋增龑,佟胜喜,等.基于涡流发生器控制民机后体流动分离与减阻机理的实验研究[J].工程力学,2012,29(8): 360 - 365.

[66] 张进,刘景源,张彬乾.微型涡流发生器对超临界翼型减阻机理实验与数值分析[J].实验流体力学,2016,30(4):37-41.

[67] Luchik T S, Tiederman W G. Turbulent structure in low-concentration drag-reducing channel flows[J]. Journal of Fluid Mechanics, 1988, 190:241-263.

[68] Sureshkumar R, Beris A N, Handler R A. Direct numerical simulation of the turbulent channel flow of a polymer solution[J]. Physics of Fluids, 1997, 9(3):743-755.

[69] 柯贵喜,潘光,黄桥高,等.水下减阻技术研究综述[J].力学进展,2009,39(5):546-554.

[70] 吕鹏宇,薛亚辉,段慧玲.超疏水材料表面液-气界面的稳定性及演化规律[J].力学进展,2016,46:179-225.

[71] 梅栋杰,范宝春,黄乐萍,等.槽道湍流的展向振荡电磁力壁面减阻[J].物理学报,2010,59(10):6786-6792.

[72] 罗世东,许春晓,崔桂香.圆管湍流减阻电磁力控制的直接数值模拟[J].力学学报,2007(3):311-319.

第2章

可压缩湍流直接数值模拟方法

2.1 前言

计算流体动力学（computational fluid dynamics，CFD）方法已成为研究湍流的一种有效技术手段。目前比较流行的 CFD 方法主要有雷诺平均 N－S 方程方法（Reynolds averaged Navier－Stokes，RANS）、大涡模拟方法（large eddy simulation，LES）、直接数值模拟方法（direct numerical simulation，DNS）等。RANS 方法对时间平均流场进行直接求解，脉动流场则通过合理湍流建模进行处理。尽管湍流模型种类很多，但目前为止缺少对一切流动都适用的普适模型[1]。与此同时，由于 RANS 方法将湍流脉动的信息抹去，使得获取湍流时空演化脉动特征变得十分困难。LES 方法作为一种应用日益广泛的数值模拟方法，通过引入滤波函数，将湍流分解为大尺度脉动和小尺度脉动。对大尺度湍流运动进行直接求解，小尺度湍流脉动对大尺度运动的影响则通过建立亚格子模型[2]来处理。由于亚格子尺度上的湍流运动接近于各向同性，受边界条件影响较小，因此，亚格子模型对复杂湍流运动具有一定的适用性。

直接数值模拟不引入任何湍流模型，可以在全尺度范围内求解速度及标量的湍流脉动，并得到全三维时空序列的流场数据，因而可以对湍流结构的生成、发展及耗散等演化过程进行深入剖析，深入了解湍流输运的内在机理。1987 年 Kim 等[3]对非定常槽道湍流进行了直接数值模拟，在槽道半高雷诺 $Re_b = 3\,300$，壁面法向网格解析率达到 $y^+ = 0.05$ 的计算条件下得到了时空湍流统计数据，并与试验数据吻合较好。该数据一直用于验证计算程序可靠性的重要依据[4,5]。Pirozzoli 等[6]对超声速平板绕流问题进行了直接数值求解，评估了 Morkovin 假设和雷诺比拟的有效性，并分析了湍流产生、耗散和运输的物理机制。Vervisch 等[7]对简单预混 V 形燃烧火焰进行了直接数值模拟，并与 LES 和 RANS 方法对比，展示了三种数值方法用于湍流燃烧计算的优缺点。

随着我国计算机技术以及超级计算水平的发展,直接数值模拟技术在基础研究和工程应用领域的重要性逐渐凸显,其中以中国科学院力学研究所傅德熏、马延文、李新亮等[8-10]在可压缩湍流直接数值模拟方面的研究工作尤为突出,特别是在高阶有限差分算法和群速度控制算法等高分辨率数值格式的构造方面做了大量工作,为超声速平板、槽道和钝体等湍流边界层演化规律研究提供了许多原始数据。本章关于可压缩湍流数值计算方法的介绍就参考了他们的研究工作,通过简明扼要地阐述可压缩湍流直接数值计算方法,使得每个从事计算流体力学研究的人员能够较为清晰地了解直接数值模拟方法的计算原理和算法实施过程。

直接数值模拟方法在处理复杂几何流动问题时往往会遇到网格处理难题。当前比较常用的针对复杂几何问题的处理方法是生成贴体结构网格或非结构网格[11,12],网格的形状与几何边界轮廓保持一致,这样很容易施加边界条件。对于结构网格,还具有便于构造高阶计算格式的优点,并能在边界附近进行局部网格加密操作,从而可以获得高分辨率的流动特征。但往往生成高质量贴体网格的过程需要耗费很大的时间和计算资源,同时针对复杂的几何外形,生成高质量的网格并不容易,从而极大地影响了数值计算精度,特别是当处理动边界问题时,需要在每一迭代时刻重新生成新的网格体系,并利用插值方法将上一时刻流场解插值到新的网格系统下,这无疑带来了很大的计算量。浸没边界法(immersed boundary method, IBM)[13]作为另外一种可行的选择,能较好地处理复杂几何流动问题,它的主要优势在于不需要预先生成复杂的贴体网格,只需要在规则的笛卡儿网格体系下考虑浸没边界对流体的影响,这样在处理复杂静止或运动的几何边界问题时具有更高的效率和精度,同时由于采用了规则的正交网格,相对非结构网格来说,极大地节省了计算资源[14]。将浸没边界法与高阶精度有限差分直接数值模拟技术相结合,可以很好地处理复杂几何可压缩流问题。此外,在程序编写方面,浸没边界法也非常适用于并行处理,这对于求解大规模高精度湍流流场问题来说具有十分重要的意义。

2.2 三维可压缩 Navier‑Stokes 控制方程

2.2.1 笛卡儿直角坐标系下控制方程

三维可压缩流动的基本控制方程是 N‑S 方程,在直接数值模拟过程中通常将控制方程进行无量纲处理,通常选取参数 ρ_∞、u_∞、T_∞、$\rho_\infty u_\infty^2$ 分别对整个流场物理参量 ρ、$\boldsymbol{V} = (u, v, w)$、$T$、$p$ 进行无量纲化处理,下标 ∞ 表示进口来流参数,流场特征长度为 L,特征时间为 L/u_∞,由此笛卡儿坐标系下无量纲形式的三维非定常可压缩 N‑S 方程如下:

$$\frac{\partial \boldsymbol{Q}}{\partial t} + \frac{\partial \boldsymbol{F}_1}{\partial x} + \frac{\partial \boldsymbol{F}_2}{\partial y} + \frac{\partial \boldsymbol{F}_3}{\partial z} - \left(\frac{\partial \boldsymbol{G}_1}{\partial x} + \frac{\partial \boldsymbol{G}_2}{\partial y} + \frac{\partial \boldsymbol{G}_3}{\partial z} \right) = 0 \tag{2.1}$$

其中, $\boldsymbol{Q}$ 是守恒变量; $\boldsymbol{F}_1$、$\boldsymbol{F}_2$、$\boldsymbol{F}_3$、$\boldsymbol{G}_1$、$\boldsymbol{G}_2$、$\boldsymbol{G}_3$ 分别为直角坐标系 x、y、z 方向的无黏和黏性通量; t 为时间。

$$\boldsymbol{Q} = \begin{bmatrix} \rho \\ \rho u \\ \rho v \\ \rho w \\ E \end{bmatrix}, \ \boldsymbol{F}_1 = \begin{bmatrix} \rho u \\ \rho u^2 + p \\ \rho uv \\ \rho uw \\ (E+p)u \end{bmatrix}, \ \boldsymbol{F}_2 = \begin{bmatrix} \rho v \\ \rho uv \\ \rho v^2 + p \\ \rho vw \\ v(E+p) \end{bmatrix} \tag{2.2}$$

$$\boldsymbol{F}_3 = \begin{bmatrix} \rho w \\ \rho wu \\ \rho wv \\ \rho ww + p \\ w(E+p) \end{bmatrix}, \ \boldsymbol{G}_1 = \begin{bmatrix} 0 \\ \tau_{xx} \\ \tau_{xy} \\ \tau_{xz} \\ u\tau_{xx} + v\tau_{xy} + w\tau_{xz} + q_x \end{bmatrix} \tag{2.3}$$

$$\boldsymbol{G}_2 = \begin{bmatrix} 0 \\ \tau_{xy} \\ \tau_{yy} \\ \tau_{zy} \\ u\tau_{xy} + v\tau_{yy} + w\tau_{zy} + q_y \end{bmatrix}, \ \boldsymbol{G}_3 = \begin{bmatrix} 0 \\ \tau_{xz} \\ \tau_{yz} \\ \tau_{zz} \\ u\tau_{xz} + v\tau_{yz} + w\tau_{zz} + q_z \end{bmatrix} \tag{2.4}$$

其中, ρ、p 分别表示流体的密度和压力; u、v、w 分别是 x、y、z 三个方向上流体速度; E 表示单位质量流体的总能量; τ、q 分别表示黏性应力项和热流通量, 其具体表达式如下:

$$E = \rho \left[c_v T + \frac{1}{2}(u^2 + v^2 + w^2) \right] \tag{2.5}$$

$$\tau_{xx} = 2\mu \frac{\partial u}{\partial x} - \frac{2}{3}\mu \mathrm{div}(\boldsymbol{V}), \ \tau_{xy} = \mu \left(\frac{\partial u}{\partial x} + \frac{\partial v}{\partial y} \right)$$

$$\tau_{yy} = 2\mu \frac{\partial v}{\partial y} - \frac{2}{3}\mu \mathrm{div}(\boldsymbol{V}), \ \tau_{yz} = \mu \left(\frac{\partial w}{\partial y} + \frac{\partial v}{\partial z} \right) \tag{2.6}$$

$$\tau_{zz} = 2\mu \frac{\partial w}{\partial z} - \frac{2}{3}\mu \mathrm{div}(\boldsymbol{V}), \ \tau_{zx} = \mu \left(\frac{\partial u}{\partial z} + \frac{\partial w}{\partial x} \right)$$

$$q_x = k\frac{\partial T}{\partial x}, \quad q_y = k\frac{\partial T}{\partial y}, \quad q_z = k\frac{\partial T}{\partial z} \tag{2.7}$$

其中,c_v 是比定容热容;T 是流体的温度。

经过无量纲化后在黏性系数 μ 中会出现雷诺(Reynolds)数 Re,定义为

$$Re = \frac{\rho_\infty u_\infty L}{\mu_\infty} \tag{2.8}$$

温度是影响黏度的主要因素,当气体温度上升时,分子无规则运动加剧,气体分子间动量与质量的交换增强,使得气体的黏度增加。流体动力学黏度 μ 可采用经典的萨瑟兰(Sutherland)公式得出:

$$\mu = \frac{1}{Re}\left(\frac{T}{T_\infty}\right)^{3/2}\frac{T_\infty + T_s}{T + T_s} \tag{2.9}$$

对于空气来说,Sutherland 常数 T_s 取为 124 K。热传导系数 k 可表示为

$$k = \frac{c_p\mu}{Pr} \tag{2.10}$$

其中,c_p 是比定压热容。对于空气来说,普朗特数 Pr 通常取 0.72。此外,对于完全气体来说,其状态方程为

$$p = \frac{1}{\gamma Ma_\infty^2}\rho T \tag{2.11}$$

其中,γ 是比热比,此处取 $\gamma = 1.4$;Ma_∞ 表示来流气体的马赫数。

2.2.2 曲线坐标系下空间变换

在实际的数值计算中,考虑到边界层的影响,往往需要在固体壁面附近进行局部网格加密,再加上实际计算区域的复杂性,因而为了计算的方便,需要将流动控制方程从笛卡儿坐标空间 (x, y, z, t) 变换到一般的曲线坐标空间 (ξ, η, ζ, t),从而得到:

$$\frac{\partial \tilde{\boldsymbol{Q}}}{\partial t} + \frac{\partial \tilde{\boldsymbol{F}}_1}{\partial \xi} + \frac{\partial \tilde{\boldsymbol{F}}_2}{\partial \eta} + \frac{\partial \tilde{\boldsymbol{F}}_3}{\partial \zeta} - \frac{1}{Re}\left(\frac{\partial \tilde{\boldsymbol{G}}_1}{\partial \xi} + \frac{\partial \tilde{\boldsymbol{G}}_2}{\partial \eta} + \frac{\partial \tilde{\boldsymbol{G}}_3}{\partial \zeta}\right) = 0 \tag{2.12}$$

$$\boldsymbol{J} = \left|\frac{\partial(\xi, \eta, \zeta)}{\partial(x, y, z)}\right| = \begin{vmatrix} \xi_x & \xi_y & \xi_z \\ \eta_x & \eta_y & \eta_z \\ \zeta_x & \zeta_y & \zeta_z \end{vmatrix} = \left|\frac{\partial(x, y, z)}{\partial(\xi, \eta, \zeta)}\right|^{-1} \tag{2.13}$$

其中, $\boldsymbol{J}$ 是坐标变换的雅可比(Jacobi)系数矩阵;

$$\xi_x = \boldsymbol{J}(y_\eta z_\zeta - z_\eta y_\zeta), \quad \xi_y = \boldsymbol{J}(z_\eta x_\zeta - x_\eta z_\zeta), \quad \xi_z = \boldsymbol{J}(x_\eta y_\zeta - y_\eta x_\zeta)$$

$$\zeta_x = \boldsymbol{J}(y_\xi z_\eta - z_\xi y_\eta), \quad \zeta_y = \boldsymbol{J}(z_\xi x_\eta - x_\xi z_\eta), \quad \zeta_z = \boldsymbol{J}(x_\xi y_\eta - y_\xi x_\eta) \quad (2.14)$$

$$\eta_x = \boldsymbol{J}(y_\zeta z_\xi - z_\zeta y_\xi), \quad \eta_y = \boldsymbol{J}(z_\zeta x_\xi - x_\zeta z_\xi), \quad \eta_z = \boldsymbol{J}(x_\zeta y_\xi - y_\zeta x_\xi)$$

曲线坐标空间下的守恒量 $\tilde{Q}$、无黏通量 $\tilde{F}_1, \tilde{F}_2, \tilde{F}_3$ 和黏性通量 $\tilde{G}_1, \tilde{G}_2, \tilde{G}_3$ 分别表示为

$$\tilde{Q} = \boldsymbol{J}^{-1}Q \quad (2.15)$$

$$\tilde{u} = \xi_t + \xi_x u + \xi_y v + \xi_z w$$
$$\tilde{v} = \eta_t + \eta_x u + \eta_y v + \eta_z w \quad (2.16)$$
$$\tilde{w} = \zeta_t + \zeta_x u + \zeta_y v + \zeta_z w$$

$$\tilde{F}_1 = \boldsymbol{J}^{-1}\begin{bmatrix} \rho\tilde{u} \\ \rho u\tilde{u} + \xi_x p \\ \rho v\tilde{u} + \xi_y p \\ \rho w\tilde{u} + \xi_z p \\ (E+p)\tilde{u} \end{bmatrix}, \quad \tilde{F}_2 = \boldsymbol{J}^{-1}\begin{bmatrix} \rho\tilde{v} \\ \rho u\tilde{v} + \eta_x p \\ \rho v\tilde{v} + \eta_y p \\ \rho w\tilde{v} + \eta_z p \\ (E+p)\tilde{v} \end{bmatrix}, \quad \tilde{F}_3 = \boldsymbol{J}^{-1}\begin{bmatrix} \rho\tilde{w} \\ \rho u\tilde{w} + \zeta_x p \\ \rho v\tilde{w} + \zeta_y p \\ \rho w\tilde{w} + \zeta_z p \\ (E+p)\tilde{w} \end{bmatrix}$$

$$(2.17)$$

$$\tilde{G}_1 = \boldsymbol{J}^{-1}\begin{bmatrix} 0 \\ \xi_x\tau_{xx} + \xi_y\tau_{xy} + \xi_z\tau_{xz} \\ \xi_x\tau_{xy} + \xi_y\tau_{yy} + \xi_z\tau_{yz} \\ \xi_x\tau_{xz} + \xi_y\tau_{yz} + \xi_z\tau_{zz} \\ \xi_x q_x + \xi_y q_y + \xi_z q_z \end{bmatrix} \quad (2.18)$$

$$\tilde{G}_2 = \boldsymbol{J}^{-1}\begin{bmatrix} 0 \\ \eta_x\tau_{xx} + \eta_y\tau_{xy} + \eta_z\tau_{xz} \\ \eta_x\tau_{xy} + \eta_y\tau_{yy} + \eta_z\tau_{yz} \\ \eta_x\tau_{xz} + \eta_y\tau_{yz} + \eta_z\tau_{zz} \\ \eta_x q_x + \eta_y q_y + \eta_z q_z \end{bmatrix} \quad (2.19)$$

$$\tilde{G}_3 = \boldsymbol{J}^{-1}\begin{bmatrix} 0 \\ \zeta_x\tau_{xx} + \zeta_y\tau_{xy} + \zeta_z\tau_{xz} \\ \zeta_x\tau_{xy} + \zeta_y\tau_{yy} + \zeta_z\tau_{yz} \\ \zeta_x\tau_{xz} + \zeta_y\tau_{yz} + \zeta_z\tau_{zz} \\ \zeta_x q_x + \zeta_y q_y + \zeta_z q_z \end{bmatrix} \quad (2.20)$$

2.3 流通矢量分裂

根据扰动波传播的方向性,对无黏项 $F_i(i = 1, 2, 3)$ 进行流通矢量分裂,将其分解成正通量 F_i^+ 和负通量 F_i^-,然后再分别对其空间导数进行差分离散。与直接离散对流项不进行矢量分裂相比,流通矢量分裂可以保证熵增的性质和格式的稳定性。与此同时,对于可压缩流动中可能出现的流场间断来说,采用流通矢量分裂并与高精度计算格式相结合,能有效地抑制数值解的非物理震荡。

下面具体介绍一种 Steger‐Warming 流通矢量分裂方法[15]。定义雅可比系数矩阵 A:

$$A = \frac{\partial F_i}{\partial Q} \ (i = 1, 2, 3) \tag{2.21}$$

其特征值为 $\lambda_j(j = 1, 2, \cdots, 5)$,$c$ 是当地声速:

$$\begin{aligned}
&\lambda_1 = \lambda_2 = \lambda_3 = k_1 u + k_2 v + k_3 w \\
&\lambda_4 = \lambda_1 + c(k \cdot k)^{0.5}, \ \lambda_5 = \lambda_1 - c(k \cdot k)^{0.5} \\
&k = \sqrt{k_1^2 + k_2^2 + k_3^2}
\end{aligned} \tag{2.22}$$

为了构造流通矢量的分裂形式,三维流通矢量 F 的通用形式可以表示为

$$F = \frac{\rho}{2\gamma} \begin{bmatrix}
2(\gamma - 1)\hat{\lambda}_1 + \hat{\lambda}_4 + \hat{\lambda}_5 \\
2(\gamma - 1)\hat{\lambda}_1 u + \hat{\lambda}_4(u + c\hat{k}_1) + \hat{\lambda}_5(u - c\hat{k}_1) \\
2(\gamma - 1)\hat{\lambda}_1 v + \hat{\lambda}_4(v + c\hat{k}_2) + \hat{\lambda}_5(v - c\hat{k}_2) \\
2(\gamma - 1)\hat{\lambda}_1 w + \hat{\lambda}_4(w + c\hat{k}_3) + \hat{\lambda}_5(w - c\hat{k}_3) \\
(\gamma - 1)\hat{\lambda}_1(u^2 + v^2 + w^2) + \frac{\hat{\lambda}_4}{2}[(u + c\hat{k}_1)^2 + (v + c\hat{k}_2)^2 + w(u + c\hat{k}_3)^2] \\
+ \frac{\hat{\lambda}_5}{2}[(u - c\hat{k}_1)^2 + (v - c\hat{k}_2)^2 + (w - c\hat{k}_3)^2] + W_{\text{III}} + P
\end{bmatrix} \tag{2.23}$$

其中,

$$W_{\text{III}} = \frac{(3 - \gamma)(\hat{\lambda}_4 + \hat{\lambda}_5)c^2}{2(\gamma - 1)} \tag{2.24}$$

$$P = 2\rho(\gamma - 1)\hat{\lambda}_1 \hat{k}_1(\hat{k}_2 w - \hat{k}_3 v) \tag{2.25}$$

$$\hat{k}_1 = k_1 / (k_1^2 + k_2^2 + k_3^2)^{1/2} \tag{2.26}$$

$$\hat{k}_2 = k_2 / (k_1^2 + k_2^2 + k_3^2)^{1/2} \tag{2.27}$$

$$\hat{k}_3 = k_3 / (k_1^2 + k_2^2 + k_3^2)^{1/2} \tag{2.28}$$

将特征值 λ_j 分解成正特征值和负特征值两部分:

$$
\begin{aligned}
\lambda_j &= \lambda_j^+ + \lambda_j^- \quad (j = 1,\ 2,\ \cdots,\ 5) \\
\lambda_j^+ &= \frac{\lambda_j + \sqrt{\lambda_j^2 + \varepsilon}}{2} \\
\lambda_j^+ &= \frac{\lambda_j - \sqrt{\lambda_j^2 + \varepsilon}}{2}
\end{aligned}
\tag{2.29}
$$

其中,ε 是一个小量,可以避免驻点和声速点附近的数值振荡。将正、负特征值分别代入流通矢量的通用表达式,即可得到正、负流通矢量 $\boldsymbol{F}_i^+$、$\boldsymbol{F}_i^-(i = 1, 2, 3)$ 的表达式:

$$\boldsymbol{F}_i = \boldsymbol{F}_i^+ + \boldsymbol{F}_i^- \tag{2.30}$$

2.4 数值离散格式

在可压缩湍流中可能出现激波等间断流场,需要采用高分辨率数值格式才能对多尺度复杂流动问题进行准确模拟。目前国内外已发展了一些高精度激波捕捉方法,例如 TVD 格式(total variation diminishing)[16]、ENO 格式(essentially non-oscillatory scheme)[17]、NND 格式(non-oscillatory containing no free parameter and dissipative scheme)[18]、WCNS 格式(weighted compact nonlinear scheme)[19,20]、WENO 格式(weighted ENO)[21,22]、群速度控制格式(group velocity control,GVC)[23] 等。这些格式并不是线性的,通过限制器、控制函数或权函数等使得差分格式在不同流动特性的区域内自动调整格式的表达形式。下面将针对空间和时间离散介绍几种典型高分辨率格式。

2.4.1 WENO 格式

为了较好地模拟间断流场,Liu 等[24]依据加权平均的思想对 ENO 格式进行了改进,构造了 WENO 格式。此后,Jiang 和 Shu[21]对该格式进一步拓展,通过加入光滑度量函数,使得 WENO 格式在保持高精度的同时能具有很好的鲁棒性。

对于 N‑S 方程中非线性无黏项,采用 5 阶 WENO 有限差分格式进行离散,使得在超声速激波捕捉问题上具有较高的精度和数值稳定性,其空间导数 $\boldsymbol{F}_j'$ 可写成

通量形式为

$$F_j' = \frac{F_{j+1/2} - F_{j-1/2}}{h} \tag{2.31}$$

$$F_{j+1/2} = \omega_1 F_{j+1/2}^{(1)} + \omega_2 F_{j+1/2}^{(2)} + \omega_3 F_{j+1/2}^{(3)} \tag{2.32}$$

其中, h 是网格间距; $\omega_i (i = 1, 2, 3)$ 是加权系数; $F_{j+1/2}^{(1)}$、$F_{j+1/2}^{(2)}$、$F_{j+1/2}^{(3)}$ 分别表示由

点集 $\{j - 2, j - 1, j\}$、$\{j - 1, j, j + 1\}$、$\{j, j + 1, j + 2\}$ 给出的通量(图 2.1)。利用函数在 j 点的泰勒(Taylor)级数展开,保证这些通量表示的差分具有 3 阶逼近精度,可以得到:

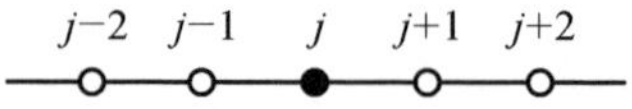

图 2.1 差分格式的网格基示意图

$$F_{j+1/2}^{(1)} = \frac{1}{6}(2F_{j-2} - 7F_{j-1} + 11F_j) \tag{2.33}$$

$$F_{j+1/2}^{(2)} = \frac{1}{6}(-F_{j-1} + 5F_j + 2F_{j+1}) \tag{2.34}$$

$$F_{j+1/2}^{(3)} = \frac{1}{6}(2F_j + 5F_{j+1} - F_{j+2}) \tag{2.35}$$

对上述 3 阶精度的通量表达式进行加权平均,可以得到 5 阶精度 WENO 格式数值通量,加权系数 $\omega_k (k = 1, 2, 3)$ 为

$$\omega_k = \frac{\alpha_k}{\alpha_1 + \alpha_2 + \alpha_3} \tag{2.36}$$

$$\alpha_k = \frac{C_k}{(\varepsilon + \text{IS}_k)^p} \tag{2.37}$$

$$C_1 = 1/10, \ C_2 = 6/10, \ C_3 = 3/10 \tag{2.38}$$

其中, ε 是一个小量,可取 $\varepsilon = 10^{-6}$; $p = 2$; IS_k 是光滑度量函数,在光滑区取值较小; 而在激波间断区域,该值相对较大,以保证对应加权系数较小。光滑度量函数具体表示为

$$\text{IS}_1 = \frac{13}{12}(F_{j+2} - 2F_{j+1} + F_j)^2 + \frac{1}{4}(F_{j+2} - 4F_{j+1} + 3F_j)^2$$

$$\text{IS}_2 = \frac{13}{12}(F_{j+1} - 2F_j + F_{j-1})^2 + \frac{1}{4}(F_{j+1} - F_{j-1})^2 \tag{2.39}$$

$$\text{IS}_3 = \frac{13}{12}(F_j - 2F_{j-1} + F_{j-2})^2 + \frac{1}{4}(3F_j - 4F_{j-1} + F_{j-2})^2$$

2.4.2　WCNS 格式

加权紧致非线性格式（WCNS）由邓小刚院士和张涵信院士提出[19]，在 CNS 格式[25]的基础上并借鉴 WENO 格式的加权思想推导而来，具有色散特性好、鲁棒性强的特点。加权的基本思想是给每个模版赋一个权值，权值的大小决定了每个模版对最终单元边界值近似的贡献。为方便起见，本小节以一维对流方程为例简要介绍 WCNS 离散方法。

一维对流方程形式为

$$\frac{\partial \phi}{\partial t} + \frac{\partial f(\phi)}{\partial x} = 0 \tag{2.40}$$

移项后在每个网格点 x_i 上有

$$\left(\frac{\partial \phi}{\partial t}\right)_i = -\left(\frac{\partial f(\phi)}{\partial x}\right)_i = -f'(\phi) \tag{2.41}$$

假定均匀网格间距为 h，单元中心型耗散加权紧致格式有以下形式：

$$\lambda f'_{i-1}(\phi) + f'_i(\phi) + \lambda f'_{i+1}(\phi) = \frac{a}{h}[\tilde{f}_{i+1/2}(\phi) - \tilde{f}_{i-1/2}(\phi)]$$
$$+ \frac{b}{h}[f_{i+3/2}(\phi) - f_{i-3/2}(\phi)] \tag{2.42}$$

其中，λ、a、b 均是加权系数，对于 5 阶 WCNS 格式，其系数分别是

$$\lambda = \frac{9}{62}, \ a = \frac{63}{62}, \ b = \frac{17}{186} \tag{2.43}$$

由此可得

$$\left[\frac{\partial f(\phi)}{\partial x}\right]_i = \frac{75}{64h}[f_{i+1/2}(\phi) - f_{i-1/2}(\phi)] - \frac{25}{384h}[f_{i+3/2}(\phi) - f_{i-3/2}(\phi)]$$
$$+ \frac{b}{h}[f_{i+3/2}(\phi) - f_{i-3/2}(\phi)] \tag{2.44}$$

$$f_{i+1/2}(\phi) = f_i(\phi) + \frac{h}{2}g_i + \frac{h^2}{8}q_i \tag{2.45}$$

其中，

$$g_i = \omega_1 \frac{f_{i-2}(\phi) - 4f_{i-1}(\phi) + 3f_i(\phi)}{2h} + \omega_2 \frac{f_{i+1}(\phi) - f_{i-1}(\phi)}{2h}$$
$$+ \omega_3 \frac{f_{i+2}(\phi) + 4f_{i+1}(\phi) - 3f_i(\phi)}{2h} \tag{2.46}$$

$$q_i = \omega_1 \frac{f_{i-2}(\phi) - 2f_{i-1}(\phi) + f_i(\phi)}{h^2} + \omega_2 \frac{f_{i+1}(\phi) - 2f_i(\phi) + f_{i-1}(\phi)}{h^2}$$
$$+ \omega_3 \frac{f_{i+2}(\phi) - 2f_{i+1}(\phi) + f_i(\phi)}{h_2} \tag{2.47}$$

其中, ω_k 表示非线性权重系数,其具体表达式为

$$\omega_k = \frac{\sigma_k}{\sigma_1 + \sigma_2 + \sigma_3}$$
$$\sigma_k = \frac{C_k}{(\varepsilon + \mathrm{IS}_k)^2} \tag{2.48}$$

其中, ε 通常取 $10^{-6} \sim 10^{-8}$; C_k 为线性权重系数; IS_k 表示光滑度量因子,其表示形式如下:

$$\mathrm{IS}_k = [h \cdot g_i^{(k)}]^2 + [h^2 \cdot q_i^{(k)}]^2$$
$$C_1 = \frac{1}{16}, \ C_2 = \frac{1}{8}, \ C_3 = \frac{5}{16} \tag{2.49}$$

2.4.3 中心差分格式

由于黏性作用的物理耗散并没有明显的方向性,因而对于黏性通量项 $\boldsymbol{G}$ 离散处理起来相对容易,通常采用中心差分格式进行空间离散。以 6 阶精度中心差分格式为例,其 x 方向的空间导数可以表示为

$$\boldsymbol{G}_j' = \frac{1}{60\Delta x}(-\boldsymbol{G}_{j-3} + 9\boldsymbol{G}_{j-2} - 45\boldsymbol{G}_{j-1} + 45\boldsymbol{G}_{i+1} - 9\boldsymbol{G}_{j+2} + \boldsymbol{G}_{j+3}) \tag{2.50}$$

值得注意的是在黏性项中出现的二阶导数或混合导数项,如 $\dfrac{\partial}{\partial x}\left(\mu \dfrac{\partial u}{\partial x}\right)$ 和 $\dfrac{\partial}{\partial x}\left(\mu \dfrac{\partial u}{\partial y}\right)$,首先需要对 $A = \partial u/\partial x$ 和 $B = \partial u/\partial y$ 进行中心型差分逼近,然后采用同样的差分格式对 $\partial(\mu A)/\partial x$ 和 $\partial(\mu B)/\partial x$ 进行离散。

2.4.4　时间离散

在完成对空间项的离散后,得到的就是沿时间方向的常微分方程组,常用的时间积分离散方法有单步多层方法(如 Crank‐Nicolson 方法和 Adams‐Bashforth 方法)和多步离散方法(如 Adams 外插和内插方法和 Runge‐Kutta 方法),其中使用比较广泛的是 Runge‐Kutta(R‐K)方法,该方法有显隐式之分。显格式方法简单,单步计算量小,但时间步长受计算稳定性的限制。隐格式构造复杂,单步计算量较大,但时间步长可以较大。考虑到可压缩湍流时空多尺度特性,对其进行直接数值模拟需要考虑计算时间步长,同时保证数值扰动误差不会累积和发散。以常见的三阶 TVD 格式显式 Runge‐Kutta 方法为例,其表达形式如下:

$$\frac{\partial \boldsymbol{Q}}{\partial t} = L$$

$$\boldsymbol{Q}^{(1)} = \boldsymbol{Q}^n + \Delta t L(\boldsymbol{Q}^n)$$

$$\boldsymbol{Q}^{(2)} = \frac{3}{4}\boldsymbol{Q}^n + \frac{1}{4}\boldsymbol{Q}^{(1)} + \frac{1}{4}\Delta t L(\boldsymbol{Q}^{(1)}) \qquad (2.51)$$

$$\boldsymbol{Q}^{n+1} = \frac{1}{3}\boldsymbol{Q}^n + \frac{2}{3}\boldsymbol{Q}^{(2)} + \frac{2}{3}\Delta t L(\boldsymbol{Q}^{(2)})$$

2.5　直接数值模拟求解过程

本章阐述了一种有限差分直接数值模拟方法,如图 2.2 是整个可压缩湍流直接数值模拟算法的求解过程,其特点在于采用流通矢量分裂方法,并结合 WENO 或 WCNS 格式对无黏项进行离散处理,实现对可压缩间断流场的精确捕捉;对于空间黏性项,采用中心差分格式进行处理;时间推进则采用三阶 TVD 格式的显式 Runge‐Kutta 方法。可压缩直接数值模拟的计算规模往往会很大,因此在算法编程方面需要考虑并行计算技术,以提高数值计算的速度。

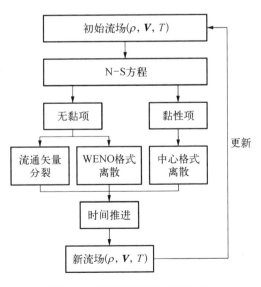

图 2.2　直接数值模拟求解过程

2.6 可压缩平板湍流边界层

2.6.1 基本算例设置

在数值计算中,通过求解三维直角坐标系下可压缩 N‑S 方程,对空间发展的平板湍流边界层进行直接数值模拟。该基本算例参考了傅德熏等的研究成果[8]。在该算例中,除特别说明外,所有物理量均采用自由流参数进行无量纲化(下标∞为自由来流),特征长度为 1 in(1 in = 2.54 cm)。

自由来流马赫数为0.7,进口雷诺数为50 000(特征长度为 1 in)。整个计算区域由入口和出口边界、一个上边界、一个壁面边界和两个展向边界限定,如图 2.3 所示。坐标 x、y 和 z 分别对应流向、壁面法向和展向三个方向。对固体壁面施加无滑移等温边界条件,上边界和出口边界设置为无反射边界,在展向方向上为周期边界条件。为了给出整个三维计算域的入口边界条件和初始流动,对具有相同自由流的二维平板流动进行了数值模拟,得到了层流可压缩相似解。二维计算域范围 $0 \leqslant x \leqslant 30$ 和 $0 \leqslant y \leqslant 0.65$。当二维计算发展到定常状态时,取 $x = 30$ 截面层流边界层解作为三维计算域入口条件和流场初始值,此位置流场位移雷诺数 Re_{δ_d} 为 500。三维几何计算域大小的取值范围为 $30 \leqslant x \leqslant 42$, $0 \leqslant y \leqslant 0.65$, $0 \leqslant z \leqslant 1.57$,分别对应 $L_x \times L_y \times L_z = 1\ 200\delta_d^0 \times 65\delta_d^0 \times 157\delta_d^0$。其宽度和高度至少为边界层厚度 δ_{99} 的 2 倍,两点相关性分析表明其宽度足够不至于影响湍流在展向空间发展。计算网格在 x、z 方向上分布均匀,分别是网格点数 1 000 和 320,且沿着壁面法向方向,网格尺寸呈指数规律增长,以保证壁面附近足够的网格精度。三个方向的壁面网格分辨率分别达到 $\Delta x^+ = 20.26$, $\Delta y_w^+ = 1.01$, $\Delta z^+ = 10.13$,流向方向解析率与 Kametani 等[26] 的计算相当,略小于 Schlatter 等[27] 关于湍流边界层 $Re_\theta = 2\ 500$ 的研究,具体参数列于表 2.1。

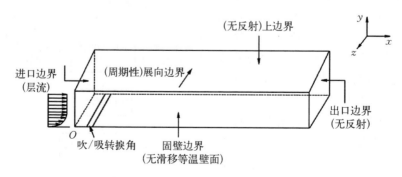

图 2.3 计算平板的示意图

表 2.1　计算参数

变　　量	符　　号	值
计算域大小	2D	$([0, 35], [0, 0.65], 0)$（in）
	3D	$([30, 42], [0, 0.65], [0, 1.57])$（in）
网格数目	$N_x \times N_y \times N_z$	$1\,000 \times 100 \times 320$
空间分辨率	$\Delta x^+ \times \Delta y_w^+ \times \Delta z$	$20.26 \times 1.01 \times 10.13$
壁面温度	T_w/T_∞	1.098
特征长度	L_∞/in	1
自由流参数	$\rho_\infty/(\text{kg/m}^3)$	0.148 4
	$U_\infty/(\text{m/s})$	237.7
	T_∞/K	288
	Ma_∞	0.7
	Re_∞	50 000
初始位移雷诺数	Re_{δ_d}	500

为了加速层流向湍流转捩过程,在图 2.3 中靠近进口位置采用局部交替吹吸气(B/S)控制[28],壁面法向扰动速度分量 v 定义为

$$v(x, z, t) = A U_\infty f(x) g(z) h(t) , \quad x_a \leqslant x \leqslant x_b \tag{2.52}$$

其中,$f(x)$、$g(z)$、$h(t)$ 分别表示流向和展向 2 个方向以及时间控制的函数:

$$f(x) = 4\sin[2\pi(x - x_a)/(x_b - x_a)](1 - \cos\theta)/\sqrt{27} \tag{2.53}$$

$$g(z) = \sum_{l=1}^{l_{\max}} Z_l \sin[2\pi l(z/L_z + \phi_l)] \tag{2.54}$$

$$\sum_{l=1}^{l_{\max}} Z_l = 1 , \quad Z_l = 1.25 Z_{l+1} \tag{2.55}$$

$$h(t) = \sum_{m=1}^{m_{\max}} T_m \sin(\beta t + 2\pi\phi_m) \tag{2.56}$$

$$\sum_{m=1}^{m_{\max}} T_m = 1 , \quad T_m = 1.25 T_{m+1} \tag{2.57}$$

经过反复测试，以寻求成功激发湍流转捩的最小扰动。最终在计算中，扰动振幅 A 取为 0.12，坐标 x_a 和 x_b 分别是局部吹吸区的起点和终点，L_z 是吹吸区的展向长度，干扰频率 β 为 75 000 Hz，随机数 ϕ_l 和 ϕ_m 的范围是 0 到 1。

2.6.2　计算结果和验证

在流动达到平稳后需要计算时空湍流的统计量。图 2.4 是在边界层 $y^+ = 3.11$ 位置湍流结构的空间分布。虚线框表示带 B/S 的转捩控制区域，也显示了三个时刻的法向速度分量 v 在 B/S 区域内周期性演化。从中可以发现，在 B/S 控制下游逐渐出现一些条纹结构，猝发了流动的不稳定，预示着入口层流受到吹吸气扰动正在发生转捩。图 2.5 显示了流向脉动速度 u' 的瞬时能谱沿 x 方向的变化。高、低波数 kx 分别代表小尺度和大尺度的脉动结构 [波长为 $1/(kx)$]。在 B/S 区域（$x = 30 \sim 32$），由于吹吸气控制（扰动最大幅值 $v_{max} = 0.12$）引入了许多大尺度结构，因此低波数扰动（$kx = 2, 4$）能量占主导部分；随着转捩的发展（$x = 32 \sim 34$），高波数的扰动被激发，小尺度运动逐渐增强；在 $x > 34$ 区域，各种尺度的波动结构和能量分量达到相同的量级，最终形成宽带谱。这表明该流动已发展为多尺度湍流边界层流动。

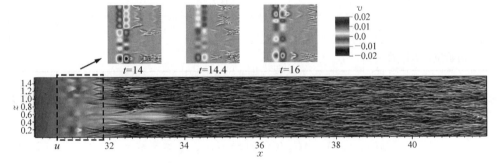

图 2.4　在 $y^+ = 3.11$ 处 $x - z$ 平面的速度云图

定义展向方向两点相关函数为

$$R_{\alpha\alpha}(r_z) = \sum_{k=1}^{N_z - 1} \overline{\alpha_k \alpha_{k+k_r}} \tag{2.58}$$

$$r_z = k_r \Delta z, \ k_r = 0, 1, \cdots, k - 1$$

其中，α 表示速度脉动分量（u'，v'，w'）。图 2.6 给出了黏性底层（$y^+ = 3.11$）和缓冲层（$y^+ = 20.55$）两个位置相关函数的变化。可以看出，所有曲线在 $r_z > 0.15$ 后都逐渐收敛于 0。这表明展向区域长度足以包含周期边界条件在内所有湍流脉动相关信息。当 $y^+ = 3.11$，u' 相关系数在 $r_z = 0.02$ 取得极小值，v' 和 w' 相关系数极小值取得位置大致相同，为 $r_z = 0.03$，这与近壁区流向涡空间尺度有关[27]。

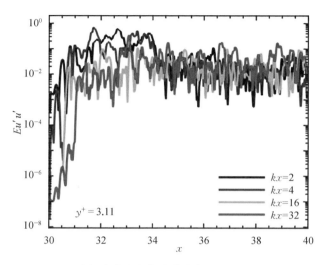

图 2.5　流向脉动速度的能谱分布(kx 是流向波数)

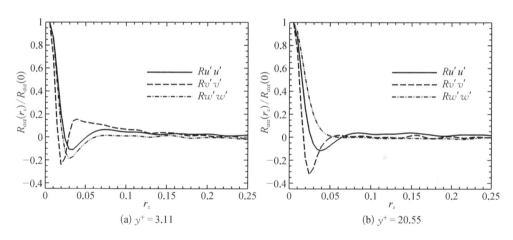

(a) $y^+ = 3.11$　　　　　　　　　　　　　(b) $y^+ = 20.55$

图 2.6　展向两点相关分析

　　湍流平板边界层的空间发展情况如图 2.7 所示,边界层厚度 δ_{99}/L_∞、动量雷诺数 Re_θ 和位移雷诺数 Re_{δ_d} 均沿流向单调增长,如图 2.7(a)所示。这些符号和线分别表示采样数据点和相应的拟合曲线。入口初始动量雷诺数为 192,随着下游发展逐渐增长到 1 500。形状因子 H_{12},即位移边界层厚度 δ_d 与动量边界层 θ 的比值,如图 2.7(b)所示。起初 $H_{12} \approx 2.3$ 经历了快速下降,然后在 $Re_\theta \approx 1\ 000$ 之后达到平稳趋势。与 Schlater 等[27,29,30]的研究结果相比,由于湍流触发方式差异,使得形状因子下降过程存在一些差异,但最终趋向于几乎重合的线。当下游湍流充分发展时 $Re_\theta \geqslant 700$,边界层状态与 Schlater 等[29,30]的 DNS 符合较好。

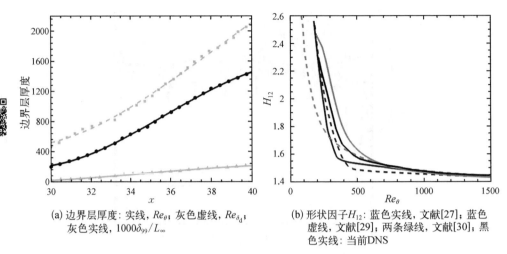

(a) 边界层厚度: 实线, Re_θ; 灰色虚线, Re_{δ_d}; 灰色实线, $1000\delta_{99}/L_\infty$

(b) 形状因子H_{12}: 蓝色实线, 文献[27]; 蓝色虚线, 文献[29]; 两条绿线, 文献[30]; 黑色实线: 当前DNS

图 2.7　边界层空间发展状态

　　边界层内平均速度表现形式 U_∞/U_τ 随着 Re_θ 变化分布如图 2.8 所示,其中 U_τ 是摩擦速度,此时表面摩擦系数 c_f 也可由自由流速度标度的摩擦速度推导出。当前计算结果在湍流边界层 $Re_\theta > 680$ 下游于经验关系式 $c_f = 0.024Re_\theta^{-0.25}$ [31]吻合一致。此外,Wu 和 Moin[32] 以及 Komminaho 和 Skote[33] 计算数据也与当前的 DNS 结果合理一致,相对偏差小于 3%。

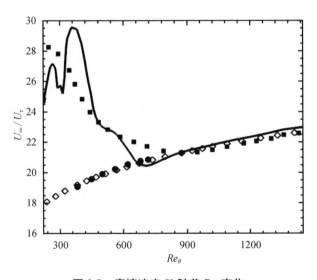

图 2.8　摩擦速度 U_τ 随着 Re_θ 变化

正方形: Wu 和 Moin[32]; 圆形: Komminaho 和 Skote[33]; 菱形: $2(U_\tau/U_\infty)^2 = c_f = 0.024Re_\theta^{-0.25}$; 实线: 当前 DNS

湍流强度沿壁面法向方向的分布如图 2.9 所示。在近壁区,流向湍流脉动占主导地位,法向方向的脉动最弱,突出了湍流的各向异性。逐渐远离壁面,各速度分量的均方根值趋于均匀,表明边界层外层湍流的脉动趋于各向同性。当前计算结果与实验数据符合得较好[27],这表明当前的数值方法和计算模型可以准确地预测湍流结构的脉动信息。图 2.10 显示了三个时刻湍流相干结构的演化过程,其特

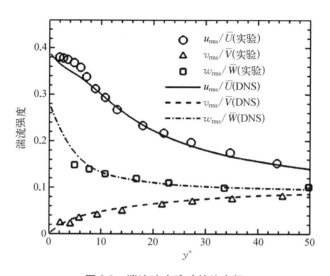

图 2.9 湍流速度脉动的均方根

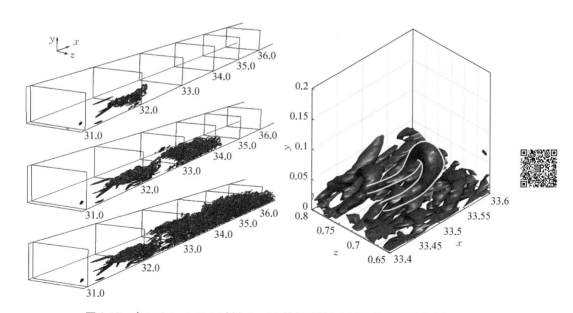

图 2.10 在 $t = 2.5$, 5, 7.5 时刻 $Q_2 = 10$ 的涡结构(右图进行了局部放大)

征用速度梯度张量的二阶不变量来表示。由于入口 B/S 扰动,下游开始形成一系列的流向涡和发夹涡结构。在初始阶段,发夹涡旋被周围层流包围,因此它们被限制在一个小的局部区域。但由于湍流脉动与周围层流的相互耦合,会使剪切层非常不稳定[34],因而层流开始失去稳定性,并且在发夹涡流的影响下,流向和展向不稳定区域的面积也在逐渐增加,最终导致了下游区域大面积发卡湍流涡结构的形成,这与 Head 和 Bandyopadhyay[35] 的流动可视化结果一致。

2.7 浸没边界法

基于有限差分算法的直接数值模拟技术在处理结构化贴体网格方面具有天然的技术优势,特别易于高阶精度数值格式的构造。针对可压缩流中可能出现局部激波等间断流场,正是需要高精度捕捉格式才能对这些流场典型特征进行有效识别。但有限差分法在处理复杂的几何问题上遇到了很大限制,尤其对于几何曲率变化较大的计算模型,生成的结构化网格扭曲十分厉害,严重影响了数值求解的精度。浸没边界法可以与有限差分直接数值模拟技术相结合,很好地处理复杂几何可压缩流动计算问题。浸没边界法最早于 1972 年由 Peskin[36] 提出,通过对动量方程施加附加力来代替瓣膜的存在,应用一种离散的狄拉克 δ(Dirac-delta) 函数将拉格朗日作用力分散到欧拉网格点上,并被用于模拟笛卡儿网格下血液流过心脏瓣膜时的相互作用现象。后来大量学者对浸没边界法进行了发展和应用。Goldstein 和 Handler[37] 以及 Saiki 和 Biringen[38] 等发展了 Peskin 的方法,他们采用反馈力模型使得刚性静止壁面在浸没边界法中的近似程度和精度更高。Mohd - Yusof[39] 在 1997 年提出了直接附加力(direct forcing)方法,将边界条件直接施加在离散的控制方程中,得到离散的附加力,这样控制方程中没有引入额外的附加项,因此不存在数值刚性问题[40]。Fadlun 等[41] 采用此方法与基于交错网格的有限差分方法相结合,运用于求解三维复杂问题,展示了此方法相比反馈力模型更加高效。接下来,本书将介绍一种虚拟单元浸没边界法[42] 的实现过程。

2.7.1 虚拟单元浸没边界法

在浸没边界法中,为了在流体内部施加边界条件以区分流体与固体之间的界面,需要在动量方程右端增加作用力项 f,代表固体对流体的作用。Mohd - Yusof[39] 提出了一种直接作用力方法,将作用力项增加到离散的动量方程中:

$$\frac{u_i^{n+1} - u_i^n}{\Delta t} = \mathrm{RHS}_i + f_i \tag{2.59}$$

其中,RHS_i 表示动量方程中 i 方向的对流和黏性项;u_i 是 i 方向的速度分量;Δt 是时间步长。

假如在 $n+1$ 时刻边界处需要施加 $u_i^{n+1} = u_\Psi$，其中 u_Ψ 是所定义的边界条件，因而可以得到作用力 f_i 的表达式：

$$f_i = -\,\mathrm{RHS}_i + \frac{u_\Psi - u_i^n}{\Delta t} \tag{2.60}$$

f_i 的作用使得在求解流场的每一时间步内均满足所定义的边界条件。这样处理的好处是所定义的速度边界条件直接施加在流、固界面上，求解 N‑S 方程不需计算新的增加项，因而没有增加额外的 CPU 计算时间，同时相比 Iaccarino 和 Verzicco[40] 以及 Fadlun 等[41]，处理方法也不受时间步长的限制。

通常对于复杂曲线几何来说，网格节点位置并不一定正好落在几何表面，这就需要对几何边界进行局部解重构。一种方法是采用虚拟单元，在固体几何内部构造虚拟边界，将物理边界上的信息通过内部流体节点外推至虚拟边界上，从而保证流、固界面满足所需要的物理边界条件。下面以二维模型为例，阐述虚拟单元浸没边界法的基本过程。

下面参考了 Chaudhuri 等[43] 的研究工作，如图 2.11 所示。在进行数值计算之前，首先需要识别出虚拟边界，并存储其节点上的有效信息。整个计算区域 Ω 由固体区域 Ω_{solid} 和流体区域 Ω_{fluid} 组成，为了分离物理几何边界，需要对所有网格节点进行标记：

$$\mathcal{R}_{\mathrm{fluid}} = \{\varphi_{i,j} = 1, \ (x_i, y_j) \in \Omega_{\mathrm{fluid}}\}, \ i = 1, \cdots, N_x, j = 1, \cdots, N_y \tag{2.61}$$

$$\mathcal{R}_{\mathrm{solid}} = \{\varphi_{i,j} = 0, \ (x_i, y_j) \in \Omega_{\mathrm{solid}}\}, \ i = 1, \cdots, N_x, j = 1, \cdots, N_y \tag{2.62}$$

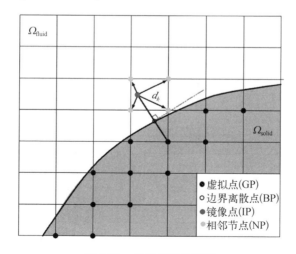

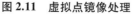

图 2.11　虚拟点镜像处理

由于用于可压缩问题求解,对流项和黏性项分别采用 5 阶 WENO 和 6 阶中心差分格式,为了边界插值格式的需要,虚拟边界选择 3 层虚拟点(ghost point, GP),虚拟点的标记可以通过如下判别:

$$\mathcal{R}_{GP} = \begin{cases} (x_i, y_j) \in \mathcal{R}_{\text{solid}} 若 \exists (x_k, y_l) \in \mathcal{R}_{\text{fluid}} \\ k = i - 3, \cdots, i + 3, \ l = j - 3, \cdots, j + 3 \end{cases} \quad (2.63)$$

虚拟节点上的流场信息 ϕ_G 需要根据物理边界条件和流体点重构获得,本节采用虚拟点(GP)相对物理边界的镜像点(image point, IP),通过 2 阶精度的线性逼近来确定任何 GP 点上的流场信息,这种方法能有效避免产生负值重构加权系数。

$$\phi_G = 2\phi_B - \phi_I \quad (2.64)$$

但在实际数值实践中发现,当几何边界附近的网格不够密集的情况下,采用虚拟点的镜像关系,对于几何边界的细化来说精度往往达不到要求,尽管可以通过增加虚拟点层数来进一步细化几何边界,但对于远离边界的虚拟点,采用镜像关系的线性插值显然是不适合的。这就需要在几何边界附近进行局部网格加密,但因此增加了求解计算量。为了解决这一问题,在紧靠边界区域的流体区域拓展了 1 层流体作用点(forcing point, FP),同样采用镜像关系的线性插值,重构这一层流体作用点的解。如图 2.12 对比了两种方法下边界曲线 AB 的细化情况。由于增加了 1 层流体作用点,AB 段离散增加至 14 段,相较于增加虚拟点层数,采用改进后的边界处理技术能使得重构得到的边界离散点(boundary point, BP)分布更均匀、数目更多。

$$\phi_F = (\phi_B + \phi_I)/2 \quad (2.65)$$

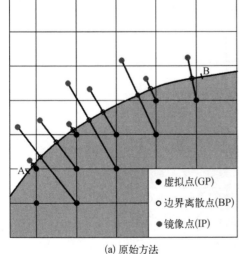

(a) 原始方法 (b) 改进方法

图 2.12 浸没几何边界的细化

通常情况下,镜像点(IP)并不与网格节点重合,因而需要借助内部流体点对 IP 点物理信息进行插值重构。最常用的是线性插值,Luo 等[44]根据 IP 点所处单元的 4 个流体节点,采用双线性插值求得 IP 点流场信息。Majumdar 等[45]对比了双线性插值和二次曲线插值两种方法的区别,发现两者的精度并没有明显差异。采用 Franke 提出的一种反距离加权插值方法[46]对镜像点流场信息进行重构,保证了重构解在极值点附近的光滑性:

$$\phi_{\mathrm{I}} = \sum_{m=1}^{4} \omega_m \phi_m \tag{2.66}$$

$$\omega_m = \eta_m \left(\sum_{k=1}^{4} \eta_k \right) \tag{2.67}$$

$$\eta_m = 1/d_k^2 \tag{2.68}$$

其中,$\phi_m(m = 1, 2, 3, 4)$ 表示包含 IP 点单元的四个相邻节点 NP 上的流场信息;d_k 是第 k 个 NP 节点到 IP 点的距离,如图 2.11 所示。

由于扩展 1 层流体作用点后,可能会出现很多插值节点 NP 与流体作用点 FP 重合的情况,导致插值点 NP 数目减少到 3 个。为了解决这一问题,将 4 点反距离加权插值方法扩展到限定一定范围内多点插值,如图 2.13 所示,以几何边界外的镜像点 IP 为源点,限定半径为 R 的圆形区域内所有的流体点(NP)作为插值点。注意:半径 R 选取越大,则插值计算量越大。

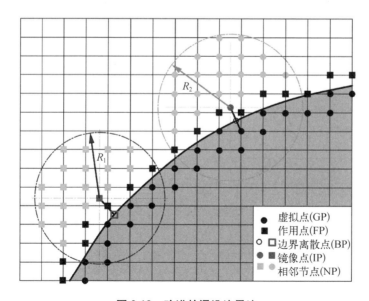

图 2.13　改进的浸没边界法

$$\phi_I = \sum_{m=1}^{np} \omega_m \phi_m \qquad (2.69)$$

其中,np 是圆形区域内的 NP 点数。

直接数值模拟方法与浸没边界法的耦合求解过程如下所示:

步骤 1: 生成背景网格 Ω;

步骤 2: 根据固体几何边界信息区分并储存固体和流体计算域的节点集合 $\mathcal{R}_{\text{fluid}}$ 和 $\mathcal{R}_{\text{solid}}$;

步骤 3: 在固体和流体计算节点集合中识别出 GP 点、FP 点、BP 点、IP 和 NP 点;

步骤 4: IP 点重构:① 搜索每个 IP 点附近的节点;② 储存圆形内插值点 NP 坐标和编号信息;③ 计算和储存插值点的距离系数 η_k;

步骤 5: 使用直接数值模拟求解器计算控制方程的守恒通量;

步骤 6: 在时间步推进之前,基于物理边界条件重构并更新 GP 点和 FP 点的流场信息;

步骤 7: 重复**步骤 5**,直至计算结束。

对于上面提出的虚拟单元浸没边界法很容易扩展至三维空间,只需将插值点限定在以 IP 点为球心,R 为半径的球体内。此外,由于整个计算区域采用笛卡儿坐标系下的正交网格,使得在 Message Passing Interface(MPI)并行编程计算方面比较容易实现,一方面可以应用于大规模并行数值计算,研究复杂的流动现象及其物理机理;另一方面,由于网格系统并不随着内部几何模型的改变而需要重新划分,这使得虚拟单元浸没边界法非常适用于开展优化设计工作。

2.7.2 验证算例 1:二维低马赫数圆柱绕流

在 $x-y$ 平面内,二维圆柱中心坐标 $C(240, 240)$,圆柱直径 $D=1.0$。椭圆的长短轴分别是 $2a$ 和 $2b$,纵横比定义为 $\text{AR}=a/b$,其中 $\text{AR}=1$ 表示基本圆柱算例。表 2.2 列出了下面要研究的不同纵横比椭圆绕流算例。

表 2.2 计算工况纵横比

工 况	$2a$	$2b$	$\text{AR}=b/a$
1	1.0	1.0	1.0
2	1.4	1.0	0.714
3	1.8	1.0	0.556
4	2.4	1.0	0.417

均匀自由来流马赫数为 $Ma = U_\infty/c_\infty = 0.3$,其中 U_∞ 是自由来流速度,c_∞ 是入口声速。自由来流雷诺数定义为 $Re = U_\infty \cdot D/\nu$,其中 ν 是动力学黏度。在本节的研究中,雷诺数固定设置为 $Re = 150$。在所有数值计算中,所有变量无特殊说明均为无量纲参数,无量纲参考长度取为圆柱直径 D,参考速度取为自由来流 U_∞,参考流动时间为 $t_\infty = D/U_\infty$。

计算域是图 2.14 所示的边长为 480D×480D 的正方形,背景网格总数为 2 214×2 214,由围绕着椭圆中心的四块区域组成,这四块网格尺寸逐渐增大,分别是 $\Delta x = \Delta y = 0.025$(加密区)、$\Delta x = \Delta y = 0.1$(缓冲区−1)、$\Delta x = \Delta y = 1.4$(缓冲区−2)和 $\Delta x = \Delta y = 5.0$(缓冲区−3),并且在区域之间使用中间网格尺度平滑过渡。网格尺寸分布与 Inasawa 等[47]的二维矩形气动声场研究保持一致。椭圆表面施加绝热和无滑移边界条件,外边界采用无反射边界条件[28]。初始条件是 $\rho = 1.0$, $u = 1.0$, $v = 1.1$, $T = 1.2$。计算时间间隔为 $\Delta t = 0.001$,所有计算数据均在 $t > 200$ 时且流动充分周期性发展后统计得到。

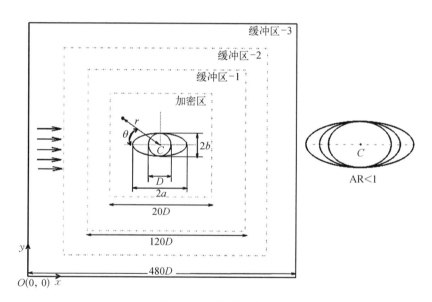

图 2.14　计算域示意图

图 2.15(a)是圆柱表面升力系数 C_L 和阻力系数 C_D 随时间的变化曲线,两条曲线的振幅分别是 0.52 和 0.026,这与 Inoue 和 Hatakeyama[48]的结果一致,C_L 的预测值也接近 Kwon 和 Choi[49]在 $Re = 160$ 时的振幅 0.55。无量纲斯特劳哈尔(Strouhal)数是一个描述非定常流中振荡机制的无量纲数,其定义为

$$Sr = f \cdot 2b/U_\infty \qquad (2.70)$$

其中, f 通常表征为旋涡的脱落频率。该算例中, $Sr = 0.182$, 接近于 Williamson[50] 的实验结果 0.18, 也与 Fey 等[51] 关于脱落涡频率的经验公式 $Sr = 0.268\ 4 - 1.035\ 6$ $(Re)^{-0.5}$ 基本吻合。

流场中的压力脉动能反映整个近、远场噪声的产生和传播特性。声压 $\Delta\tilde{p}$ 定义为

$$\Delta\tilde{p} = \Delta p - \Delta\bar{p}, \ \Delta p = p - p_\infty \tag{2.71}$$

其中, $\Delta\bar{p}$ 和 p_∞ 分别表示平均压力和环境压力。

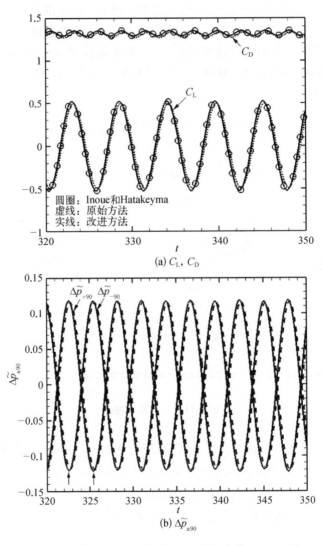

(a) C_L, C_D

(b) $\Delta\tilde{p}_{\pm 90}$

图 2.15　气动力系数和表面压力随时间变化（AR=1.0）

图 2.15(b)给出了圆柱上、下表面声压脉动分布(下标±90 表示 $\theta = \pm 90°$ 方位),可以看出圆柱上、下表面的脉动周期基本相同,且与 C_L 脉动周期吻合一致。C_L 与 $\Delta \tilde{p}_{+90}$ 相位保持一致,但与 $\Delta \tilde{p}_{-90}$ 相位差 90°。

图 2.16 为图 2.15(b)箭头指示的两个时刻尾迹脱落涡等值线云图,实线和虚线分别表示正值涡量和负值涡量,可以看出脱落涡的形状和演化特性与 Ma 等[52]的计算结果吻合较好,表明了本节的计算结果能很好地描述尾迹脱落涡的特征。

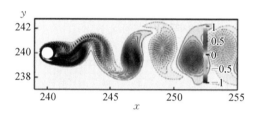
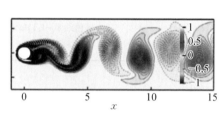

图 2.16　瞬时涡量 $\omega_z D/c_\infty$ 等值线分布,等值线从−1 到 1,增量为 0.02

上两图为当前计算结果;下两图文献结果[52]

尾迹脱落涡周期性地从上、下圆柱表面脱落,在形成卡门涡街的同时,也带来了圆柱两侧的压力振荡,由此引发压力波从近场到远场的传播。图 2.17 展示了全场的声压等值线分布,蓝色实线和黑色虚线分别表示正声压和负声压。可以看出,当旋涡从下表面脱落时(图 2.16a),正、负声压分别在圆柱上侧和下侧产生[图 2.17(a)],同时对应着 C_L 达到峰值[图 2.15(b)];相反,当旋涡从上表面脱落时,将发生相反的声压变化。正、负声压交替出现在圆柱的上、下表面并逐步向远场传播,表明升力偶极子声源占据主导地位。但由于多普勒效应,声波传播方位角向上游偏斜 $\theta = 78.5°$。

图 2.18(a)展示了声压以衰减方式从近场到远场传播,其中 r 表示距圆柱中心的半径距离,三条曲线分别表示三个时刻的声压分布,可以推算出声波传播速度正好等于 c_∞。此外,声压峰值$|\Delta \tilde{p}|$ 随半径 r 的增大而逐渐衰减,且衰减规律与 $r^{-1/2}$ 成正比[图 2.18(b)],这与理论预测[53]一致。

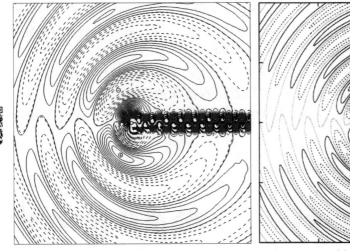

| (a) 当前计算结果 | (b) Inoue等[48]的结果 |

图 2.17　声压 $\Delta \tilde{p}$ 等值线分布

等值线从 $-1.1Ma^{2.5}$ 到 $1.1Ma^{2.5}$，增量为 $0.027\,5Ma^{2.5}$

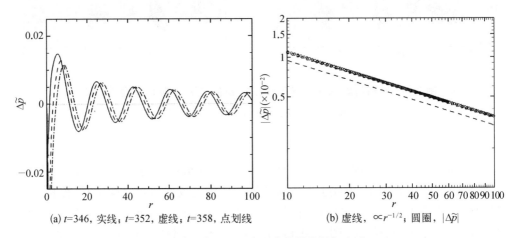

(a) t=346,实线；t=352,虚线；t=358,点划线　　(b) 虚线，$\propto r^{-1/2}$；圆圈，$|\Delta \tilde{p}|$

图 2.18　在 $\theta = 90°$ 方位声波的传播与衰减

图 2.19 是 $r'/D = 75$ 位置的声压脉动均方根 $\Delta \tilde{p}_{rms}$ 分布,可以看出当前 $Re = 150$ 工况下圆柱绕流的声压传播方位角约为 $90°$,当前采用浸没边界法的计算结果与 Inoue 和 Hatakeyama[48] 的结果吻合较好。

2.7.3　验证算例 2: 二维激波/圆柱相互作用

在超声速流动问题中,激波反射现象在过去一直被大家广泛研究[54,55]。当一道入射激波在传播过程中遇到一个圆柱障碍物时,首先会在圆柱表面发生常规激

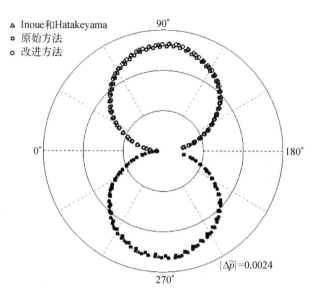

图 2.19　声压脉动均方根 $\Delta \tilde{p}_{\mathrm{rms}}$ 分布与文献对比

波反射,形成交汇的 2‑激波结构,随着交汇点在圆柱表面逐渐向后移动,常规反射会转捩成马赫反射,形成 3 分叉点的 3‑激波结构。下面以二维空间入射激波与圆柱相互作用过程为例,对虚拟单元浸没边界算法进行验证。平面入射激波马赫数为 2.81,整个计算域长和宽尺寸分别为 $L_x \times L_y = 240~\text{mm} \times 60~\text{mm}$,圆柱直径 D 为 10 mm。进、出口分别是超声速进、出口边界条件,上、下壁面均为无滑移的绝热壁面。整个计算区域采用均匀的正交网格,采用 5 种不同的网格尺寸算例来检验网格的无关性,如表 2.3 所示。

表 2.3　5 种不同疏密的网格尺寸

算　例	$N_x \times N_y$	$\Delta x = \Delta y$
Mesh1	500×125	0.048D
Mesh2	667×167	0.036D
Mesh3	1 000×250	0.024D
Mesh4	2 000×500	0.012D
Mesh5	4 000×1 000	0.006D

如图 2.20 是不同时刻密度等值面云图,显示了激波绕射圆柱的演化过程,包括马赫波的形成(a)、马赫波沿着壁面传播(b)、马赫波在尾迹处碰撞(c)和二次

3-波点的出现(d)。整个流场结构能清晰地识别出入射激波(I.S.)、反射弓形激波(R.S.)、马赫波(M.S.1 和 M.S.2)、三波点(T.P.1 和 T.P.2)、滑移线(S.L.1 和 S.L.2)等复杂波系结构,同时还能观察到在滑移线后流场卷吸形成小涡结构(V.)。特别是在圆柱后尾迹处,存在上、下两道马赫激波相互碰撞,并在尾迹中发展形成二次 3-波系结构。与 Bryson 和 Gross[56]实验可视化图比较,计算结果较好地捕捉到了流场的特征。

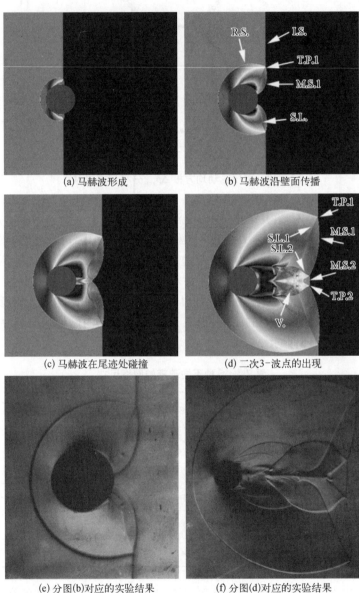

图 2.20 流场数值计算结果与纹影图[56]对比

图 2.21 展示了整个激波绕射过程中圆柱表面四个不同位置处的压力系数 $2p/\rho_0 u_0^2$ 变化曲线（其中 ρ_0 和 u_0 分别是超声速进口密度和速度），1 是圆柱前表面滞止点位置，2、3、4 分别对应着顺时针方向 60°、120°、180° 位置。从中看出，随着网格尺寸加密，数值解逐渐趋于收敛，网格独立性在 Mesh4 和 Mesh5 达到流场解析要求。特别是在 Mesh1 空间分辨率下，前滞止点 1 位置出现了较小的数值震荡。在圆柱后流场，由于存在激波与尾迹之间、激波与激波之间等相互作用过程，流场波系结构变化较为复杂，这使得低的空间分辨率根本无法捕捉到详细的流场特征，如图 2.22 所示的两种网格尺度下流向速度等值图，此外在圆柱壁面 3、4 位置，压力系数的波动也出现了较大的偏差。

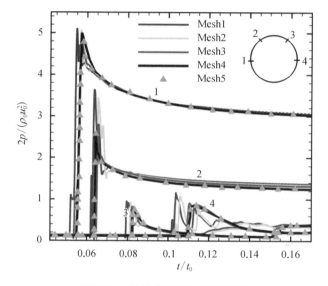

图 2.21　圆柱表面压力系数变化

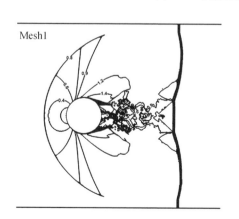
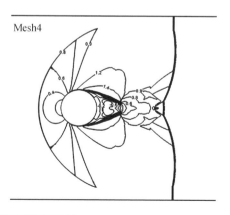

图 2.22　流场马赫数等值图对比

前面提到过,上述虚拟单元浸没边界法的特色之处在于边界表示的细化,通过考虑同时将边界条件关系施加到固体区域内部的 GP 点和固体区域附近的流体 FP 点,可以对边界附近网格起到类似局部加密作用,下面采用 3 种不同网格尺度对该方法的局部加密效果进行测试。

表 2.4 展示了 6 种不同的计算工况,其中 GP 表示仅采用固体几何内 GP 点施加边界条件,属于原始的虚拟单元方法,GP+FP 表示同时采用边界内外的 GP 和 FP 点施加边界条件,属于改进的虚拟单元方法。这里需要强调的是选用了 Mesh2、Mesh3、Mesh4 这 3 种中间尺度的网格系统用于测试,是考虑到较大的网格尺度会造成流场解出现较大偏差,边界细化所起的作用展示不明显。此外,虽然该算例的精确解得不到,但根据前面网格独立性分析,网格尺寸为 2 000×500 时可以认为是达到解析要求的较为精细网格,因此选择 C3 工况看作是基准参考解。

表 2.4 不同工况下网格尺寸和边界处理方法

工 况	$N_x \times N_y$	施加方法
C1	667×167	GP+FP
C2	1 000×250	GP+FP
C3	2 000×500	GP+FP
C4	667×167	GP
C5	1 000×250	GP
C6	2 000×500	GP

图 2.23 是两种虚拟单元边界法壁面压力系数的数据对比,可以看出对于改进的虚拟单元方法,其相对数值误差比原始的虚拟单元方法小。对于网格数目最稀疏的 C1 和 C4 两种情况,虽然圆柱前缘滞止点的压力系数与基准解相差不大,但在圆柱后缘 3、4 点位置,两种方法均与基准解有一定的差距。在 C2 和 C5 情况时,改进的虚拟单元方法其计算结果与基准解大致吻合。这说明施加基于 FP 点的边界条件不仅能细化几何边界起到强化边界信息的作用,而且改善了数值解的计算精度。但当网格数目本身很密情况下,这种效果不太明显。图 2.24 给出 C2、C3、C5 三种情况下三波点(T.P.1 和 T.P.2)的轨迹图,从中可以看出基准工况的计算结果与 Bryson 和 Gross[56] 与 Kaca[57] 的实验结果吻合较好,证明了改进的虚拟单元边界法能准确地模拟激波与障碍物之间相互作用。

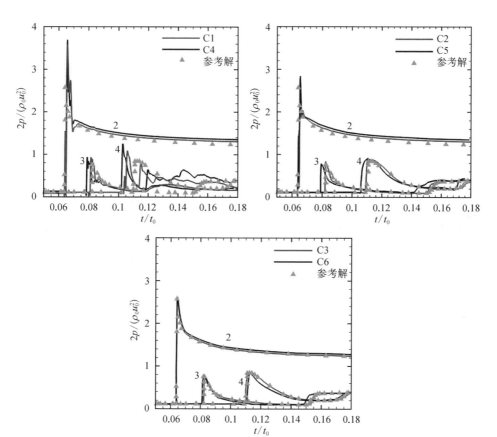

图 2.23　改进虚拟边界法的圆柱表面压力系数对比

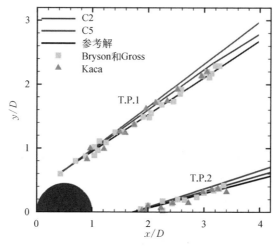

图 2.24　三波点轨迹图

此外,图 2.25 给出了 $t=22.9\ \mu s$ 时刻 C3 工况下流场的流线图,左边是对固体内部除去 GP 点外所有固体节点速度场归零处理,右边是对固体内部不作处理。从中对比可以看出,两种处理方法对外部流场的计算结果是一致的,说明了虚拟单元浸没边界方法无需对固体内部进行处理,也验证了 Iaccarino 和 Verzicco[40] 的说法。

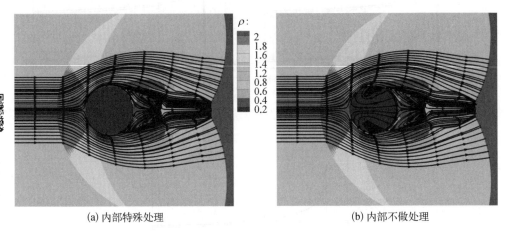

(a) 内部特殊处理   (b) 内部不做处理

图 2.25　流线图对比

2.7.4　三维超声速球体绕流

2.7.4.1　数值验证与计算精度分析

为了进一步验证虚拟单元浸没边界算法的稳定性,对三维超声速圆球绕流算例进行计算研究。过去几十年,许多学者致力于亚临界和超临界雷诺数下圆球绕流流动分离现象的研究[58-60],特别关注于剪切层不稳定发展和尾迹涡旋结构的演化规律探索[61,62]。本节考虑的超声速来流马赫数 $Ma=1.2$,雷诺数 $Re=1.62\times10^{5}$,圆球直径 $D=10$ mm,计算几何模型长度为 $L_x\times L_y\times L_z=24D\times6D\times6D$。为减少网格计算量,计算域采用分块拉伸加密网格,球体附近区域的网格尺寸 $\Delta\delta$ 最小,以提高边界流场的分辨率,如图 2.26 所示。根据局部加密尺寸 $\Delta\delta$ 不同,比较 8 个计算工况下虚拟单元浸没边界法的计算精度(表 2.5)。

图 2.27 展示了 S4 工况下瞬态流场结构数值纹影图,在球体正前方形成一道脱体激波,自由剪切层从球体表面分离后向下游发展,并与球体后尾迹结构相互作用,导致剪切层内涡旋结构向外卷起或向内收缩,在外部超声速流动作用下形成一系列向外传播的压缩波系(A 处),压缩波系叠加产生一道强的尾激波结构(B 处)。在尾激波后剪切层处出现了间断结构(C 处),交替间断的结构逐渐演化成大尺度的涡结构。在尾激波前一段距离内,剪切层最先开始变形扭曲,出现失稳现

象。这是因为一系列弱的压缩波向上游传播对剪切层进行了预压缩作用。变形的剪切层、尾迹与激波之间的相互作用更加剧了剪切层结构的失稳,导致流场结构的演化更加复杂。

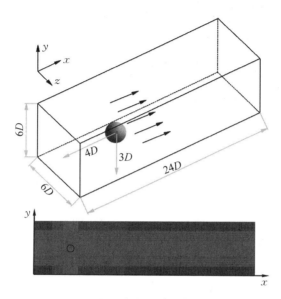

图 2.26　光滑球体绕流计算域示意图

表 2.5　8 种不同条件的计算工况

工　况	$N_x \times N_y \times N_z$	$\Delta\delta$	施　加　方　法
S1	409×109×109	0.048D	GP+FP
S2	546×125×125	0.036D	GP+FP
S3	606×156×156	0.024D	GP+FP
S4	694×194×194	0.012D	GP+FP
S5	409×109×109	0.048D	GP
S6	546×125×125	0.036D	GP
S7	606×156×156	0.024D	GP
S8	694×156×300	0.012D	GP

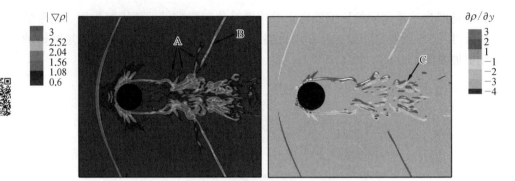

图 2.27　中截面上瞬态流场密度梯度数值分布云图

图 2.28 是球体中截面的壁面平均压力系数和摩擦系数与实验结果[62]的对比,可以看出,在球体迎风侧,各工况计算结果与实验值相差不大。在背风侧,随着球体附近网格依次加密,数值解的误差逐渐减小,说明流场解的精度随着网格分辨率的增大而提高。当球体附近网格尺度达到 0.012D 即 S4 工况,数值解与实验结果吻合较好,因此可以将 S4 结果作为基准解,对 S1~S8 工况整个计算域内的计算误差进行对比分析,定义流场解误差的 L_2 范数:

$$\varepsilon_2 = \left[\frac{1}{N_x N_y N_z} \sum_{i=1}^{N_x} \sum_{j=1}^{N_y} \sum_{k=1}^{N_z} \left(\psi_{i,j,k}^{N_x \times N_y \times N_z} - \psi_{i,j,k}^{694 \times 194 \times 194} \right)^2 \right]^{1/2} \tag{2.72}$$

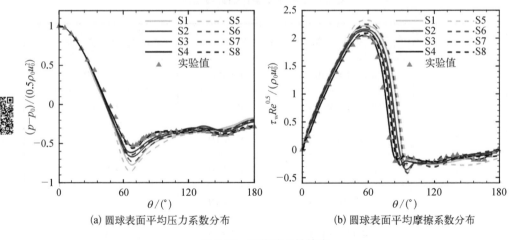

(a) 圆球表面平均压力系数分布　　　　　　(b) 圆球表面平均摩擦系数分布

图 2.28　网格独立性检查

其中,$\psi_{i,j,k}^{694 \times 194 \times 194}$ 表示 S4 工况 (i, j, k) 网格节点处流场物理量。选取流场的流向速度 u 和球体表面压力系数 C_p 两个物理量作误差分析,如图 2.29 所示。在球体边界附近流场解达到了 2 阶精度。对于改进的虚拟单元方法(S1~S3),由于同时对 GP 和 FP 点施加边界关系,使得界面信息更加细化,相对一般的虚拟单元方法 (S5~S7)来说,计算精度得到了提高。本节算法分别采用 5 阶 WENO 格式和 6 阶 中心差分格式对空间进行离散,因而在流场光滑区域,数值解可以达到高阶精度, 但在激波和球体边界附近,数值解的精度会降低。L_2-u 表示所有三维网格点流向 速度 u 的全局误差,其精度在 2 阶以上。这说明本节的算法能较准确地模拟高速 可压缩问题,在全局范围内能达到高阶计算精度。

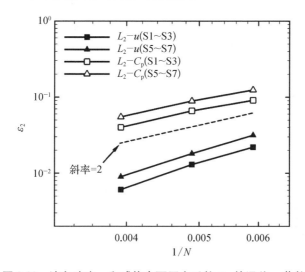

图 2.29　流向速度 u 和球体表面压力系数 C_p 的误差 ε_2 范数

2.7.4.2　剪切层湍流结构定性分析

为了对整个流场结构的演化过程进行细致分析,特别关注自由剪切层失稳特 性的观察,图 2.30 给出了不同时刻下球体绕流后等马赫线分布。根据流场马赫数 特征,可以把整个流场分为 4 个部分,即脱体激波与声速线($Ma=1$)之间的亚声速 区域,剪切层外声速线与尾激波之间的超声速区域,剪切层内球体后方的尾迹结 构,尾激波后流场尾迹涡旋结构。从中可以看出,在尾激波前后区域,剪切层结构 出现较为明显的扭曲变形,这种扭曲扰动逐渐向上游剪切层传播,形成小的波浪状 剪切层结构,这是由于压缩波向上游传播的缘故。尾激波后的剪切层结构出现了 较大的弯曲变形,并呈现周期性变化。剪切层在发生扭曲变形的同时,逐渐向内收 缩,将尾迹流场分成 2 部分,一部分是球体正后方剪切层内未受扰动的尾迹结构; 另一部分是向下游发展的尾迹结构,这部分结构是上游尾迹、变形剪切层和压缩波 系共同作用的结果,且随着流场的演化,这部分尾迹结构逐渐与上游剪切层脱落, 形成向下游发展的不同尺度脱落涡旋结构。由此构成了一个完整的剪切层内涡旋脱落演化过程。为了进一步刻画剪切层结构的变化,选取 $t=826.4\ \mu s$ 时刻流向不同位置横截面的周向速度分布进行分析。

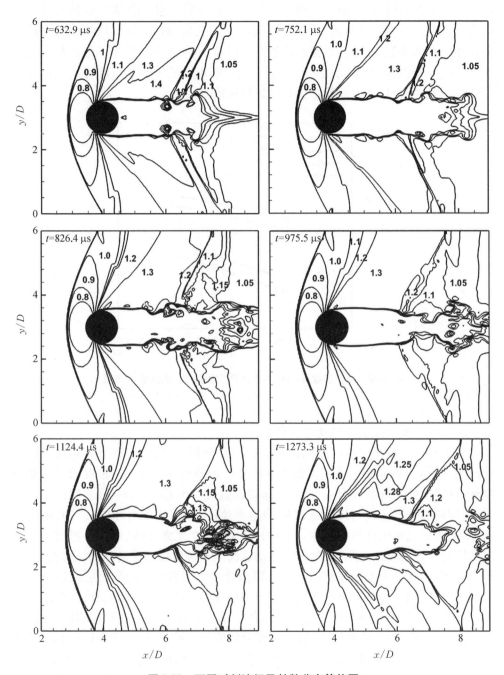

图 2.30   不同时刻流场马赫数分布等值图

前面已经指出,剪切层附近的压缩波系向上游传播,使得剪切层出现小波浪形的弯曲,触发了剪切层流动的不稳定,随后小变形剪切层、尾激波和尾迹之间的相互作用加剧了剪切层的弯曲变形,直至最终失稳破碎成间断的涡结构。图 2.31 给出了球体下游不同位置的周向速度梯度分布云图,可以看出剪切层在最初阶段为完整的环形,但随着流场向下游发展,局部出现个别卷起的涡(如图 $x/D = 5.25$ 和 5.5);在 $x/D = 6.0$ 处由于受到尾激波的强烈压缩作用,剪切层出现多个弯曲褶皱,形成卷起的花瓣结构;花瓣结构受到激波和尾迹共同作用,由中心对称结构逐渐演化成不规则的带状结构;尾激波后剪切层不再保持连续的带状结构,而是分散成多段,形成多个卷起的涡旋结构。图 2.32 展示了三维流场涡结构的演化情况,在尾激波前,等值涡管表面出现了多个波浪状的凸起,这时涡管的变形还不是很明显。但经过尾激波后,涡管形态出现严重的扭曲和缠绕,并在流场最前端形成脱落的涡旋结构,向前逐步推进。

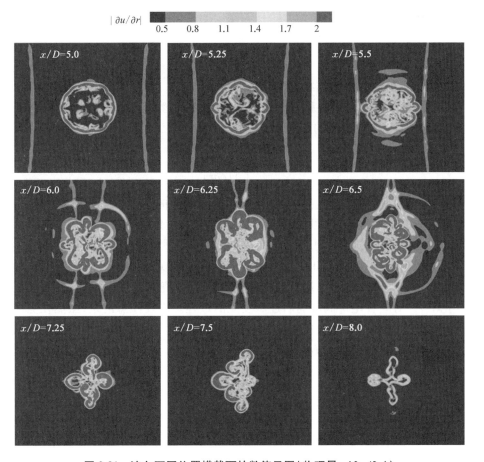

图 2.31　流向不同位置横截面的数值云图(物理量: $|\partial u/\partial r|$)

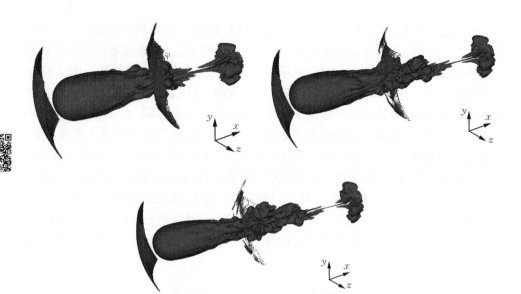

图 2.32　三维流场的涡结构演化

2.7.4.3　剪切层湍流结构定量分析

为了对剪切层的变形失稳过程进行定量分析,考察剪切层厚度和褶皱因子的变化规律。剪切层厚度 δ_t 的定义为

$$\delta_t(x) = \frac{u_1 - u_2}{(\partial u/\partial r)_{\max}} \tag{2.73}$$

其中,u_1 和 u_2 分别表示剪切层内外高速和低速区域流向速度。图 2.33 所示是剪切层厚度沿流向的变化情况,可以看出剪切层厚度的变化呈现三个阶段:第 I 阶段为厚度的线性增长,这是由于剪切层受内部尾迹回流影响,再加上外面受到弱的压缩波扰动作用所导致的;第 II 阶段剪切层厚度呈现无规律的波动状态,这时剪切层受到尾激波和尾迹的共同作用,出现复杂的弯曲、缠绕和变形;第 III 阶段剪切层厚度变化不大,对应着尾迹涡旋向后逐步发展的过程。需要注意的是,虽然在剪切层的失稳过程中剪切层厚度变化处于上下波动状态,但其变形扭曲却呈规律性的增长,定义剪切层的褶皱因子 Ω_w 为

$$\Omega_w = \frac{D \cdot L(x)}{S(x)} \tag{2.74}$$

这里考虑流向不同横截面 $x = x_0$ 下二维平面褶皱因子,L 和 S 分别代表环状剪切层的周长和面积。如图 2.34 是 2 个时刻流向剪切层褶皱因子的变化情况,在 $x/D = 6 \sim 7.5$ 范围内,剪切层由于受尾激波的作用,虽然其褶皱因子呈现小幅度的

波动,但总体上以指数递增规律变化。通过对离散点的数据拟合,得出了剪切层褶皱因子增长的曲线规律:

$$\Omega_w\left(\frac{x}{D}\right) = 0.45\mathrm{e}^{0.39\frac{x}{D}} \tag{2.75}$$

$$\Omega_w\left(\frac{x}{D}\right) = 0.45\mathrm{e}^{0.39\frac{x}{D}} \tag{2.76}$$

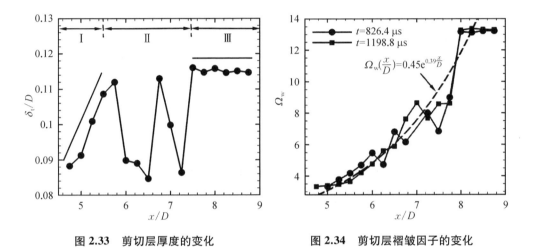

图 2.33　剪切层厚度的变化　　　　　图 2.34　剪切层褶皱因子的变化

褶皱因子的不断增长代表着流场剪切层与内部低速流体、外部高速流体的接触面积增大,高低速流体的动量交换更加剧烈。与此同时,剪切层表面曲率变化越大,容易产生向外卷起的涡结构,在外部超声速流动下形成向外传播的压缩波,进而对附近的剪切层产生干扰作用。在 $x/D>8$ 的尾迹区域,由于远离尾激波的影响,脱落的涡旋结构在向前推进过程中变化很小,因而其褶皱因子基本保持不变。

图 2.36 和图 2.37 给出了剪切层内湍流雷诺应力的演化规律,剪切层的位置取图 2.35 中虚线,在 D 处剪切层开始出现波浪状变形褶皱,S 处为尾激波所在位置。从湍流速度均方根分布可以看出,三个方向的雷诺正应力呈现大致相同的特征趋势走向,与剪切层厚度的演化规律一致,第 Ⅰ 阶段为雷诺正应力的线性增长阶段,自由剪切层为稳定的平直状态;第 Ⅱ 阶段由于压缩波系的作用使得湍流结构更为复杂,湍流脉动强度经历一个混沌的震荡过程,并且在尾激波位置流向脉动强度达到最大值;第 Ⅲ 阶段为尾激波后涡旋的脱落向前推进过程。还可以观察到,超声速球体绕流的湍流雷诺正应力表现出明显的各向异性,雷诺应力中流向正应力最大,

这说明在剪切层的演化过程中湍流结构的流向脉动占主导地位。此外,z 方向的正应力最大值在尾激波后一段距离内取得,说明了激波的压缩作用对不同方向雷诺正应力的影响存在空间迟滞效应,进一步阐述了剪切层内湍流结构的各向异性。从湍流雷诺剪切应力分布可以看出,最大雷诺剪切应力仍然出现在尾激波所在位置(图中 S),不存在空间上的滞后,但雷诺剪切应力的发展在激波附近存在一个先增加后减小的突变过程,这一点与雷诺正应力的演化规律不同。与此同时,在 $x/D=5.5$ 处(图中 D)出现了雷诺剪切应力出现了局部最大值,这是因为剪切层附近压缩波向前传播,对 D 位置的剪切层产生了压缩作用,这正是第 II 阶段剪切层失稳过程的开始。

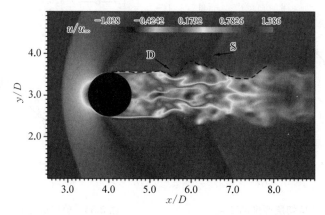

图 2.35　剪切层速度分布云图

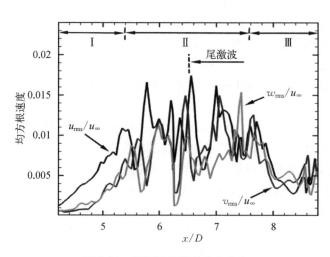

图 2.36　剪切层雷诺正应力分布

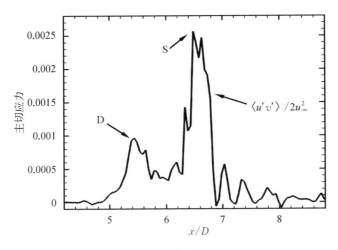

图 **2.37**　剪切层主切应力分布

参 考 文 献

［1］ Mellor G L, Yamada T. Development of a turbulence closure model for geophysical fluid problems
［J］. Reviews of Geophysics, 1982, 20(4): 851 – 875.

［2］ 张兆顺,崔桂香,许春晓.湍流大涡数值模拟的理论和应用［M］.北京:清华大学出版
社,2008.

［3］ Kim J, Moin P, Moser R. Turbulence statistics in fully developed channel flow at low Reynolds
number［J］. Journal of Fluid Mechanics, 1987, 177: 133 – 166.

［4］ Germano M, Piomelli U, Moin P, et al. A dynamic subgrid-scale eddy viscosity model［J］.
Physics of Fluids A: Fluid Dynamics, 1991, 3(7): 1760 – 1765.

［5］ Meneveau C, Lund T S, Cabot W H. A Lagrangian dynamic subgrid-scale model of turbulence
［J］. Journal of Fluid Mechanics, 1996, 319: 353 – 385.

［6］ Pirozzoli S, Grasso F, Gatski T B. Direct numerical simulation and analysis of a spatially
evolving supersonic turbulent boundary layer at $M = 2.25$［J］. Physics of Fluids, 2004, 16(3):
530 – 545.

［7］ Vervisch L, Hauguel R, Domingo P, et al. Three facets of turbulent combustion modelling: DNS
of premixed V-flame, LES of lifted nonpremixed flame and RANS of jet-flame［J］. Journal of
Turbulence, 2004, 5(1): 4.

［8］ 傅德熏,马延文,李新亮,等.可压缩湍流直接数值模拟［M］.北京:科学出版社,2010.

［9］ Li X L, Fu D X, Ma Y W, et al. Direct numerical simulation of shock/turbulent boundary layer
interaction in a supersonic compression ramp［J］. Science China Physics, Mechanics and
Astronomy, 2010, 53: 1651 – 1658.

[10] Li X L, Fu D X, Ma Y W. Direct numerical simulation of hypersonic boundary layer transition over a blunt cone with a small angle of attack[J]. Physics of Fluids, 2010, 22(2): 025105.

[11] Zheng Y, Liou M S. A novel approach of three-dimensional hybrid grid methodology: Part 1. Grid generation[J]. Computer Methods in Applied Mechanics and Engineering, 2003, 192(37 − 38): 4147 − 4171.

[12] Zhao D, Chen J, Zheng Y, et al. Fine-grained parallel algorithm for unstructured surface mesh generation[J]. Computers and Structures, 2015, 154: 177 − 191.

[13] Mittal R, Iaccarino G. Immersed boundary methods[J]. Annual Review of Fluid Mechanics, 2005, 37: 239 − 261.

[14] Sotiropoulos F, Yang X. Immersed boundary methods for simulating fluid-structure interaction [J]. Progress in Aerospace Sciences, 2014, 65: 1 − 21.

[15] Steger J L, Warming R F. Flux vector splitting of the inviscid gasdynamic equations with application to finite-difference methods[J]. Journal of Computational Physics, 1981, 40(2): 263 − 293.

[16] Harten A, Warming R F, Yee H C. Implicit total variation diminishing schemes for steady states calculating[C]. Danvers: 6th Computational Fluid Dynamics Conference Danvers, 1983.

[17] Harten A, Engquist B, Osher S, et al. Uniformly high order accurate essentially non-oscillatory schemes, Ⅲ[J]. Journal of Computational Physics, 1997, 71(2): 231 − 303.

[18] Zhang H. Implicit, non-oscillatory containing no free parameters and dissipative (INND) scheme [J]. Applied Mathematics and Mechanics, 1991, 12(1): 107 − 112.

[19] Deng X, Zhang H. Developing high-order weighted compact nonlinear schemes[J]. Journal of Computational Physics, 2000, 165(1): 22 − 44.

[20] Nonomura T, Fujii K. Robust explicit formulation of weighted compact nonlinear scheme[J]. Computers and Fluids, 2013, 85: 8 − 18.

[21] Jiang G S, Shu C W. Efficient implementation of weighted ENO schemes[J]. Journal of Computational Physics, 1996, 126(1): 202 − 228.

[22] 刘儒勋,舒其望.计算流体力学的若干新方法[M].北京:科学出版社,2003.

[23] Fu D, Ma Y. A high order accurate difference scheme for complex flow fields[J]. Journal of Computational physics, 1997, 134(1): 1 − 15.

[24] Liu X D, Osher S, Chan T. Weighted essentially non-oscillatory schemes[J]. Journal of Computational Physics, 1994, 115(1): 200 − 212.

[25] Deng X, Maekawa H. Compact high-order accurate nonlinear schemes[J]. Journal of Computational Physics, 1997, 130(1): 77 − 91.

[26] Kametani Y, Fukagata K. Direct numerical simulation of spatially developing turbulent boundary layer for skin friction drag reduction by wall surface-heating or cooling[J]. Journal of Turbulence, 2012(13): N34.

[27] Schlatter P, Örlü R, Li Q, et al. Turbulent boundary layers up to $Re_\theta = 2500$ studied through simulation and experiment[J]. Physics of Fluids, 2009, 21(5): 051702.

［28］ Poinsot T J, Lelef S K. Boundary conditions for direct simulations of compressible viscous flows ［J］. Journal of Computational Physics, 1992, 101(1): 104 - 129.

［29］ Schlatter P, Örlü R. Assessment of direct numerical simulation data of turbulent boundary layers ［J］. Journal of Fluid Mechanics, 2010, 659: 116.

［30］ Schlatter P, Örlü R. Turbulent boundary layers at moderate Reynolds numbers: Inflow length and tripping effects［J］. Journal of Fluid Mechanics, 2012, 710: 5.

［31］ Smits A J, Matheson N, Joubert P N. Low-Reynolds-number turbulent boundary layers in zero and favorable pressure gradients［J］. Journal of Ship Research, 1983, 27(3): 147 - 157.

［32］ Wu X, Moin P. Transitional and turbulent boundary layer with heat transfer［J］. Physics of Fluids, 2010, 22(8): 085105.

［33］ Komminaho J, Skote M. Reynolds stress budgets in Couette and boundary layer flows［J］. Flow, Turbulence and Combustion, 2002, 68(2): 167 - 192.

［34］ Pirozzoli S, Grasso F, Gatski T B. Direct numerical simulation and analysis of a spatially evolving supersonic turbulent boundary layer at $M = 2.25$［J］. Physics of Fluids, 2004, 16(3): 530 - 545.

［35］ Head M R, Bandyopadhyay P. New aspects of turbulent boundary-layer structure［J］. Journal of Fluid Mechanics, 1981, 107: 297 - 338.

［36］ Peskin C S. Flow patterns around heart valves: A numerical method ［J］. Journal of Computational Physics, 1972, 10(2): 252 - 271.

［37］ Goldstein D, Handler R, Sirovich L. Modeling a no-slip flow boundary with an external force field［J］. Journal of Computational Physics, 1993, 105(2): 354 - 366.

［38］ Saiki E M, Biringen S. Numerical simulation of a cylinder in uniform flow: Application of a virtual boundary method［J］. Journal of Computational Physics, 1996, 123(2): 450 - 465.

［39］ Mohd-Yosuf J. Combined immersed boundary/B-spline methods for simulations of flow in complex geometries［R］. Palo Alto: Center for Turbulence Research, 1997.

［40］ Iaccarino G, Verzicco R. Immersed boundary technique for turbulent flow simulations ［J］. Applied Mechanics Reviews, 2003, 56(3): 331 - 347.

［41］ Fadlun E A, Verzicco R, Orlandi P, et al. Combined immersed-boundary finite-difference methods for three-dimensional complex flow simulations［J］. Journal of Computational Physics, 2000, 161(1): 35 - 60.

［42］ 张阳,邹建锋,郑耀.改进虚拟边界算法在超声速流动问题求解中的应用［J］.力学学报, 2018,50(3): 538 - 552.

［43］ Chaudhuri A, Hadjadj A, Chinnayya A. On the use of immersed boundary methods for shock/ obstacle interactions［J］. Journal of Computational Physics, 2011, 230(5): 1731 - 1748.

［44］ Luo K, Zhuang Z, Fan J, et al. A ghost-cell immersed boundary method for simulations of heat transfer in compressible flows under different boundary conditions［J］. International Journal of Heat and Mass Transfer, 2016, 92: 708 - 717.

［45］ Majumdar S, Iaccarino G, Durbin P. RANS solvers with adaptive structured boundary nonconforming grids[R]. Palo Alto: NASA Ames Research Center/Stanford University Center for Turbulence Research, 2001.

[46] Franke R. Scattered data interpolation: Tests of some methods[J]. Mathematics of Computation, 1982, 38(157): 181 – 200.

[47] Inasawa A, Asai M, Nakano T. Sound generation in the flow behind a rectangular cylinder of various aspect rati-os at low Mach numbers[J]. Computers and Fluids, 2013, 82: 148 – 157.

[48] Inoue O, Hatakeyama N. Sound generation by a two-dimensional circular cylinder in a uniform flow[J]. Journal of Fluid Mechanics, 2002, 471: 285 – 314.

[49] Kwon K, Choi H. Control of laminar vortex shedding behind a circular cylinder using splitter plates[J]. Physics of Fluids, 1996, 8(2): 479 – 486.

[50] Williamson C H K. Oblique and parallel modes of vortex shedding in the wake of a circular cylinder at low Reynolds numbers[J]. Journal of Fluid Mechanics, 1989, 206: 579 – 627.

[51] Fey U, König M, Eckelmann H. A new Strouhal-Reynolds-number relationship for the circular cylinder in the range $47 < Re < 2 \times 10^5$[J]. Physics of Fluids, 1998, 10(7): 1547 – 1549.

[52] Ma R, Liu Z, Zhang G, et al. Control of Aeolian tones from a circular cylinder using forced oscillation[J]. Aerospace Science and Technology, 2019, 94: 105370.

[53] Landau L D, Lifshitz E M. Fluid mechanics[M]. Oxford: Pergamon Press, 1987.

[54] Yang J Y, Liu Y, Lomax H. Computation of shock wave reflection by circular cylinders[J]. AIAA Journal, 1987, 25(5): 683 – 689.

[55] Giepman R H M, Schrijer F F J, Van Oudheusden B W. Flow control of an oblique shock wave reflection with micro-ramp vortex generators: Effects of location and size[J]. Physics of Fluids, 2014, 26(6): 066101.

[56] Bryson A E, Gross R W F. Diffraction of strong shocks by cones, cylinders, and spheres[J]. Journal of Fluid Mechanics, 1961, 10(1): 1 – 16.

[57] Kaca J. An interferometric investigation of the diffraction of a planar shock wave over a semicircular cylinder[R]. NASA STI/Recon Technical Report N, 1988.

[58] Constantinescu G, Squires K. Numerical investigations of flow over a sphere in the subcritical and supercritical regimes[J]. Physics of Fluids, 2004, 16(5): 1449 – 1466.

[59] Rodriguez I, Borell R, Lehmkuhl O, et al. Direct numerical simulation of the flow over a sphere at $Re = 3700$[J]. Journal of Fluid Mechanics, 2011, 679: 263 – 287.

[60] Yun G, Kim D, Choi H. Vortical structures behind a sphere at subcritical Reynolds numbers[J]. Physics of Fluids, 2006, 18(1): 015102.

[61] 邹建锋,任安禄,邓见.圆球绕流场的尾涡分析和升阻力研究[J].空气动力学报,2004, 22(3): 303 – 308.

[62] Achenbach E. Experiments on the flow past spheres at very high Reynolds numbers[J]. Journal of Fluid Mechanics, 1972, 54(3): 565 – 575.

第 **3** 章

微吹气控制技术

3.1 前言

吹气控制作为一种有效的主动减阻策略,已经得到了广泛的研究[1-6]。它是通过壁面喷射流体,使低能量的边界层流体变成高能流体,以达到对近壁湍流边界层流动状态进行控制的目的。从气流喷射时间控制上看,大致可以分为定常吹气[7]和非定常吹气[8,9],其中非定常吹气是指射流状态随时间不断发生变化,通常可以用吹气频率和吹气强度来同时控制射流喷出后的流动状态。通过监控边界层内流动参数,并将之反馈至吹气控制方式上,可以实现智能化流动控制。但非定常控制或反馈控制在实际吹气控制装置设计上会带来一定的复杂性,不可避免地会带来额外的能量消耗。

在本章研究中,我们主要关注于微吹气控制。它是一种定常吹气控制方式,不同之处在于吹气强度非常微弱,通常吹气速度不及主流的1%。许多实验和数值研究证明,在宽速域范围内,微吹气控制均可以有效抑制壁表面湍流边界层摩擦阻力,特别是在超声速来流情形下微吹气减阻效果会更好。例如 Kornilov 和 Boiko[10,11]通过实验研究了微吹气穿过可渗透多孔平板的减阻效果,发现局部表面摩擦最大减阻率可达 70%,总减阻率为 4.5%~5%,这也证实了微吹气利用相对较低的吹风能量对于实现摩擦减阻控制是可行的。

尽管微吹气减阻的效果已被广泛证实,但微吹气技术在湍流减阻中实践应用还很少,并且以往关于微吹气的研究主要集中在对减阻率及其与微孔结构、吹气强度等控制参数关系的研究上,而对微吹气与湍流边界层相互作用的湍流机制尚不完全清楚。因此,本章内容将重点分析微吹气控制下湍流边界层空间演化特性的变化,以深入挖掘湍流边界层摩擦减阻内在物理机制。值得注意的是,充分发展湍流边界层和空间发展湍流边界层之间摩擦阻力的贡献机制存在差异,尽管微吹气产生的减阻效果比较相似,但空间发展湍流边界层更接近飞机表面实际的流动状况。因此,接下来选择空间发展平板湍流边界层的减阻演变过程进行细致深入的讨论。

3.2 微吹气技术

微吹气技术(micro-blowing technology，MBT)是利用壁表面微小的多孔阵列向流场喷入少量气体,试图达到减阻效果的一种主动控制手段,如图 3.1 所示。它由美国 NASA 格伦研究中心研究员 Hwang 和 Biesiadny[12,13] 提出,通过在飞机发动机全尺寸的短舱表面布置微吹气的多孔板装置,在亚声速条件下成功实现了摩擦减阻[14]。微吹气技术一个显著特征在于多孔板的应用,亚毫米级别的微孔在板壁面呈阵列排布,如美国 NASA 航空航天局的 PN3 和 GAC1897 多孔板[15]。多孔板的应用使得吹气技术在实际工程应用上具备了可操作性的载体,但多孔板的设计与加工制造要保证较小的表面粗糙度,使得在无吹气情况下其表面摩阻系数与不开

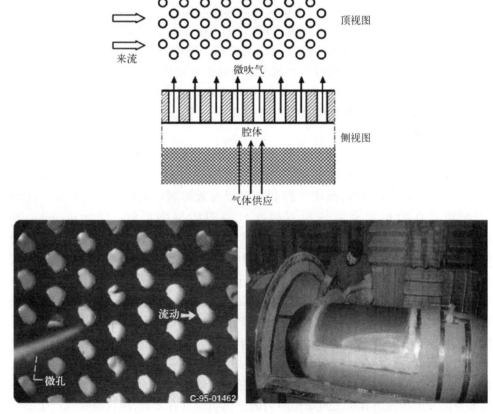

图 3.1 微吹气技术概念(上)和多孔板激光钻孔(下左)和短舱试验模型(下右)[12-14]

孔情形接近,这样才能达到较好的摩擦阻力抑制效果。

微吹气技术的另一个显著特点在于吹气强度相比自由流来说非常小,这里可以用吹气分数 F 来衡量,其定义是

$$F = \frac{\rho_b v_b}{\rho_\infty v_\infty} \tag{3.1}$$

其中,ρ 和 v 分别是气体密度和速度;下标 b 和 ∞ 分别代表吹气射流和自由流。在过去几十年间,Hwang 团队对微吹气技术开展了一系列实验方面的研究,其给定的吹气分数均小于 0.01。研究发现,当吹气系数从 0 逐步增加到 0.007 5,多孔板表面减阻率逐渐增加,最后会趋于平稳,在低来流马赫数 0.3 工况下其最大减阻率可达到 60%。

除了吹气分数对湍流边界层减阻效果产生影响外,多孔板构型如开孔形状、孔径、孔隙率、长径比、表面粗糙度、阵列方式等结构参数对减阻效果也会产生差异。通过优化布局可使得减阻效果达到最佳,但需要考虑工艺和制造成本。研究发现,PN2 和 PN3 多孔板相比 GAC 板具有较小的零吹气摩擦阻力,可被认为是一种较佳的微吹气孔板选择。

尽管微吹气技术具备摩擦减阻的潜能,但作为一种主动控制策略,它存在能量利用效率提升方面的问题。因为俄罗斯科学研究院 Kornilov 和 Boiko[11] 在微吹气多孔板实验研究中发现尽管局部减阻率可达到 30% 以上,但考虑吹气注入能量以及微通道孔隙吹气带来的额外能量消耗,其净能量收益也只在 5% 量级的水平,这其中还没有考虑多孔板安装或重量的问题。后来,Kornilov 和 Boiko[16] 在研究吹气下游摩擦阻力时发现,微吹气使得控制区带来减阻效果的同时,在下游未吹气区一小段距离内也存在减阻效果[图 3.2(a)],他们将微吹气减阻这一特性描述成减阻效果的"记忆"或"迁移",并认为微吹气能产生净能量收益的多少,与下游未吹气区域阻力减少量密切相关,因而提出充分利用一小段未吹气区的减阻效果,采用间隔排布的吹气策略[图 3.2(b)],发现微吹气的能量利用效率提高至 15%~25%。

3.3　微吹气控制平板计算模型

在第 2 章中已对自由来流马赫数 $Ma_\infty = 0.7$,进口雷诺数 $Re_\infty = 50\,000$(特征长度为 1 英寸)条件下平板湍流边界层进行了直接数值模拟,简要分析了湍流边界层空间发展状态、壁面摩擦阻力特性以及湍流脉动等。当前,我们在此算例基础上,研究微吹气对空间发展湍流边界层的影响。平板计算域在 x、y、z 三个方向取值范围为 $30 \leqslant x \leqslant 42$,$0 \leqslant y \leqslant 0.65$,$0 \leqslant z \leqslant 1.57$,分别对应 $1\,200\delta_d^0 \times 65\delta_d^0 \times 157\delta_d^0$,其中 δ_d^0 是入口 $x = 30$ 位置处边界层位移损失厚度,计算域宽度和高度至少为边界层厚度 δ_{99} 的 2 倍,两点相关性分析表明其宽度足够不至于影响湍流在展向空间发展。

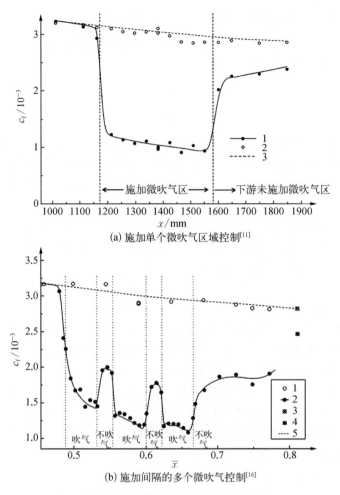

(a) 施加单个微吹气区域控制[11]

(b) 施加间隔的多个微吹气控制[16]

图 3.2　局部摩擦阻力系数沿流向的发展

考虑到在 $x>36$ 区域,边界层流动已经转变为空间发展湍流结构,因而在此区域施加局部微吹气控制比较合适,如图 3.3 所示。采用了无量纲直径 $D=0.0065$ 的 NASA - PN2 多孔平板[15],微孔的布置为 32×32 的交错阵列。相邻孔的中心间距 h_s 为 0.0085,保证了 23% 的孔隙率。为了直接数值模拟的方便,省去了实际微孔通道的影响,通过壁面边界条件的施加来实现微吹气控制。

　　大质量射流会带来流动分离,造成较大的表面摩擦损失,降低能量利用效率。微吹气技术最显著的特点是小质量流量和微孔的设计。利用少量能量的注入能带来较大的表面摩擦阻力变化效果。在微吹气控制中,吹气分数 F 取 0.0015。选择与进气介质相同的空气作为微吹气体。微吹气体 ρ_j 与来流气体 ρ_∞ 密度比 DR 为 1.2,吹气温度 T_j 取来流气体温度 T_∞ 的 0.868(后续无量纲 T_j 同此含意)。微吹

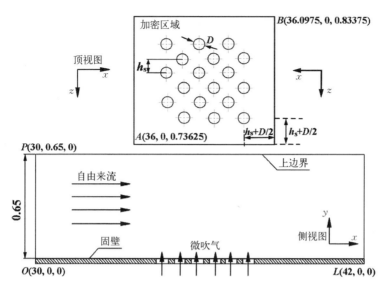

图 3.3　微吹气结构示意图(单位: in)

气阵列采用狄利克雷(Dirichlet)边界层条件代替,这样使得几何计算域简单,直接数值模拟程序实施方便。考虑到微吹气孔尺寸,需要细化网格来解析微吹气孔附近的小尺度湍流结构。局部网格点的布置保证在一个微孔直径范围内有 8 个网格节点,网格加密区域向阵列外多扩展 $h_s+D/2$ 距离,以便在微孔附近捕获更详细的流场特征(图 3.4)。整个计算域网格节点总数达到 1 232×100×416,约 5 100 万,具体参数见表3.1。

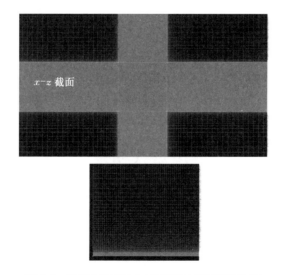

图 3.4　微吹气附近(上)和壁面(下)网格分布

表 3.1　微吹气计算参数设置

参　　数	符　　号	取 值 大 小
微孔直径	D	0.006 5
孔间距	h_s	0.008 5
孔隙率	ϕ	23%
微孔阵列	—	32×32
网格数量	$N_x \times N_y \times N_z$	1 232×100×416
加密网格	$0.068\Delta x$	0.000 816
吹气分数	F	0.001 5
吹气温度	T_j	0.868
密度比	DR	1.2

3.4　湍流摩擦阻力

局部表面摩擦系数 $c_f = \tau_w / (\rho_\infty U_\infty^2 / 2)$ 沿流向 x 方向空间发展如图 3.5 所示，其中 τ_w 和 U_∞ 分别表示壁面剪应力和自由来流速度。可以看出，在固体壁面施加

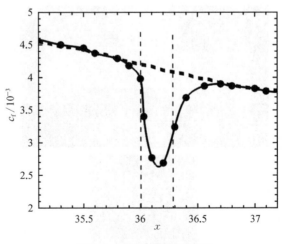

图 3.5　平均摩擦阻力系数

虚线：光滑无控制平板；填充点：微吹气工况采样点；实线：微吹气工况拟合曲线

垂直微吹气控制,大大降低了表面摩擦系数 c_f,最大减阻率达到 40%。与此同时,减阻区域面积不仅覆盖了整个微吹气控制区,而且还向下游延伸一小段距离。这是因为边界层特性不可能立刻恢复到原来的状态,即使不受微吹控制,对边界层的影响仍会继续扩散到控制区域外直至其逐渐恢复到无控制状态,这可以理解为黏性底层对前期状态有记忆功能[10,16]。

在实现减阻效果的情况下,从实际应用的角度对主动控制效率进行评估是非常重要的。局部减阻率 R^L 和净节能率 S^L 可定义为

$$R^L(x) = \frac{c_{f0}(x) - c_f(x)}{c_{f0}(x)} \tag{3.2}$$

$$S^L(x) = \frac{c_{f0}(x) - [c_f(x) + W_{in}(x)]}{c_{f0}(x)} \tag{3.3}$$

其中,c_{f0} 表示无控制基本流中的表面摩擦阻力;W_{in} 是控制输入能量,定义为

$$W_{in}(x) = \Delta p_w V_w(x) + \frac{1}{2} V_w(x)^3 \tag{3.4}$$

其中, Δp_w 表示吹气壁面的压差。由于微小吹气强度($V_w = 0.00125$),微吹气控制的输入能量都很小,减阻率几乎等于净节能率。图 3.6 所示净节能率随着流向位置的变化。由于微吹孔的交错排列,曲线在控制区域来回振荡,但总体上呈先上升后下降的趋势。平均净节能率 S 可定义为

$$S = \frac{1}{x_2 - x_1} \int_{x_1}^{x_2} S^L(x) \, \mathrm{d}x \tag{3.5}$$

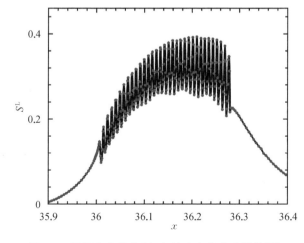

图 3.6　局部净节能率(红色填充点代表采样数据)

其中,x_1和x_2分别表示微吹气控制开始和结束位置。在当前研究中,采用0.125% U_∞的微吹气可获得约23%的平均净节能率。它比Kametani等[17]的0.1%均匀吹气或间歇吹气更大,因为微吹气技术的局部减阻率更大。在微吹气试验中,Tillman和Hwang[14]的短舱部分表面摩擦阻力减少可达50%~70%。Kornilov和Boiko[16]对多孔平板进行了试验,得到了相似的平均净节能率为15%~25%(表3.2)。

表3.2 平均净节能率和最大减阻率

参 考 文 献	吹 气 速 度	$R^{\mathrm{L}}(\max)$	S
Kornilov 和 Boiko[16]	0.182%~0.228%U_∞	71%	15%~25%
Kametani 等[7]	0.1%U_∞	22%	18%
Kametani 等[17]	0.16%~0.19%U_∞	25%~32%	16.2%~17.7%
Tillman 和 Hwang[14]	0.2%U_∞	50%~70%	——
当前计算结果	0.125%U_∞	40%	23%

3.5 湍流瞬态结构和平均属性

施加微吹气控制后,主要比较了湍流结构差异和流动特性的变化。图3.7显示了三个不同$x-z$剖面上的瞬时流向速度分布云图,其中虚线框表示微吹气控制区域。在$y^+=6.8$位置,可以清楚地观察到一个低速"湍流斑"结构,此结构将使得近壁附近形成一个较低的速度梯度区域,并导致壁面摩擦剪切应力的变化。此外,湍流斑面积超过控制区并向下游延伸,证实了微吹气控制带来减阻的"记忆功能"。沿着法向方向远离壁面,细长条纹开始脉动,并导致头部变形和弯曲,低速湍流斑面积逐渐减小(如$y^+=14.7$),但对下游的影响仍然明显。当$y^+=32.9$时,细长条纹逐渐断裂消失,低速的白色斑点几乎消失。整个过程呈现了壁湍流条纹结构从产生、变形到破碎的过程。

图3.8显示了$z=L_z/2$展向剖面微吹气孔附近流线和平均速度分布。大写U或V代表时间平均速度分量。受上游自由来流影响,微孔垂直射流向下游偏转。逐渐地,自由流流线略微向上倾斜,在图3.8(a)和图3.8(b)处可以清楚地看到一些不均匀的、弯曲的速度等值线,这是射流对自由流产生冲击的结果。与基本无控制流相比,壁面附近黏性底层的厚度显著增加,速度梯度减小,因而产生了表面摩擦减阻效果。

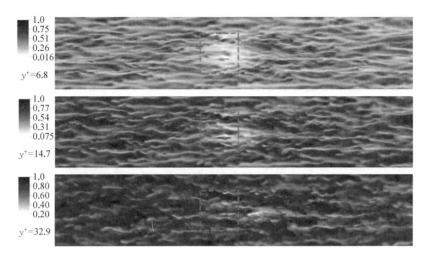

图 3.7 瞬态流向速度 u 分布云图 (y^+ = 6.8, 14.7, 32.9)

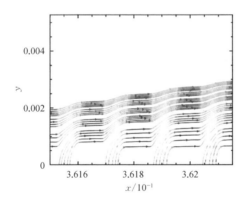

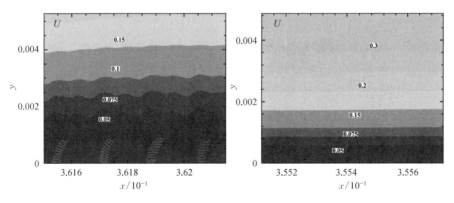

图 3.8 微孔附近平均流场信息

上图和左图对应微吹气平板；右图对应无控制光滑平板

微吹气孔附近平均法向速度可视化如图 3.9 所示。标记 1、2、3 和 5、6、7 分别表示吹气位置和没有吹气两个区域位置点。用 Van - Driest 变换得到的平均流向速度分布如图 3.10 所示。图 3.10(a)中黑色圆圈是基本流的计算结果,与不可压缩湍流平板边界层中服从对数定律的黑色实线一致[18]。这表明当前平板湍流边界层的可压缩效应较弱,Morkovin 假设是有效的。

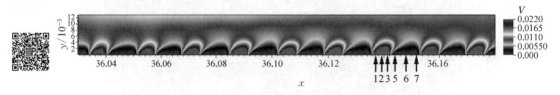

图 3.9　吹气附近平均法向速度分布

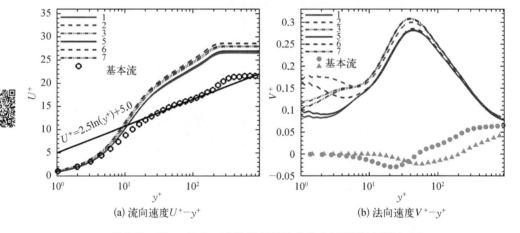

(a) 流向速度 $U^+ - y^+$　　　　　(b) 法向速度 $V^+ - y^+$

图 3.10　Van - Driest 变换的平均速度分布(圆圈标识基本流)

在微吹气情况下,在吹气和非吹气位置的对数层都观察到了向上的位移,这一点在其他吹气控制湍流边界层模拟研究中也被广泛发现[7,16,19]。在 $y^+ > 232$ 时流向速度大小基本保持不变,由此可知当前位置 $x = 36.142$ 的湍流摩擦雷诺数约为 $Re_\tau = 232$。平均法向速度 V 在边界层内出现先升后降的趋势,并在 $y^+ = 38$ 位置达到了峰值。虽然法向速度峰值相比基本流情况高出 4~5 倍,但与流向速度相比,法向速度分量仍然很小。微吹气控制在改变流场结构方面的影响是有限的。这些相似的分布曲线表明,微吹气控制不仅影响微孔区的流动特性,而且将相似的特性传递给控制区的无吹气位置。这可能与 23% 的孔隙率有关。从中我们可以推测,事实上不需要对所有区域都采用吹气控制,这样可以大大节省输入能量。Kornilov 和 Boiko[16]发现,采用非连续微吹气方式时,边界层特性的缓慢变化会扩散到整个平板,减阻效果会一直得到延续。通过这种减阻技术,能量利用效率将得到提高。

图 3.11 展示微吹气控制下近壁面区域内的时间平均压力变化。壁面压力在近微孔处快速变化,在微孔前后均出现了逆压梯度,而在微孔处总体上呈顺压梯度。这一相似的结果在 Park 和 Choi[19] 的直接数值模拟算例中同样被证实。然而,与此不同的是,由于微孔的错列排布,导致压力在吹气区域内沿着流向方向上、下脉动。而这种压力脉动的振幅在壁面上最大,并沿着远离壁面的方向逐渐减弱。

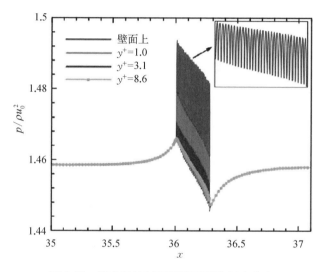

图 3.11　微吹气控制下近壁面平均压力分布

3.6　涡量动力学特性

图 3.12 显示了 $z=L_z/2$ 截面时间平均的流向涡量($\omega_x=\partial w/\partial y-\partial v/\partial z$)分布云图。可以看出,时间平均后的涡量在边界层非常小,其大小在 -1 到 1 之间。在微吹气附近分布着若干个排列整齐、正负涡量的小涡。上游一对编号为①②的正、负流向涡在经过微吹气区时向上倾斜,表明流向涡的运动明显受到微吹气的影响。在局部吹气的实验研究中也观察到了这些相干结构的这种倾斜[20]。在自由流的影响下,那些来自微孔的射流向下游发展,并汇聚成两个大涡团③④,从而对下游边界层结构产生影响[19,21]。

微吹气控制下复杂的涡结构叠加在边界层中,形成了一个变化剧烈的涡量场,定量结果的详细讨论如图 3.13 所示。对比吹气前后位置,由于垂直吹气速度的影响,在 $y^+<8$ 时微吹气区域(红线)涡量值明显增大,而 $y^+>10$ 时,涡量值几乎处于同一尺度,且很快趋于很小。这表明,虽然微吹射流在固体壁面产生的涡量足够大,

但超过 $y^+>10$ 时对平均涡量的贡献很小,说明微吹控制的穿透能力仍然十分有限。在微吹气控制后的下游区域(如 $x=36.37$),由于微射流的汇合,正、负向涡的峰值略有增加($y^+\approx13$),但涡量之后迅速恢复到原来的状态。事实上,我们发现微吹气对平均涡量流场的影响主要集中在黏性子层和控制下游小段区域。但由于微吹气强度较弱,对下游的影响也非常有限。

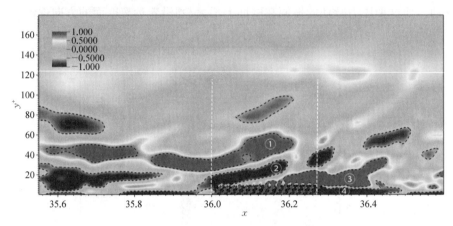

图 3.12 $z=L_z/2$ 截面平均流向涡量分布

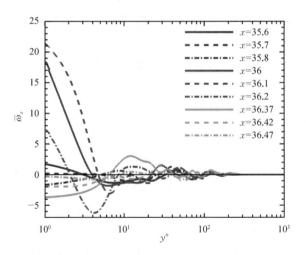

图 3.13 不同位置流向涡涡量大小分布曲线

考虑涡旋动力学特性,流向涡量输运方程写成:

$$\rho\frac{\mathrm{d}}{\mathrm{d}t}\left(\frac{\omega_x}{\rho}\right)=\omega_x\frac{\partial u}{\partial x}+\left(\omega_y\frac{\partial u}{\partial y}+\omega_z\frac{\partial u}{\partial z}\right)+\frac{1}{\rho^2}\left(\frac{\partial\rho}{\partial y}\frac{\partial p}{\partial z}-\frac{\partial\rho}{\partial z}\frac{\partial p}{\partial y}\right)+\frac{1}{Re}\nabla^2\omega_x \quad (3.6)$$

上述方程中右手边的第一项和第二项分别表示拉伸项(S - term)和倾斜项(T -

term),而第三项(P - term)表示斜压性和可压缩性的贡献,最后一项(D - term)表示分子运动引起的扩散项贡献。流向涡量强度的动力学方程可由方程两边乘以 ω_x :

$$\underbrace{\frac{\rho}{2}\frac{\mathrm{d}}{\mathrm{d}t}\left(\frac{\omega_x^2}{\rho}\right)}_{} = \underbrace{\omega_x^2\frac{\partial u}{\partial x}}_{\text{S-term}} + \underbrace{\omega_x\left(\omega_y\frac{\partial u}{\partial y} + \omega_z\frac{\partial u}{\partial z}\right)}_{\text{T-term}} + \underbrace{\frac{\omega_x}{\rho^2}\left(\frac{\partial\rho}{\partial y}\frac{\partial p}{\partial z} - \frac{\partial\rho}{\partial z}\frac{\partial p}{\partial y}\right)}_{\text{P-term}} + \underbrace{\frac{\omega_x}{Re}\nabla^2\omega_x}_{\text{D-term}}$$

$$(3.7)$$

各项在不同流向位置的变化如图 3.14 所示,这有助于我们了解哪个项对流向涡强的演化影响最大,注意这里采用的是时间和 z 空间上系综平均值。在图 3.14(a)中,在 $y^+<10$ 时,流向涡强演化的主导来自倾斜项和扩散项。由于负的扩散项相对较大。因而导致在 $y^+<10$ 以内所有项的总和为负。当 $y^+>10$ 时,拉伸与倾斜的大小基本相同,黏性耗散也在减小,因此得到了涡强的时间变化率为正值,即流向涡的强度随着流动的发展而增强。这与 Park 和 Choi[19] 以及 Brooke 和 Hanratty[22] 的研究非常吻合。

图 3.14(b)、(c)、(d)、(e) 分别给出了微吹气前后各项的变化。在微吹气区域(绿线),拉伸项相对于吹气控制之前区域略有增加,但非常接近峰值处的黑线。特别是倾斜项和扩散项,它们的峰位从 $y^+ = 7.5$ 外移到 $y^+ = 13$,这表明流向涡被推离了壁面。这里有两个方面需要考虑,首先是微射流的喷射方向。它不是绝对垂直的,在自由流作用下有一些倾斜的角度(图 3.12)。二是微射流的积聚作用。更多的质量射流在尾部汇合会导致下游更强烈的微吹气效应,从而使流向涡被提升得更高。对于吹气控制下游的区域(红线),所有拉伸项、倾斜项和扩散项均明显增加,但其峰值位置基本不变。这是因为抬升的影响消失了,流向的漩涡再次靠近壁面。此外,吹气动量在吹气尾部位置累积,加速了涡量的传输。因此,所有项总和变为正值。但很快,在 $x = 36.47\sim38$ 的下游,它又回到了原来的状态[图 3.14(d)中的青色线]。需要注意的是,在 $y^+>10$ 时,所有压力项都接近于零,$y^+<10$ 时的上下振荡与微吹孔排布有关(包括扩散项的振荡),见图 3.14(e)。

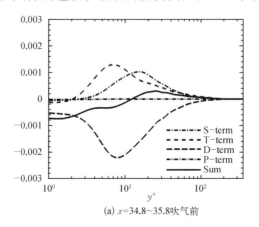

(a) x=34.8～35.8吹气前

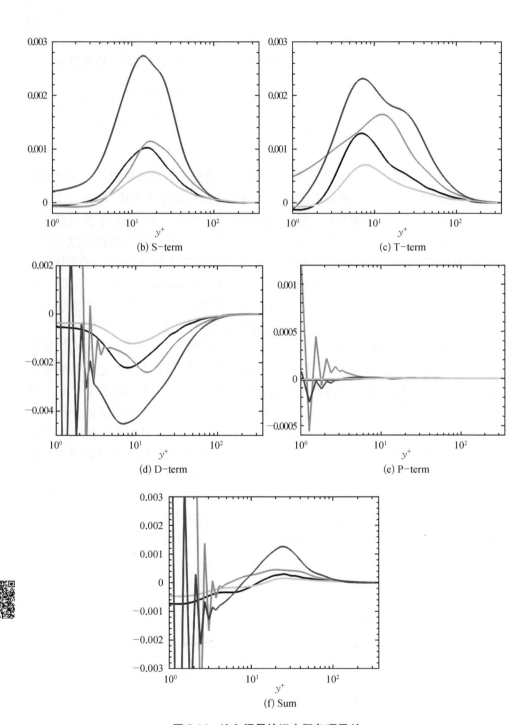

图 **3.14**　流向涡量输运方程各项贡献

黑线：34.8~35.8 吹气前；绿线：36~36.2 吹气区；红线：36.37~36.4 吹气尾部；蓝线：36.47~38 远离吹气下游

流向脉动涡量的时空演变如图 3.15 所示。可以看出,近壁区的微射流对直接作用在壁面上脉动涡有很好的阻挡作用。很明显,在微吹气区前后,从 $t=14$ 到 $t=15.5$,具有正负脉动值的流向涡团向前移动并贴近壁面,从而在壁面上产生较高的表面摩擦。经过吹气区域时,微射流对靠近壁面的流向涡产生了抬升作用,不能直接对壁面施加作用力。此时,近壁面摩擦阻力主要受微吹气局部脉动运动的控制。因此通常可以获得减阻效果,这将在摩擦阻力分解部分具体分析。

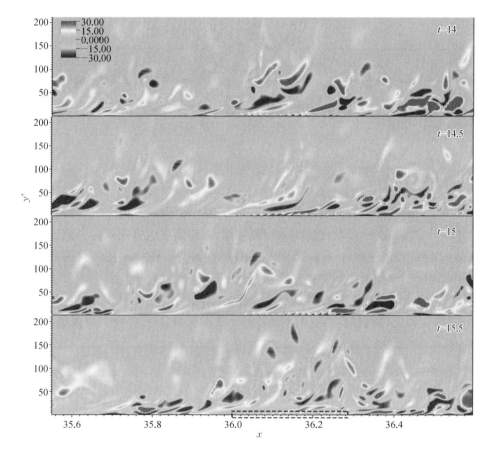

图 3.15　流向脉动涡量 ω_x' 时空演化

图 3.16 显示了不同流向位置的脉动涡量大小的比较。在微孔($x=36.1$, 36.2)上方,涡量脉动极大值和极小值取得位置 y 都被推离壁面,因此近壁流向涡被微吹气所抬升(图 3.15)。并且其极大值也稍大。Kim 和 Sung[8] 在湍流边界层局部定常吹气的 DNS 研究中也观察到了类似的行为。在微吹气的下游($x=36.3$, 36.5),微吹气使流向脉动涡量的强度明显强于基本平板流,但其局部极大值的位置逐渐恢复到与基本流相同的位置,这也可以从平均流向涡量的演变中(图 3.12)。

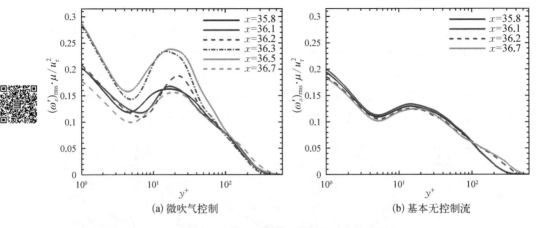

图 3.16　不同位置流向涡量脉动值变化曲线

3.7　湍流脉动强度

流向、法向和展向方向湍流脉动速度均方根（root mean square，RMS）变化如图 3.17 所示。在微孔上方，吹气使均方根振幅增大，雷诺正应力在流向方向上占主导地位。u' 的最大值位置在 $y^+ \approx 15$ 处取得且基本保持不变[7]。在前面提到的抬升机制中，流向涡与壁面之间的相互作用变弱，但是微吹气向抬升涡中注入了更多的能量，因此流向涡的强度变强，其在下游的增加主要是由于射流的积聚效应（图 3.12）。因此，微射流对流向涡的影响导致湍流强度的增强。类似地，雷诺剪

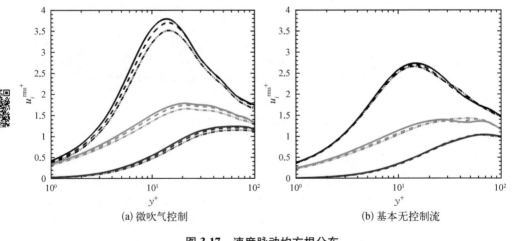

图 3.17　速度脉动均方根分布

黑色 u'；蓝色：v'；绿色：w'；点画线：36.1；虚线：36.15；实线：$x=36.2$

切应力(Reynolds shear stress, RSS)如图 3.18 所示。在微吹气作用下,$\langle u'v'\rangle$ 的最大值逐渐增大到 1.2 以上,约为基本流工况下的 1.5 倍。沿着微吹气区域下游,RSS 值略有增大。

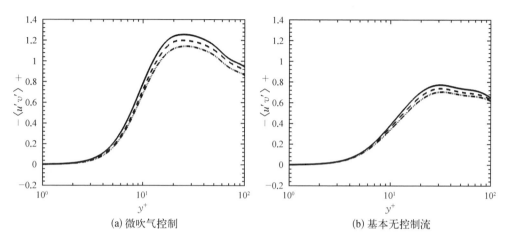

(a) 微吹气控制　　　　　　　　　　(b) 基本无控制流

图 3.18　雷诺剪切应力 $u'v'$

3.8　湍流信号经验模态分解

湍流信号经常是非线性、非平稳的随机过程,以一种骑行波(riding waves)的形式存在,经验模态分解(empirical mode decomposition, EMD)就是把一个复杂的非线性、非平稳信号逐层分解成有限个平稳的信号分量和表示信号变化趋势的残余量叠加的形式,其中每一个平稳的信号分量称为内在模式函数(intrinsic mode function, IMF),IMF 反映了信号的不同尺度特性,因此,通过经验模式分解算法可以直接提取非平稳数据序列在不同尺度上的信息,通过残余量获得信号的趋势信息。

经验模式分解把信号分解成一系列内在模式函数 IMF,Huang 等[23,24]在提出 EMD 理论时要求 IMF 必须满足两个条件:

(1)在整个数据序列上,信号极值点的数目和过零点的数目必须相等,或者最多相差不能超过一个。

(2)在任意一时间节点上,局部极大值包络和局部极小值包络构成的包络均值为零。

这两个限制条件也被称为过零点条件和均值条件。此外,如果信号没有极值点,可以先对信号进行一阶或者多阶微分来获得极值点,最后对分解出的 IMF 分量进行积分即可得到最后的分解结果。

正是基于这样的约束条件,EMD 和以往基于全局的信号处理方法完全不同,而是基于信号局部特征的分析方法。同样,正是这两个约束条件避免了信号的瞬时频率受不对称波形的影响,采用局部极大值和极小值的包络均值来约束局部对称性。

IMF 描述了数据内部的震荡模式,在每个经过零点定义的周期中,IMF 包含一个震荡模式,因此并不存在复杂的骑行波。IMF 分量并不仅限定于窄带信号,实际上,它可以是幅度调制,也可以是频率调制。因此,纯粹的幅度调制和频率调制信号是严格意义上的 IMF。

任何线性或者非线性平稳或者非平稳的信号都由有限个 IMF 分量和残余分量构成,Huang 提出的 EMD 方法正是建立在这一假设基础上。对于一个随机信号,在任意一个时间节点上,有可能同时存在多个 IMF 分量,但每一个 IMF 都是相互独立的。

EMD 对信号进行分析和处理的首要问题是提取符合条件的 IMF 分量。首先找到随机信号 $x(t)$ 的所有局部极值点,通过插值方法分别构造由极大值点构成的上包络 e_{max} 和由极小值点构成的下包络 e_{min},计算上下包络均值 $m_1(t)$:

$$m_1(t) = (e_{max} + e_{min})/2 \qquad (3.8)$$

原信号 $x(t)$ 减去均值 $m_1(t)$ 得到 $h_1(t)$,检查 $h_1(t)$ 是否满足前面提到的 IMF 条件,如果 $h_1(t)$ 不满足约束条件,则继续进行筛分。将 $h_1(t)$ 作为原信号,求解它的上下包络线和包络均值 $m_{11}(t)$,得到其分量 $h_{11}(t)$ 为

$$h_{11}(t) = h_1(t) - m_{11}(t) \qquad (3.9)$$

再检查 $h_{11}(t)$ 是否满足 IMF 的两个约束条件,如果不满足则继续进行筛分,直到筛分出满足条件的 $h_{1k}(t)$,其中,

$$h_{1k}(t) = h_{1(k-1)}(t) - m_{1k}(t) \qquad (3.10)$$

令 $c_1 = h_{1k}(t)$,则 c_1 就可以看作是从原信号 $x(t)$ 中分解出的第一个 IMF,它包含了 $x(t)$ 中的高频成分。从原信号 $x(t)$ 中提取 c_1,得到分解出的残余分量 $r_1(t)$:

$$r_1(t) = x(t) - c_1 \qquad (3.11)$$

由于 $r_1(t)$ 中包含了大量的频率信息,所以将 $r_1(t)$ 看作新的信号继续进行同上面步骤相同的处理,直到最后一个 IMF 被分离出来,最终得到的残余量 $r_n(t)$ 是一个常数或者是一个反映信号 $x(t)$ 变化趋势的单调函数。

最终原信号 $x(t)$ 被分解为

$$x(t) = \sum_{i=1}^{n} c_i(t) + r_n(t) \tag{3.12}$$

经验模式分解的过程实际上是将信号不断进行筛分的过程,通过不断进行的筛分,消除了不同尺度变换波形的叠加,从而使波形轮廓更对称,分解出的 IMF 分量更符合希尔伯特变换特性,为后续进行分量的时频分析提供了良好的数据源。EMD 的算法流程如图 3.19 所示。

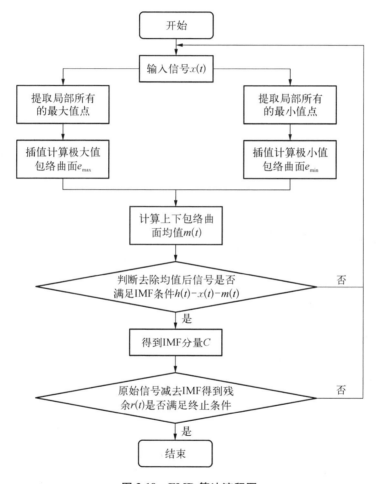

图 3.19　EMD 算法流程图

采用经验模态分解方法,将微吹气区附近的脉动信息分解为四种模态。目前,我们选择第一种模式代表高频的小尺度部分,最后三种模式之和代表低频的大尺度部分[25]。作为一种有效的信息分解算法,EMD 可以从原始信号中获得一些具有物理意义的模态信息。

图 3.20(a)对比了微吹气和基本流两种情况下 $y^+ = 12.8$ 时流向脉动速度 u' 的可视化云图。可以直观地看到在微吹控制区出现一个下沉的黑洞(绿色虚线)。这种视觉上的差异是因为与周围区域相比,这个区域充满了更多负值的脉动量。无论是在流向上还是在展向上,波动条纹的特征都是不连续的。研究还发现,黑洞的面积超出了微吹气的控制范围,表明存在下游区域的延伸影响。

在图 3.20(b)中,无论是大尺度还是小尺度,与上下游相比,它们在微吹气区域的结构都相对破碎。由于流向方向 x 和展向方向 z 上气孔交替排列,吹气控制似乎使得湍流结构趋于各向同性,并混合在一起[3,4]。特别是那些正/负脉动值的小尺度结构更趋于紧凑,小尺度结构的数量也在增加。Kametani 等[7]在对功率谱的分析中也发现,吹气增加了小波长和短波长成分,扩展了光谱的波长范围。由此

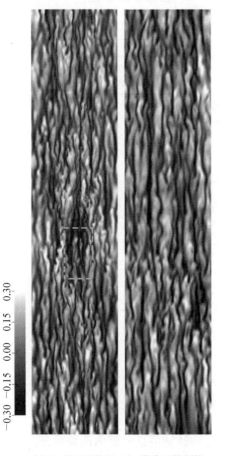

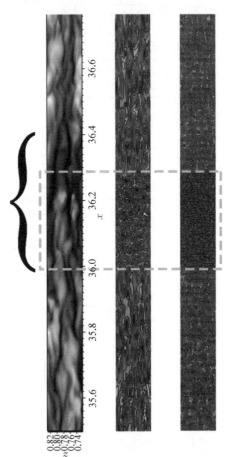

(a) 左,微吹气控制;右,基本无控制流　　　　(b) 左,完整流场;中间,第2~4模态;右,第1
　　　　　　　　　　　　　　　　　　　　　　　　模态;红/蓝标识正/负脉动值(−0.3, 0.3)

图 3.20　流向脉动涡 u' ($y^+ = 12.8$)

可以推断出,微吹气对大尺度和小尺度都产生了冲击,由此产生了许多细小的湍流结构。壁面附近三维涡结构的可视化如图 3.21 所示。从微孔中喷出的垂直弱射流在壁面附近形成一系列的球形涡,其 Q_2 取值范围是 $-22 \sim 22$。近壁流向旋涡上似乎被吹气施加了一个作用力,使得旋涡的表面上出现了许多个凹痕(见白色虚圆圈标识),这是旋涡破裂的痕迹。

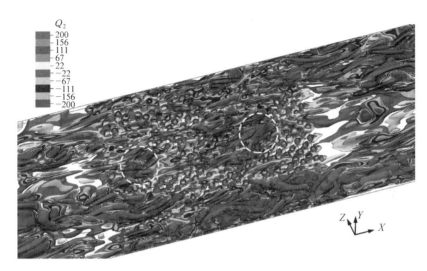

图 3.21　近壁区三维涡结构可视化

图 3.22 定量地比较了不同模态下大、小尺度湍动能分布。对于原始的脉动信号,无论 u' 或 v',微吹气都使得湍流强度增大,其峰值略微向外移动,这在 RMS 分布和涡量输运中已经讨论过。小尺度(第一模态)比大尺度占据更多的湍流能量。

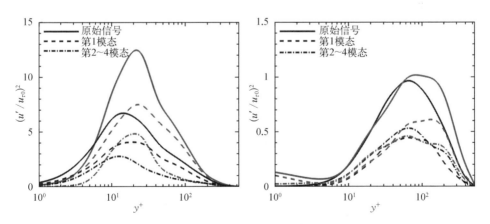

图 3.22　不同模态下流向和法向湍流能分布

红色:微吹气控制;黑色:基本无控制流

在微吹气情况下小尺度湍流动能是无控制基本流下的大约 8 倍,同样也超过大尺度能量。特别是法向湍流动能,微吹气控制主要表现为小尺度变化,而大尺度则略有下降。这表明,微吹气控制给小尺度结构注入了更多的能量,从而在壁面附近产生了更多的微小湍流,这与之前定性分析一样。

3.9　摩擦阻力分解

Fukagata 等[26]提出了一个有用的数学模型(称为 FIK 恒等式),以揭示壁面湍流雷诺剪应力与表面摩擦系数之间的关系。对于空间发展的平板湍流边界层,将局部表面摩擦系数 c_f 分解为五个部分贡献:边界层厚度 c^δ、雷诺切应力 c^T、平均对流 c^C、空间发展 c^D 和压力梯度 c^P 的贡献。目的是找出不同贡献对表面摩擦阻力的动力学影响。注意到由于局部湍流马赫数 Ma_t 的大小约为 0.1($Ma_t = \sqrt{\overline{u'^2} + \overline{v'^2} + \overline{w'^2}}/\bar{a}$, a 是当地声速),当前平板湍流边界层中的可压缩性效应较弱,因此我们仍然采用不可压缩 FIK 恒等式[27]:

$$
c_f(x) = \underbrace{\frac{4}{Re_\delta}\left[1 - \delta_{\mathrm{d}}\right]}_{c^\delta} + \underbrace{2\int_0^1 2(1-y)(-\overline{u'v'})\,\mathrm{d}y}_{c^T} + \underbrace{2\int_0^1 2(1-y)(-UV)\,\mathrm{d}y}_{c^C}
$$

$$
\underbrace{- 2\int_0^1 (1-y)^2\left(\frac{\partial UU}{\partial x} + \frac{\partial \overline{u'u'}}{\partial x} - \frac{1}{Re}\frac{\partial^2 U}{\partial x \partial x}\right)\mathrm{d}y}_{c^D} - \underbrace{2\int_0^1 (1-y)^2\frac{\partial P}{\partial x}\mathrm{d}y}_{c^P}
$$

$$\tag{3.13}$$

所有项均由自由流入 U_∞ 和 99%边界层厚度 δ_{99} 归一化。图 3.23 显示了在微吹气情况下 FIK 特性的分解。在空间发展边界层中,雷诺剪应力(c^T)和空间发展(c^D)项均增加了表面摩擦阻力($c^T > 0$, $c^D > 0$),而平均对流(c^C)项的贡献则减小了表面摩擦阻力($c^C < 0$)。另外,边界层厚度的贡献相对其他的贡献很小。由于开孔前后的压力梯度,在微吹气区 c^P 出现了小的波动(图 3.12)。但吹气位置前后压力基本保持一致。因此,在较小的吹风强度下,压力梯度的阻力贡献很小,这与Kametani 等[7]的结果相似。在微吹气区域,雷诺剪应力项 c^T 略有增加,但负平均对流项 c^C 急剧下降,超过了正的空间发展项增量。因此,整体摩擦阻力减小。这与Kametani 和 Fukagata[27]在具有均匀吹/吸的空间发展湍流边界层中的趋势相似。由此说明了,平均壁面法向对流项 c^C 对减阻的贡献起决定性作用。

在图 3.23 中,空间发展项 c^D 和各贡献项总和都可以发现一个小的上下波动,这主要是由微孔的非连续排列造成的,见图 3.24。吹气射流在近壁区出现了一系列同心环结构,沿流向呈一定的间隔分布,造成了 c^D 上下波动的来源。就 c^D 数值上而言,$\partial UU/\partial x$ 项的大小明显大于其他两项,说明了流向动能梯度决定了表面摩擦阻力的增强程度。

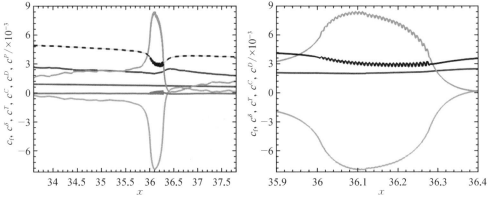

图 3.23　摩擦阻力分解(右:局部放大)

红色: c^δ;蓝色: c^T;绿色: c^C;橙色: c^D;紫红色: c^P;黑色实线:贡献之和;虚线: c_f 计算来自壁面剪切应力

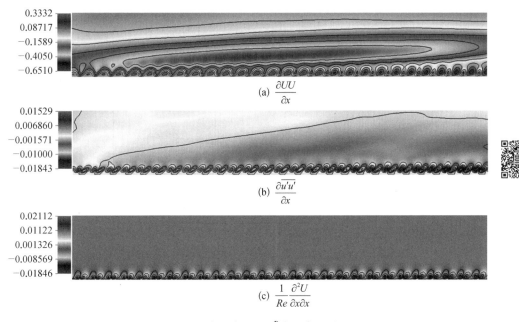

(a) $\dfrac{\partial UU}{\partial x}$

(b) $\dfrac{\overline{\partial u'u'}}{\partial x}$

(c) $\dfrac{1}{Re}\dfrac{\partial^2 U}{\partial x \partial x}$

图 3.24　空间发展项 c^D 中三个贡献

如图 3.25 所示,对于壁面法向平均对流项贡献 c^C,在微吹气区域上方形成了一个大的半球形区域(负值),尽管近壁出现了一些小的正值区域,但在整个湍流

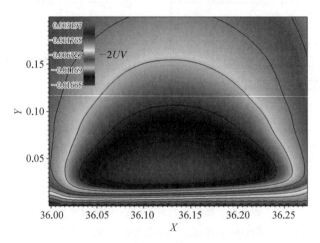

边界层内总积分带来了正的减阻效果。图 3.26 比较了 c^C 和 c^D 两种贡献,很明显,与 c^C 相比,c^D 的峰值相对较大,但其在壁面法向方向的影响面积较小。c^C 的影响范围从近壁内层到外层超过了 $y^+>100$,且其峰值点离壁面较远。这说明了微吹气上方形成较大法向对流区($-2U^+V^+$)对摩擦减阻起到了主导作用。

图 **3.25** c^C 项中 $-2UV$ 分布云图

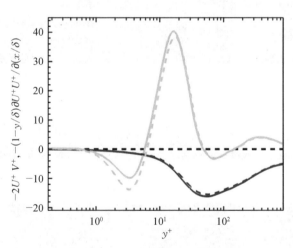

图 **3.26** 对比 c^C(灰色)和 c^D(黑色)

实线:$x = 36.15$;虚线:$x = 36.2$

3.10 影响微吹气减阻效果的因素

在过去研究中发现,影响微吹气减阻效果的常见因素可分为结构因素和气体因素两类,其中结构因素研究比较多的包括微孔形状、尺寸、排列方式等,而气体因素研究较多的包括有吹气强度、自由流雷诺数和马赫数等,这些因素对湍流边界层结构演化以及减阻效果均会带来影响。

假设气体分子黏度随温度变化满足萨瑟兰(Sutherland)法则,由于不同的气体温度会引起黏性的变化,且温度越高,气体黏性越大。为此,本节内容通过改变微吹气体的温度来探讨减阻效果的差异。对比 2 个不同的吹气温度 $T_j = 0.868$ 和 0.937,该温度均低于自由来流温度。与无控制基本算例作对比,以此对比吹气温度变化带来湍流边界层结构的演化规律。

3.10.1　湍流摩擦阻力对比

如图 3.27(a)给出了微吹气控制下三种情况的动量边界层雷诺数 Re_θ 沿流向的增长规律对比,可以看出施加微吹气控制后,动量边界层厚度逐渐增加,并且在控制区域前后动量雷诺数变化存在一小段过渡阶段。随着吹气温度的上升,控制区内($x = 36 \sim 36.28$)动量边界层厚度进一步增加,这表明边界层内的黏性动量损失由于吹气温度的影响得到了增加。此外,在 $Re_\theta = 1\,050$ 位置,边界层厚度 δ_{99} 在微吹气 $T_j = 0.973$ 工况相比无控制基本流增加了大约 11%,略小于 Kametani 等[28] 关于均匀吹气控制在相同位置的边界厚度。形状因子 H_{12} 代表了边界层位移厚度 δ_d 和动量损失厚度 δ_θ 的比值,是边界层内速度分布形状参数,其分布如图 3.27(b)所示。在微吹气控制下 H_{12} 值明显增大,而在控制区域下游,形状因子逐渐减小,直至恢复到与无控制平板边界层相同大小。H_{12} 值越大,说明边界层内速度分布越亏

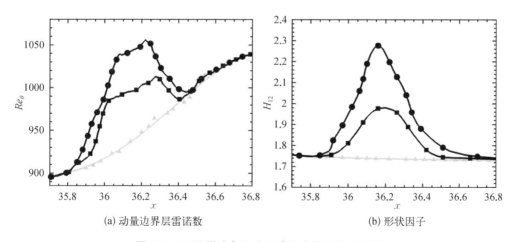

(a) 动量边界层雷诺数　　　　　　　　(b) 形状因子

图 3.27　不同微吹气温度下湍流边界层空间演化

三角形灰色实线:无控制光滑平板算例;正方形黑色实线:微吹气温度 $T_j = 0.868$ 算例;圆形黑色实线:微吹气温度 $T_j = 0.937$ 算例

损;而 H_{12} 越小则说明速度分布越饱满。微吹气温度提高使得边界层速度型面越发不饱满(less filled),其形状因子的最大变化率达到 30%,预示着更大的减阻效果[11]。

图 3.28(a)给出了光滑平板表面摩阻系数沿流向分布,并与文献 DNS 数据对比情况。光滑平板经历从层流转捩成湍流过程中,表面摩擦阻力逐渐上升,当发展成充分湍流后,摩阻系数沿着流向缓慢下降。壁湍流摩擦阻力系数与经验公式 $c_f =$ $0.002\,4Re_\theta^{-0.25}$ 基本吻合,略低于 Wu 和 Moin[29] 的 DNS 数据,这是由于本算例流向网格尺度 Δx^+ 大于 Wu 和 Moin,两者摩阻系数误差在 3% 以内。图 3.28(b)对比了 3 种工况下摩阻系数的变化,发现微吹气控制减小了表面摩擦阻力,其局部最大减阻率可达 40%,并且吹气温度上升会进一步增大减阻效果。此外,微吹气产生的减阻影响并不仅仅局限于控制区域,还会向下游延伸一段距离,以此壁表面摩擦阻力才逐渐恢复到与光滑平板相同的状态。

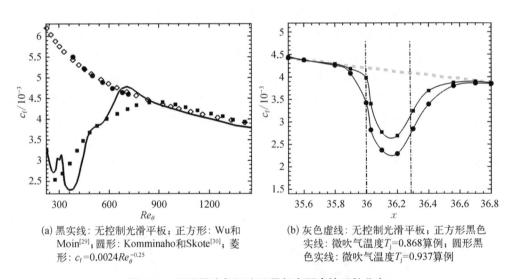

(a) 黑实线:无控制光滑平板;正方形:Wu 和 Moin[29];圆形:Komminaho 和 Skote[30];菱形:$c_f = 0.0024Re_\theta^{-0.25}$

(b) 灰色虚线:无控制光滑平板;正方形黑色实线:微吹气温度 T_j=0.868 算例;圆形黑色实线:微吹气温度 T_j=0.937 算例

图 3.28   不同微吹气温度下局部表面摩擦系数分布

3.10.2   湍流平均速度场对比

图 3.29 对比了 2 种微吹气温度工况下壁湍流边界层附近三个方向时均速度 (U, V, W) 分布云图,这里是统计平均量是指沿微吹区域展向平均后再进行时间平均的结果。从速度 U 可视化中可以直观看出,提高微吹气体的温度,壁面边界层厚度明显增加,并且沿着流向方向呈现"先上抛后下扬"的物理趋势。这是由于壁面吹气给予了自由来流空气一个法向冲击力,使得近壁区部分气体开始向上偏转。与此同时,低速气流在近壁区逐渐积累,导致黏性底层增厚,壁面摩擦阻力下降。

在速度 V 可视化中,在微吹气区域上面出现了"灯芯状"法向高速区域,在 $T_j =$ 0.868 和 0.973 两种工况下其最大法向速度 V_{max} 可分别达到 0.017 和 0.047,尽管在 $F = 0.0015$ 微吹气条件下法向射流速度仅为 0.001 25。这说明微吹气的作用使得自由来流动能得到重新分配,法向动能所占比重有所增加,而且在相同的壁湍流条件下,提高微吹气温度会使得"灯芯状"高速区内法向速度更显著增加,进一步增强了气流的法向动能。与此类似,提高吹气温度,展向速度 W 也会整体提高,但自由来流的展向动量分量整体相对较小。

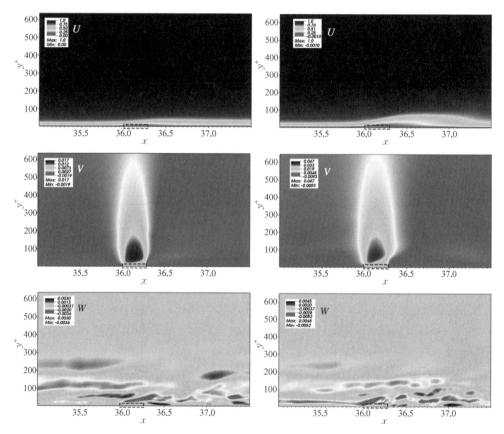

图 3.29　速度平均场可视化云图

左边：$T_j = 0.868$；右边：$T_j = 0.973$；黑色虚线内代表微吹气区域；纵坐标 y^+ 无量纲取 $x = 35.4$ 处黏性尺度

利用微吹气区域面积 S_{blow} 内流体动能进行统计平均,得到三个方向上的分量,可表示为

$$E_{ki} = \frac{1}{t \cdot S_{blow}} \sum_t \sum_{s_x} \sum_{s_z} u_i^2 \quad (i = x,\ y,\ z) \tag{3.14}$$

其中,变量 s_x 和 s_z 是微吹气区域的长度; t 是平均时间;横坐标 y_0^+ 是在微吹气上游 $x = 35.4$ 处无量纲黏性尺度。图 3.30 对微吹气区域气流在三个方向动能分配进行了定量对比,可以看出,施加微吹气后,自由来流的流向动能减少,且随着吹气温度提高,减小幅度加大。正如图 3.29 定性所述,壁湍流平均动能的法向和展向分量 $(V^2/2, W^2/2)$ 在微吹气作用下大大提高,尽管这两个方向动能相对流向方向依然很小。在微吹气 $T_j = 0.868$ 和 0.973 两种工况下法向动能峰值点分别在 $y^+ = 55$ 和 70 处取得,峰值点大小提高了大约 5.5 倍。这也说明了提高温度后,从壁面法向喷射出的微吹气体对自由来流的贯穿深度更强。

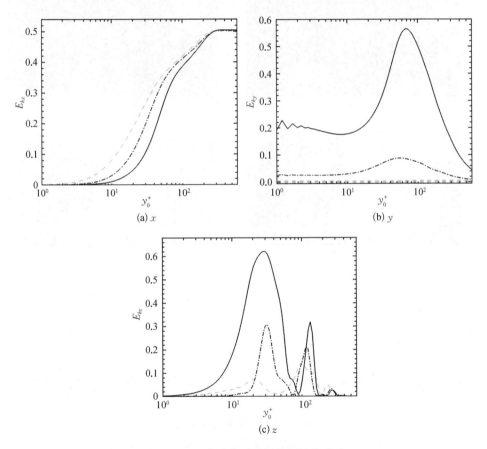

图 3.30　三个方向动能沿壁面法向分布

灰色虚线:光滑无控制算例;黑色点画线: $T_j = 0.868$ 微吹气算例;黑色实线: $T_j = 0.973$ 微吹气算例,各曲线标识下同

定义两个气流偏转角 θ_1 和 θ_2:

$$\theta_1 = \arctan(E_{ky}/E_{kx}), \quad \theta_2 = \arctan(E_{kz}/E_{kx})$$

分别代表自由来流壁湍流在微吹气作用下朝法向 y 和展向 z 两个方向的偏转情况。从图 3.31 可以看出,沿着壁面法向方向,法向偏转角 θ_1 逐渐下降。这是因为越靠近壁面,气流的流向动量越小,易受法向微射流的影响发生偏转;而当逐渐远离壁面时,气流的法向动能会逐渐达到一个峰值[图 3.30(b)],但此时流向动量也在快速增长,因而来流气流朝法向方向偏转角会逐渐下降。与此同时还发现,随着微吹气流温度的升高,法向方向的气流偏转角会更大,近壁区最大法向偏转角可达 72°。相比之下,由于微吹气作用下气流的展向动量分量较小,因而展向方向的偏转角总体上较小。但提高微吹气温度,展向动量分量增加,偏转角也会增加。

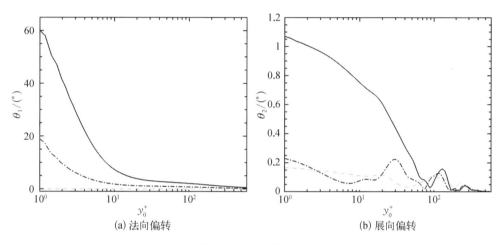

(a) 法向偏转　　　　　　　　　　(b) 展向偏转

图 3.31　气流偏转角

图 3.32 给出了两种微吹气工况下 $z=L_z/2$ 截面流场流线分布对比,颜色代表三个方向瞬时速度 (u,v,w) 分布。可以看出,相同速度和密度的微吹射流在自由来流作用下进入流场后,温度高的射流会有较大的法向动能[图 3.32(b)],导致其贯

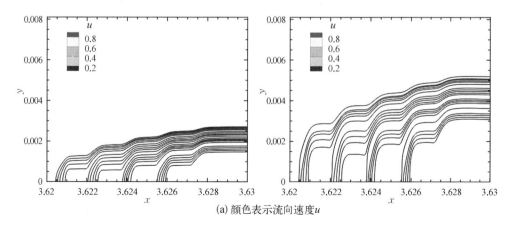

(a) 颜色表示流向速度 u

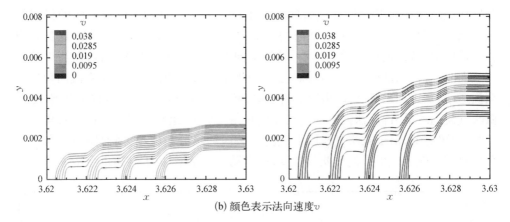

(b) 颜色表示法向速度v

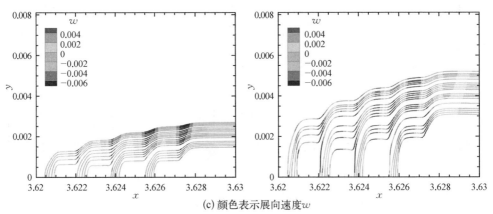

(c) 颜色表示展向速度w

图 3.32　$z = L_z/2$ 截面流场瞬时流线分布对比

左：$T_j = 0.868$；右：$T_j = 0.973$

穿力更强，并且前面的射流动能逐渐累积叠加在后面射流上，会带来后面射流贯穿深度更大（对比流线走向）。在法向吹气射流作用下，边界层内低速气体被抬升，吹气温度高的工况下低速气体被抬升的高度更大，带来边界层厚度更明显的增加[对比图 3.32(a) 流向速度 u 看出]。此外，$T_j = 0.973$ 工况下微吹气射流的展向速度也高于 $T_j = 0.868$ 工况。

3.10.3　湍流平均温度场对比

温度场的变化涉及边界层内热量的传递和气体分子黏度的差异，这将直接影响到气体分子的活跃程度。图 3.33 对比了两种微吹气温度工况下温度时均流场分布云图，由于时均量在交错的微孔阵列展向 z 方向作过统计平均，因而温度时均统计量最小值并不等于原始的微吹射流温度。从流场可以看出，由于壁面温度

（$T_w = 1.098$）大于自由流温度（$T_\infty = 1.0$），因而在壁面附近形成了很薄的温度边界层。温度边界层在控制区域遭到微吹射流的破坏，一方面微吹气体温度低于壁面和主流温度，使得控制区温度边界层底层出现了大片低温区，该区域与周围高温的气体产生热交换；另一方面微吹气的作用使得边界层内自由流三个方向动能重新分配，法向动能的增强使得边界层低温气流向下游正法向方向偏转（正如前述 θ_1 可达 72°）。与此同时，提高微吹气体温度，可以扩大低温区域面积，并使得低温气体的偏转角更大。

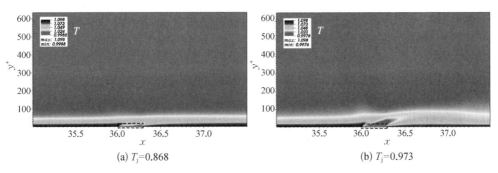

(a) $T_j = 0.868$ (b) $T_j = 0.973$

图 3.33　温度平均场可视化云图

如图 3.34 给出了无控制基本算例和两种微吹气温度控制算例（正方形和圆形实线）的流场温度型分布 $\Phi = (T_w - T)/(T_w - T_\infty)$。在 $y_0^+ < 100$ 边界层内，时均温度曲线出现了一个极大值点和极小值点，即边界层内温度沿着壁面法向方向呈现先下降然后上升趋势。如此上下波动的温度场分布正是受高温壁面 $T_w >$ 自由来流 $T_\infty >$ 多孔微射流 T_j 关系影响的结果。在 $y_0^+ < 10$ 的近壁区域，由于微吹气带来温度场剧烈变化，直接导致了其法向热通量相比无控制基本算例大为增加[图 3.34(b)]，

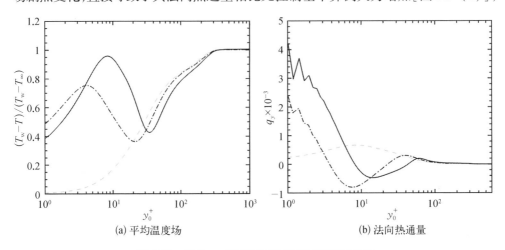

(a) 平均温度场   (b) 法向热通量

图 3.34　流向 $x = 36.17$ 位置温度和热通量变化

且随着吹气温度的上升,热流通量增加幅度越大,这说明了高温壁面向自由来流空气进行能量传递变得更加活跃。当 $y_0^+ \geq 200$ 时,三种情况下温度均趋于稳定,它们的温度边界层厚度大致相等。

根据 Sutherland 法则,由边界层内温度分布可以得出气体分子的动力黏度 μ 分布,如图 3.35 所示。很显然,由于较低的吹气气体温度,微吹气控制区域的气体分子黏度低于控制前后区域,低黏度的气体分子在微吹气作用下向外喷射,形成了一个低黏性的近壁区流场,这对壁表面摩擦阻力的减少起到了促进作用。而当提高微吹气温度后,近壁区低温流场面积增加,低黏度气体向外扩张,进一步抑制了湍流边界层摩擦阻力。

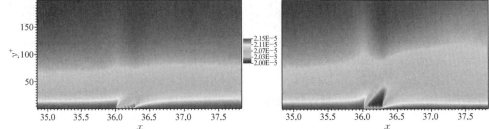

图 3.35 分子动力黏度在壁面附近分布

3.10.4 湍流脉动场分析

正如前述,微吹气会使得气体分子运动更加活跃,这也会影响到湍流脉动的强弱变化。如图 3.36 展示了三个法向高度 x-z 截面的流向脉动速度 u' 分布,清晰地展示了近壁湍流拟序结构的变化。在黏性底层区域($y^+ = 2.75$),低速湍流结构在展向 z 方向交替排列,并呈细条状沿着流动方向向前延伸。多孔阵列的微吹射流破坏了近壁区条带结构,并被射流击碎成离散的低速脉动结构,弥漫着整个近壁控制区;在缓冲区内($y^+ = 14.26$),细长低速条带结构逐渐开始变得扭曲和稀疏,微吹气作用下条带结构交缠在一起,依然充斥着大部分控制区($T_j = 0.973$ 高温吹气情况下);在远离壁面对数区内($y^+ = 39.1$),低速条带结构逐渐开始消失,变成散乱无章的湍流结构。此外,还发现微吹气温度越高,其法向射流的渗透力越强,这一点可以从[图 3.36(b)]中条带结构差异看出,在 $T_j = 0.868$ 微吹气工况下,此时条带结构受到微吹气影响已经很小,但 $T_j = 0.973$ 工况下,条带结构在微吹气影响下依然交缠在一起。

对流向、法向、展向速度脉动分量分别通过局部壁面摩擦速度进行 RMS 分析,

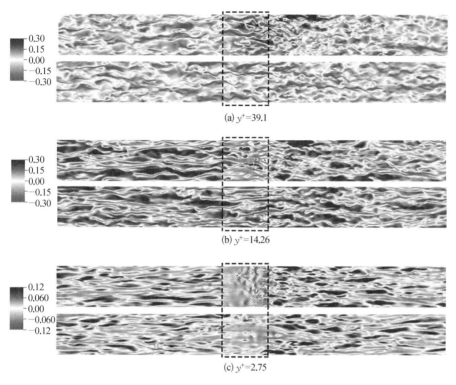

(a) $y^+=39.1$

(b) $y^+=14.26$

(c) $y^+=2.75$

图 3.36　湍流条带结构 u'

上：$T_j=0.973$；下：$T_j=0.868$

如图 3.37 所示。可以看出,流向脉动大小在三个方向中最强,占主导地位。对比无控制基本算例,微吹气的作用使得三个方向的湍流速度脉动均得到增强,u_{rms} 峰值在两种微吹气温度情况下分别增加了 63.0% 和 167% 左右,但其峰值点所对应的法向无量纲距离大约都保持在 $y^+=15$ 左右,这与均匀吹气 Kametani 和 Fukagata[27] 得到流向湍流脉动规律基本相同。v_{rms} 和 w_{rms} 的变化相对来说较小,在 $T_j=0.868$ 工况下增幅分别在 33% 和 49% 左右。对比两种微吹气温度可以看出,温度越高,湍流速度边界层内脉动峰值增幅越大,这与热通量在边界层内快速传播扩散有关,正如图 3.32 所示,热通量增大加速了低黏度气体分子向下游和壁面法向运动的趋势,从而使得边界层内湍流运动越发活跃。值得注意的是随着吹气温度的提升,v_{rms} 和 w_{rms} 的峰值点位置 y^+ 隐现向边界层内层移动趋势,这可能与边界层内温度场演化有关。如图 3.37(d)对比了温度脉动均方根的变化差异,在 $y^+<100$ 的边界层内,吹气条件下温度脉动曲线出现了两个极大值点,其中一个极大值点 y^+ 小于无控制基本算例峰值点 $y^+=24$,另一个极大值点位置大于 $y^+=24$。与此同时,两种微吹气条件下极小值点位置基本保持不变。

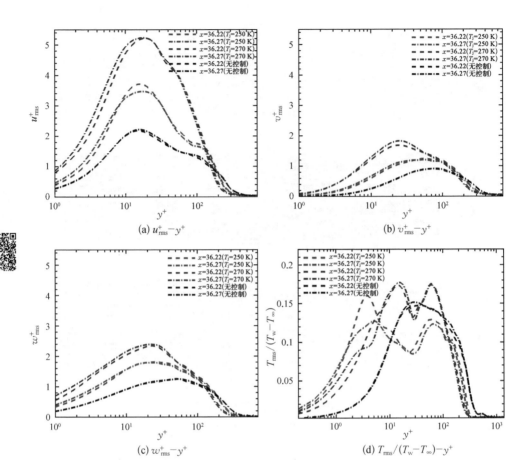

图 3.37　对比三种工况下湍流脉动均方根

3.10.5　涡结构对比

　　近壁湍流结构的演化,可以看作是不同尺度相干结构之间的相互作用,而湍流壁面摩擦阻力的大小与这些相干结构紧密相关。从多孔阵列喷射出的微吹射流在边界层流场中会形成规则排列的涡团阵列,正是由于这些新的相干涡团结构与边界层中湍流结构的相互作用,才逐渐影响了壁面摩擦阻力的大小。定义速度梯度的二阶不变量 Q_2 来表征整个流场涡结构的性质。如图 3.38 展示了两种微吹气工况下壁面附近三维涡团等值面分布($Q_2 = 300$),可以看出在 $T_j = 0.868$ 和 0.973 两种工况下,壁面附近射流涡团分别呈现"月牙形"和"环形",且月牙弓背的朝向与流向方向保持一致。此外这两种涡运动的流向速度也有差异,吹气温度高的射流涡团及其周围的涡结构相比之下,具有较低的流向速度,这说明了提高吹气温度使得近壁流向涡结构速度降低。

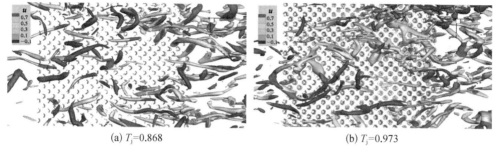

(a) $T_{\rm j}$=0.868　　　　　　　　　　(b) $T_{\rm j}$=0.973

图 3.38　三维等值面分布 $Q_2=300$

图 3.39 给出了微吹气区域上游($x=35.86$)、吹气区域($x=36.2$)和下游区域($x=36.56$)三个流向位置的 $y-z$ 展向平面涡分布。通过对比可以看出,在吹气区域上游的涡团结构紧贴壁面运动,并对壁面产生直接作用力;而在微吹气控制区域,壁表面上分布着间隔排列的小尺度涡团,这些涡团起到了阻隔屏障的作用,避免了大尺度涡团对壁面施加直接作用,此外还可以发现,在射流小尺度涡团冲击作用下,大尺度涡结构变得略微细碎,导致吹气控制区域壁面上方的各种大、小尺度涡团增多。对比之下,$T_{\rm j}=0.973$ 工况下微吹射流涡团尺寸要稍微大于 $T_{\rm j}=0.868$ 工况,且大、小尺度涡团结构也明显较多;在吹气区域下游,由于失去了吹气射流的屏

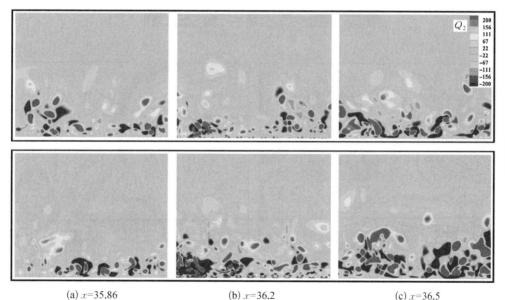

(a) x=35.86　　　　　　(b) x=36.2　　　　　　(c) x=36.5

图 3.39　二维 $y-z$ 平面 Q_2 分布云图

x 表示不同流向位置;上:$T_{\rm j}=0.868$;下:$T_{\rm j}=0.973$

障,涡团又重新开始贴近壁面运动。此外,还发现在微射流小尺度涡团的撞击下,大尺度涡变成相对细小涡,从而使分布在微吹气控制区的小尺度涡数量明显多于吹气前后。

如图 3.40 所示,红色点表示 $Q_2 = 200$ 涡团,微吹气引起射流涡团吸附在壁面上。在 $T_j = 0.973$ 时,微射流漩涡的大小略大于 $T_j = 0.868$ 时的大小。流向涡(由流线识别的大尺度结构)能否在射流旋涡上方运动,取决于湍流雷诺数、射流旋涡的尺寸、微孔间距、吹气强度等,当相邻吹气孔距离容纳不下流向涡尺寸时,其下扫/上抛运动对壁面的作用力就会降低,从而达到了减阻效果。

(a) 无控制基本流

(b) $T_j = 0.868$

(c) $T_j = 0.973$

图 3.40　$x = 36.2$ 截面瞬态流向分布

颜色: $Q_2 = 200$

参 考 文 献

[1] Krogstad P Å, Kourakine A. Some effects of localized injection on the turbulence structure in a boundary layer[J]. Physics of Fluids, 2000, 12(11): 2990 − 2999.

[2] Chung Y M, Sung H J. Initial relaxation of spatially evolving turbulent channel flow with blowing and suction[J]. AIAA Journal, 2001, 39(11): 2091 − 2099.

[3] Chung Y M, Sung H J, Krogstad P A. Modulation of near-wall turbulence structure with wall blowing and suction[J]. AIAA Journal, 2002, 40(8): 1529 − 1535.

[4] Keirsbulck L, Labraga L, Haddad M. Influence of blowing on the anisotropy of the Reynolds stress tensor in a turbulent channel flow[J]. Experiments in Fluids, 2006, 40(4): 654 − 662.

[5] Xie L, Zheng Y, Zhang Y, et al. Effects of localized micro-blowing on a spatially developing flat turbulent boundary layer[J]. Flow, Turbulence and Combustion, 2021, 107: 51 − 79.

[6] Xie L, Li B, Zhang Y, et al. Effects of temperature on drag reduction in a subsonic turbulent boundary layer via micro-blowing array[J]. Chinese Journal of Aeronautics, 2022, 35(9): 174 − 193.

[7] Kametani Y, Fukagata K, Örlü R, et al. Effect of uniform blowing/suction in a turbulent boundary layer at moderate Reynolds number[J]. International Journal of Heat and Fluid Flow, 2015, 55: 132 − 142.

[8] Kim K, Sung H J. Effects of unsteady blowing through a spanwise slot on a turbulent boundary layer[J]. Journal of Fluid Mechanics, 2006, 557: 423 − 450.

[9] Araya G, Leonardi S, Castillo L. Steady and time-periodic blowing/suction perturbations in a turbulent channel flow[J]. Physica D: Nonlinear Phenomena, 2011, 240(1): 59 − 77.

[10] Kornilov V I. Current state and prospects of researches on the control of turbulent boundary layer by air blowing[J]. Progress in Aerospace Sciences, 2015, 76: 1 − 23.

[11] Kornilov V I, Boiko A V. Efficiency of air microblowing through microperforated wall for flat plate drag reduction[J]. AIAA Journal, 2012, 50(3): 724 − 732.

[12] Hwang D P, Biesiadny T. Experimental evaluation of penalty associated with micro-blowing for reducing skin friction[C]. Reno: 36th AIAA Aerospace Sciences Meeting and Exhibit, 1997.

[13] Hwang D. A proof of concept experiment for reducing skin friction by using a micro-blowing technique[C]. Reno: 35th Aerospace Sciences Meeting and Exhibit, 1997.

[14] Tillman T, Hwang D. Drag reduction on a large-scale nacelle using a micro-blowing technique [C]. Reno: 37th Aerospace Sciences Meeting and Exhibit, 1999.

[15] Hwang D. Review of research into the concept of the microblowing technique for turbulent skin friction reduction[J]. Progress in Aerospace Sciences, 2004, 40(8): 559 − 575.

[16] Kornilov V I, Boiko A V. Flat-plate drag reduction with streamwise noncontinuous microblowing [J]. AIAA Journal, 2014, 52(1): 93 − 103.

[17] Kametani Y, Fukagata K, Örlü R, et al. Drag reduction in spatially developing turbulent

boundary layers by spatially intermittent blowing at constant mass-flux [J]. Journal of Turbulence, 2016, 17(10): 913 – 929.

[18] Reichardt H. Complete representation of the turbulent velocity distribution in smooth pipe[J]. Zeitschrift für Angewandte Mathematik und Mechanik, 1951, 31: 208 – 219.

[19] Park J, Choi H. Effects of uniform blowing or suction from a spanwise slot on a turbulent boundary layer flow[J]. Physics of Fluids, 1999, 11(10): 3095 – 3105.

[20] Haddad M, Labraga L, Keirsbulck L. Effects of blowing through a porous strip in a turbulent channel flow[J]. Experimental Thermal and Fluid Science, 2007, 31(8): 1021 – 1032.

[21] Liu C, Araya G, Leonardi S. The role of vorticity in the turbulent/thermal transport of a channel flow with local blowing[J]. Computers and Fluids, 2017, 158: 133 – 149.

[22] Brooke J W, Hanratty T J. Origin of turbulence-producing eddies in a channel flow[J]. Physics of Fluids A: Fluid Dynamics, 1993, 5(4): 1011 – 1022.

[23] Huang N E, Shen Z, Long S R, et al. The empirical mode decomposition and the Hilbert spectrum for nonlinear and non-stationary time series analysis[J]. Proceedings of the Royal Society of London. Series A: Mathematical, Physical and Engineering Sciences, 1998, 454 (1971): 903 – 995.

[24] Huang N E, Shen Z, Long S R. A new view of nonlinear water waves: The Hilbert spectrum[J]. Annual Review of Fluid Mechanics, 1999, 31(1): 417 – 457.

[25] Agostini L, Leschziner M A. On the influence of outer large-scale structures on near-wall turbulence in channel flow[J]. Physics of Fluids, 2014, 26(7): 075107.

[26] Fukagata K, Iwamoto K, Kasagi N. Contribution of Reynolds stress distribution to the skin friction in wall-bounded flows[J]. Physics of Fluids, 2002, 14(11): L73 – L76.

[27] Kametani Y, Fukagata K. Direct numerical simulation of spatially developing turbulent boundary layers with uniform blowing or suction[J]. Journal of Fluid Mechanics, 2011, 681(8): 154 – 172.

[28] Kametani Y, Fukagata K. Direct numerical simulation of spatially developing turbulent boundary layer for skin friction drag reduction by wall surface-heating or cooling [J]. Journal of Turbulence, 2012(13): N34.

[29] Wu X, Moin P. Transitional and turbulent boundary layer with heat transfer[J]. Physics of Fluids, 2010, 22(8): 085105.

[30] Komminaho J, Skote M. Reynolds stress budgets in Couette and boundary layer flows[J]. Flow, Turbulence and Combustion, 2002, 68(2): 167 – 192.

第4章

沟槽被动控制技术

4.1　前言

沟槽控制策略的设计灵感来自自然界鲨鱼表面结构。科学家发现鲨鱼表皮存在许多粗糙脊状结构,能有效地降低鲨鱼在快速游动中的流动阻力。这一观念打破了物体表面越光滑,流动阻力越小的传统思维。作为一种被动控制手段,沟槽控制既不需要辅助作动装置,也不需要人为地输入系统能量,在加工工艺上可简易方便地采用薄膜的形式附着在物体表面,因而备受广大研究者的热捧。

泳衣制造商 Speedo 公司研制了表面布满微沟槽的仿鲨鱼皮泳衣,使得运动员在游泳竞赛中将水的阻力降低了约 2%[1],例如迈克尔·菲尔普斯(Michael Phelps)在 2008 年北京奥运会上穿着鲨鱼皮泳衣独自一人狂揽 8 枚金牌。2015 年 6 月,中国和欧盟委员会在民用航空科技合作框架下开展了基于湍流边界层流动控制的减阻技术研究[2,3],探索民用飞机真正可应用减阻方案,沟槽被动控制被认为是一种较有前途的飞行器摩擦减阻控制手段。从基础实验、数值模拟、飞行试验和工业评估等多方面,中欧双方对整个沟槽减阻技术的应用过程开展了联合研究,浙江大学团队在沟槽薄膜制备、风洞实验和沟槽减阻机理等方面做了一系列研究工作,所研制的沟槽薄膜受到了航空工业部门的极度肯定。据 Simple Flying 网站 2022 年 12 月报道,瑞士国际航空公司在波音 777 - 300ER 飞机机体表面涂装由汉莎技术公司和巴斯夫合作研发的小肋薄膜,可减少机体表面的摩擦阻力,预计大约可降低 1% 的燃料消耗和约 1% 的碳排放。

美国 NASA 航空航天局在沟槽减阻控制方面做了大量早期研究[4,5],他们对多种构型沟槽进行了减阻特性实验研究,发现沟槽的减阻性能与无量纲高度和宽度等几何特征参数有关,对流动雷诺数的变化并不敏感。Dean 和 Bhushan[6]利用环氧树脂完美复现了鲨鱼表皮微尺度结构,并通过沟槽几何优化分析了最佳减阻率的流动特性。Bechert 等[7,8]研究了锯齿形、曲形、刀片等不同截面沟槽减阻效果的差异,发现当沟槽的无量纲特征宽度 s^+ 满足 $s^+ \approx 15$ 时可以得到最佳减阻率,他们还对沟槽的技术应用进行了简单的工业评估,除了考虑减阻率外,加工制造、设计安装、质量可靠性等因素也影响着沟槽控制的实际应用。由此可见,沟槽流动控制减阻效果以及工业应用受到多种因素的影响,而且存在相互耦合和制约。

本章将对沟槽微结构制备工艺及风洞实验技术进行介绍,以探索应用于飞行器表面摩擦减阻的有效流动控制方案。在沟槽微结构表面加工和处理工艺技术方面,Wakuda 等[9]使用激光束在氮化硅陶瓷表面加工出整齐排布的微米级凹槽结构,通过实验测出凹槽结构显著降低了壁面的摩擦阻力;Pettersson 和 Jacobson[10]使用金刚石雕刻工具在活塞侧壁加工出微沟槽结构,使活塞运动的摩擦系数减低;本章研究内容在满足风洞实验需求的同时,探索符合工业应用要求的低成本大面积减阻沟槽微结构制备方法[11,12]。详细介绍辊轴热压印和微细铣削两种沟槽微结构制备技术,用以制备沟槽测试模型,有效降低沟槽面的加工难度和制作成本,并使用正交试验设计法对影响沟槽表面精度和完整度的工艺参数进行测试,获得合适的参数组合用于制备实验用沟槽流动控制装置。最后,通过搭建沟槽流动控制低湍流度低速风洞实验平台,使用热线风速仪和激光多普勒测速获得湍流边界层速度分布并计算壁面摩擦阻力,与光滑壁面结果进行对比,得到沟槽控制减阻的规律与特点。

4.2 辊轴热压印技术

4.2.1 辊轴热压印原理与装置设计

辊轴热压印成型技术在实现微小尺度结构的大面积复制上具有明显优势,可有效弥补传统的开模、注塑等方法在制备微结构过程中存在成本高、加工时间长、单次制备面积有限等缺陷,提高了微结构的制备效率。一般来说,常使用轴对轴式热压印方法进行薄膜压制,如图 4.1 所示,通过辊轴组转动,实现物料的牵引、传送、热压和脱模操作,模具辊轴可按照预设温度、压力和速度对薄膜表面热压,从而转印模具表面的微结构。由于辊轴间的接触方式为线接触,使得作用在薄膜上的力始终保持不变,且在模具辊轴两端施加小的作用力,即可在辊轴与薄膜的接触位,形成较高的压印压强。使用辊轴热压印技术,小尺寸的模具便可进行薄膜的大面积不间断制备,成倍地提高了辊压成型效率。

通常在具有热熔流动特性的高分子聚合物薄膜表面进行热压印,压印过程如图 4.2 所示,辊轴对薄膜加热并施加压力,模具凸起尖端下的聚合物首先受热熔化,受到挤压后沿尖端侧壁向模具空腔中流动;后模具尖端不断被压入薄膜,聚合物不断向空腔中挤压流入;在保持一定温度和压力后,模具完全嵌入薄膜表面,空腔由聚合物填满;最后随着辊轴转动,薄膜与模具辊轴脱开,即获得表面复制有模具结构的薄膜材料。模具上的微结构尺寸越小、周期性越强,越有利于聚合物材料的热熔流动转移,在薄膜表面也更容易压印出微小结构;随着模具特征尺寸的增大,在同样的加热时间和挤压条件下,聚合物材料会产生不充分的热熔流动,不能完全填满模具空腔而导致薄膜上形成的微结构不完全同于模具形状。

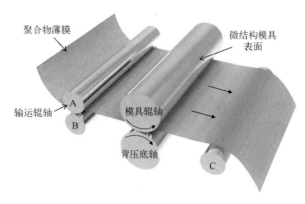

图 4.1　轴对轴辊轴热压印工艺示意图

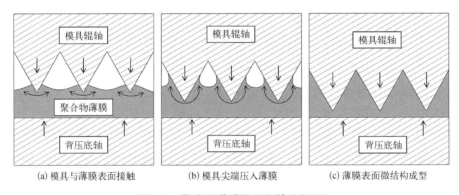

(a) 模具与薄膜表面接触　　(b) 模具尖端压入薄膜　　(c) 薄膜表面微结构成型

图 4.2　聚合物薄膜热压印填充机理

　　基于辊轴热压印原理,浙江大学团队设计并制作出了一款可用于沟槽薄膜制备的轴对轴式辊轴热压印装置,由辊轴组、温控系统、辊压调节装置、转速调节装置、控制面板及安全防护装置等组成,如图 4.3 所示。装置的辊轴组根据功能不同可划分为:预压平整轴、热压印轴、导向轴及输运轴等,轴系一端通过齿轮链条联动实现无级调速。模具辊轴在压印时的表面压力和温度会发生大幅变化,使用不锈钢材料制成,表面沟槽压印区宽度为 380 mm,内部为中空通孔以放置电发热管调控辊压温度,表面温度最高 400℃,控温精度 ±1℃。背压轴位于模具辊轴正下方,为高温硅胶材质制成。通过偏心轮、丝杆、蜗轮蜗杆的组合调节模具滚轴与背压轴的间距和压力。通过控制面板调控辊轴组的转向和转速、模具辊轴的压力及温度,并设置安全开关以在紧急情况下切断电源。

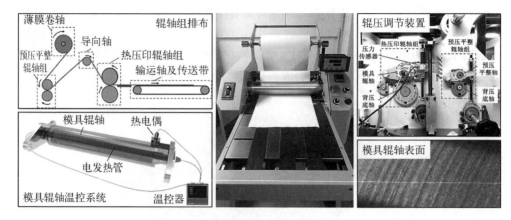

图 4.3   沟槽薄膜轴对轴辊轴热压印机图

4.2.2   热压印工艺参数正交试验设计

沟槽薄膜的辊轴热压成型是动态连续的过程,薄膜材料选择和辊压参数设置直接影响着沟槽的成型效果,为保证沟槽减阻功能实现的同时提高制备效率,通过正交试验设计法获得最佳的工艺参数组合。正交试验设计法是复因子试验中常用的不完全区组试验设计方法,基本原理为在全面试验的所有参数中根据因素数(参数数量)、水平数(各参数取值数)和交互关联条件,通过查找正交表挑选"均匀分散、齐整可比"的特定参数组合进行测试,以求以最少的试验次数达到与全面试验等效的结果。以三因素四水平试验为例,3 个参数各有 4 个取值,全面试验需进行 $4^3 = 64$ 组测试,而按照 $L_{16}(4^3)$ 正交表安排试验只需进行 16 次试验即可。

对于薄膜材料的选取,需使用流动性好、冷却速度快的热塑性聚合物薄膜,使用聚氯乙烯(PVC)、聚对苯二甲酸乙二醇脂(PET)、聚氨酯(TPU)三种厚度为 1 mm 的薄膜材料,其热加工属性如表 4.1 所示。辊压温度的选取参考表中材料的玻璃化温度设置,此时材料产生热变形具有流动性而不完全融化。

表 4.1   PVC、PET、TPU 材料热加工属性表

材 料 特 性	PVC	PET	TPU
薄膜厚度/mm	1	1	1
玻璃化温度 T_g/℃	80~85	68~80	90
熔点 T_m/℃	160~180	230~250	160~180

对于辊压压力和压印速度,通过前期试样的加工测试确定参数范围。辊压压力过大易导致模具变形,使沟槽精度下降,降低设备使用寿命;辊压压力过小,会使得聚合物薄膜对沟槽模具的填充不完全,辊压复制精度降低。压印速度越高,薄膜单位面积的热压印时间缩短,聚合物填充模具的时间减少,易使沟槽成型不充分;压印速度下降后,聚合物的模具填充时间增加,但时间增加后薄膜的脱模难度增加。

三种组分的聚合物薄膜,分别分析模具温度(A)、辊压压力(B)和压印速度(C)三因素对沟槽成型高度及完整性的影响规律,对各因素均选择三水平,基于 $L_9(3^3)$ 正交表进行测试,参数组合如表 4.2 所示。

表 4.2　沟槽薄膜辊轴热压印参数正交试验设计表

聚合物薄膜	序号	模具辊轴温度 $T_{roll}/℃$	模具辊压压力 F_{mr}/N	模具辊轴转速 $V_{rm}/(r/min)$
PVC	01	80(A_1)	90(B_1)	0.75(C_1)
	02	80(A_1)	95(B_2)	1.0(C_2)
	03	80(A_1)	100(B_3)	1.5(C_3)
	04	85(A_2)	90(B_1)	1.0(C_2)
	05	85(A_2)	95(B_2)	1.5(C_3)
	06	85(A_2)	100(B_3)	0.75(C_1)
	07	90(A_3)	90(B_1)	1.5(C_3)
	08	90(A_3)	95(B_2)	0.75(C_1)
	09	90(A_3)	100(B_3)	1.0(C_2)
PET	01	70(A_1)	85(B_1)	0.75(C_1)
	02	70(A_1)	90(B_2)	1.0(C_2)
	03	70(A_1)	95(B_3)	1.5(C_3)
	04	75(A_2)	85(B_1)	1.0(C_2)
	05	75(A_2)	90(B_2)	1.5(C_3)
	06	75(A_2)	95(B_3)	0.75(C_1)
	07	80(A_3)	85(B_1)	1.5(C_3)
	08	80(A_3)	90(B_2)	0.75(C_1)
	09	80(A_3)	95(B_3)	1.0(C_2)

聚合物薄膜	序号	模具辊轴温度 $T_{roll}/℃$	模具辊压压力 F_{mr}/N	模具辊轴转速 $V_{mr}/(r/min)$
TPU	01	85(A_1)	80(B_1)	0.75(C_1)
	02	85(A_1)	85(B_2)	1.0(C_2)
	03	85(A_1)	90(B_3)	1.5(C_3)
	04	90(A_2)	80(B_1)	1.0(C_2)
	05	90(A_2)	85(B_2)	1.5(C_3)
	06	90(A_2)	90(B_3)	0.75(C_1)
	07	95(A_3)	80(B_1)	1.5(C_3)
	08	95(A_3)	85(B_2)	0.75(C_1)
	09	95(A_3)	90(B_3)	1.0(C_2)

4.2.3 沟槽薄膜制备效果与优化

热压印时模具辊轴与聚合物薄膜为加温紧密接触,易产生粘连而脱模困难,拉拽脱模则会形成突起破坏沟槽表面完整性,因此在压印前对辊轴和薄膜进行表面处理,使用丙酮清洗晾干后涂覆水性脱模剂改变表面特性。沟槽薄膜的热压印步骤包括:表面预处理、薄膜导入安装、辊压参数设定、热压印及薄膜导出冷却等。沟槽薄膜的制备效果如图4.4,可见沟槽在薄膜表面复制后呈紧密平行排列的特征,薄膜的横截面也可看出清晰的沟槽轮廓。

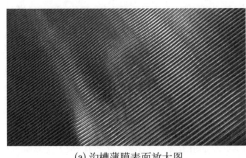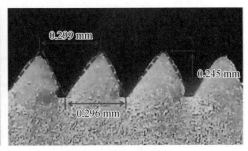

(a) 沟槽薄膜表面放大图　　　　　　　(b) 沟槽截面轮廓图

图 4.4 沟槽薄膜辊轴热压印成型效果

对各参数组合制备的薄膜不同位置取截面并使用数码显微镜成像,获得薄膜表面沟槽的几种主要形貌特征,图 4.5(a) ~ (e)中沟槽成型高度逐渐增加,聚合物材料对辊轴模具的填充率逐渐增加。图中虚线为理想状态下沟槽截面,数码显微镜测量出沟槽实际成型高度 h_{r1},计算出沟槽尖峰的填充率 R_f 后,作为评估薄膜表面沟槽完整性的量化指标进行制备效果的极差分析。

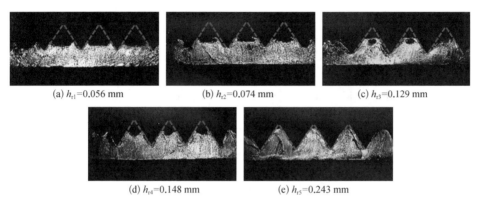

(a) h_{r1}=0.056 mm　　　(b) h_{r2}=0.074 mm　　　(c) h_{r3}=0.129 mm

(d) h_{r4}=0.148 mm　　　(e) h_{r5}=0.243 mm

图 4.5　聚合物薄膜表面沟槽形貌特征

辊轴热压印参数的正交试验结果如表 4.3,对于三个主要参数:模具温度、辊压压力和压印速度,三种薄膜材料的极差值大小均为 $R_1 \gg R_3 > R_2$,获得影响沟槽填充率的参数主次顺序为:辊轴温度≫辊压压力>压印速度,模具辊轴温度为主要的影响因素。TPU 和 PVC 薄膜的成型效果较 PET 更好,TPU 材料的各参数优水平组合为 $A_2B_2C_1$,即模具温度 $T_{roll} = 90℃$,辊压压力 $F_{mr} = 85$ N,压印速度 $V_{mr} = 0.75$ r/min;PVC 材料的各参数优水平组合为 $A_2B_3C_1$,即模具温度 $T_{roll} = 85℃$,辊压压力 $F_{mr} = 100$ N,压印速度 $V_{mr} = 0.75$ r/min。进一步使用 TPU 薄膜以此最优参数组合制备风洞实验用沟槽模型,并为中欧民用航空合作 DRAGY 项目的合作单位德国宇航中心(Deutsches Zentrum für Luft-und Raumfahrt,DLR)、北京航空航天大学、西北工业大学制备满足测试要求的沟槽减阻流动控制装置。

表 4.3　辊轴热压印参数与沟槽填充率正交试验结果与影响分析

聚合物材料	序号	辊轴温度 A	辊压压力 B	压印速度 C	沟槽成型高度	沟槽截面填充率
PVC 薄膜	01	A_1	B_1	C_1	0.056	0.384
	02	A_1	B_2	C_2	0.085	0.547
	03	A_1	B_3	C_3	0.074	0.489

续　表

聚合物材料	序号	辊轴温度 A	辊压压力 B	压印速度 C	沟槽成型高度	沟槽截面填充率
PVC 薄膜	04	A_2	B_1	C_2	0.148	0.815
	05	A_2	B_2	C_3	0.129	0.747
	06	A_2	B_3	C_1	0.243	0.996
	07	A_3	B_1	C_3	0.126	0.735
	08	A_3	B_2	C_1	0.198	0.943
	09	A_3	B_3	C_2	0.153	0.831
	k_1	0.473 3	0.644 7	0.774 3		
	k_2	0.852 7	0.745 7	0.731 0		
	k_3	0.836 3	0.772 0	0.657 0		
	极差 R	0.379 3	0.127 3	0.117 3		
	因素主-次		$A-B-C$			
	优水平		$A_2B_3C_1$			
PET 薄膜	01	A_1	B_1	C_1	0.047	0.329
	02	A_1	B_2	C_2	0.064	0.432
	03	A_1	B_3	C_3	0.055	0.379
	04	A_2	B_1	C_2	0.107	0.654
	05	A_2	B_2	C_3	0.084	0.542
	06	A_2	B_3	C_1	0.157	0.843
	07	A_3	B_1	C_3	0.109	0.663
	08	A_3	B_2	C_1	0.132	0.758
	09	A_3	B_3	C_2	0.119	0.706
	k_1	0.380 0	0.548 7	0.643 3		

聚合物材料	序号	辊轴温度 A	辊压压力 B	压印速度 C	沟槽成型高度	沟槽截面填充率
PET 薄膜	k_2	0.679 7	0.577 3	0.597 3		
	k_3	0.709 0	0.642 7	0.528 0		
	极差 R	0.329 0	0.094 0	0.115 3		
	因素主-次		$A-C-B$			
	优水平		$A_3B_3C_1$			
TPU 薄膜	01	A_1	B_1	C_1	0.078	0.510
	02	A_1	B_2	C_2	0.114	0.685
	03	A_1	B_3	C_3	0.076	0.499
	04	A_2	B_1	C_2	0.154	0.834
	05	A_2	B_2	C_3	0.131	0.754
	06	A_2	B_3	C_1	0.233	0.989
	07	A_3	B_1	C_3	0.131	0.754
	08	A_3	B_2	C_1	0.182	0.910
	09	A_3	B_3	C_2	0.159	0.849
	k_1	0.564 7	0.699 3	0.803 0		
	k_2	0.859 0	0.783 0	0.789 3		
	k_3	0.837 7	0.779 0	0.669 0		
	极差 R	0.294 3	0.083 7	0.134 0		
	因素主-次		$A-C-B$			
	优水平		$A_2B_2C_1$			

4.3　微细铣削技术

微细铣削技术作为目前对微结构复杂三维特征常用的加工手段,对加工材料的适应性强,易于控制加工精度和效率,可方便快速加工出不同形状和尺寸的亚毫米级微结构表面[13]。微细铣削的原理与宏观机械加工类似,但存在着尺寸效应[14]、最小切削厚度[15]和间断切削[16]等特殊现象。由于沟槽发挥减阻作用对其表面的三维形貌特征完整性要求较高,而铣削加工产生的毛刺、崩边的尺寸与沟槽特征尺寸接近,因此铣削参数的设置将直接影响沟槽的控制效果。同样使用正交试验设计法优化铣削工艺参数组合,在减小沟槽表面缺陷的同时提高加工效率。

4.3.1 微细铣削参数正交试验设计

利用微细铣削技术对不同形状和尺寸结构加工方便快捷的特点,制作沿流向为正弦曲线分布的对称 V 型沟槽平板。工件材料选择为有机玻璃平板,具有透明度高、表面光滑、耐腐蚀、热绝缘等优点,铣削过程中的残余应力小,可降低毛刺的产生量。使用精密雕刻机配合 60° 双刃平底尖刀进行加工,雕刻机的三轴精度为 ±0.02 mm,重复定位精度±0.01 mm,在加工前后使用无水乙醇和超声波清洗机清理试样表面的杂质碎屑,加工设备如图 4.6 所示。

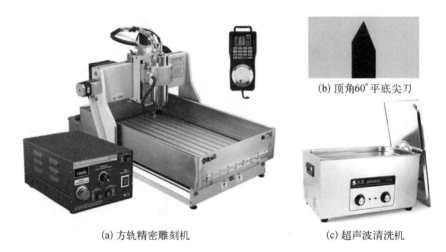

(b) 顶角60°平底尖刀

(a) 方轨精密雕刻机　　　　　　　(c) 超声波清洗机

图 4.6　铣削加工相关设备及刀具

影响沟槽铣削加工质量的因素包括:主轴转速(A)、走刀速度(B)、下切步距(C),试验因素选择为四水平,获得 $L_{16}(4^3)$ 的正交试验因素水平表,如表 4.4,沟槽的特征高度 $h = 0.433$ mm,沟槽表面的最终形态与最后一次走刀相关,表中的下切步距表示最后一次铣削的下切量。

对照 L_{16} 正交表对加工参数进行组合,共进行 16 组沟槽试样的铣削加工,工艺参数组合如表 4.5 所示。

表 4.4　沟槽微细铣削加工正交试验设计因素水平表

水平/因素	主轴转速 A/ （r/min）	走刀速度 B/ （mm/min）	下切步距 C/ mm
水平 1	12 000	200	0.05
水平 2	16 000	400	0.1
水平 3	20 000	600	0.15
水平 4	24 000	800	0.2

表 4.5　沟槽微细铣削加工参数正交试验设计表

试验序号	主轴转速 A/ （r/min）	走刀速度 B/ （mm/min）	下切步距 C/ mm
01	12 000(A_1)	200(B_1)	0.05(C_1)
02	12 000(A_1)	400(B_2)	0.10(C_2)
03	12 000(A_1)	600(B_3)	0.15(C_3)
04	12 000(A_1)	800(B_4)	0.20(C_4)
05	16 000(A_2)	200(B_1)	0.10(C_2)
06	16 000(A_2)	400(B_2)	0.05(C_1)
07	16 000(A_2)	600(B_3)	0.20(C_4)
08	16 000(A_2)	800(B_4)	0.15(C_3)
09	20 000(A_3)	200(B_1)	0.15(C_3)
10	20 000(A_3)	400(B_2)	0.20(C_4)
11	20 000(A_3)	600(B_3)	0.05(C_1)
12	20 000(A_3)	800(B_4)	0.10(C_2)
13	24 000(A_4)	200(B_1)	0.20(C_4)
14	24 000(A_4)	400(B_2)	0.15(C_3)
15	24 000(A_4)	600(B_3)	0.10(C_2)
16	24 000(A_4)	800(B_4)	0.05(C_1)

4.3.2 沟槽平板制备效果与优化

使用数码显微镜对 16 组沟槽试样表面进行微观成像,观测沟槽成型和毛刺的产生情况。几种沟槽表面样貌如图 4.7 所示,线框为沟槽的尖峰位置,图(a)为形态完整的对称 V 型沟槽,可观察到沟槽尖峰和底部区域;图(b)显示沟槽底部堆积有少量片状毛刺;图(c)显示沟槽底部被大量片状毛刺填满;图(d)为铣削过程中出现崩边现象,沟槽尖峰未能保持完整的脊状形态。

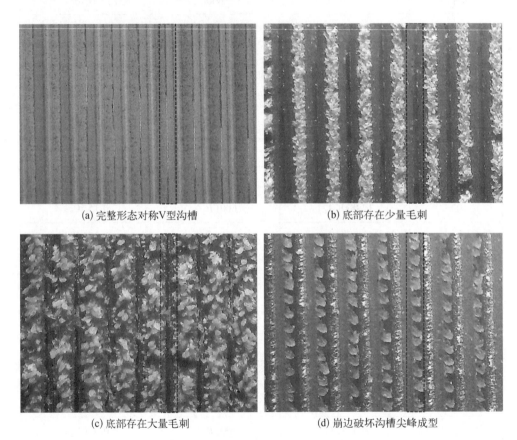

(a) 完整形态对称V型沟槽   (b) 底部存在少量毛刺

(c) 底部存在大量毛刺   (d) 崩边破坏沟槽尖峰成型

图 4.7　沟槽表面不同样貌特征图

由于沟槽铣削加工于有机玻璃板表面,难以获得模型不同位置的截面图像,因此使用基于图像模板匹配的方法,以沟槽尖峰成型完好的部分为匹配模板,显微镜对试样表面扫描形成待测图像,计算出各试样表面图像中沟槽尖峰的占比,即认为是沟槽尖峰的成型率,进行归一化后作为量化指标进行下一步的参数极差分析。沟槽制备效果分析如表 4.6,获得参数极差值为 $R_1 = 0.351\,3$, $R_2 = 0.376\,2$, $R_3 =$

$0.154\,5$，$R_2 > R_1 > R_3$，表明影响沟槽尖峰成型率的铣削参数的主次顺序为：走刀速度>主轴转速>下切步距。铣削参数的优水平组合为 $A_4B_1C_1$，即微细铣削工艺制备沟槽测试平板的最佳参数组合为：主轴转速 $24\,000$ r/min、走刀速度 200 mm/min、下切步距 0.05 mm，选定此参数组合对风洞实验用 V 型沟槽控制装置进行加工制备。

表 4.6　铣削参数与沟槽尖峰成型率正交试验结果与影响分析

序号	主轴转速 A	走刀速度 B	下切步距 C	沟槽尖峰成型率
01	A_1	B_1	C_1	0.312
02	A_1	B_2	C_2	0.597
03	A_1	B_3	C_3	0.011
04	A_1	B_4	C_4	0.328
05	A_2	B_1	C_2	0.439
06	A_2	B_2	C_1	0.646
07	A_2	B_3	C_4	0.332
08	A_2	B_4	C_3	0.058
09	A_3	B_1	C_3	1.000
10	A_3	B_2	C_4	0.000
11	A_3	B_3	C_1	0.656
12	A_3	B_4	C_2	0.196
13	A_4	B_1	C_4	0.798
14	A_4	B_2	C_3	0.731
15	A_4	B_3	C_2	0.662
16	A_4	B_4	C_1	0.462
k_1	0.312 0	0.637 2	0.519 0	
k_2	0.368 8	0.493 5	0.473 5	

序号	主轴转速 A	走刀速度 B	下切步距 C	沟槽尖峰成型率
k_3	0.463 0	0.415 3	0.450 0	
k_4	0.663 3	0.261 0	0.364 5	
极差 R	0.351 3	0.376 2	0.154 5	
因素主-次		$B-A-C$		
优水平		$A_4B_1C_1$		

4.3.3　沟槽制备效果快速评估方法

沟槽表面的特征尺寸小,呈现周期排布的规律,常用的测量工具难以进行精细测量;且试样表面沟槽数量众多,逐一沟槽进行测量将导致效率低下,制备过程中形成的崩边、毛刺、突起等也使得沟槽表面三维形貌复杂,为满足沟槽制备效果快速评估的需要,使用基于图像灰度的模板匹配方法对沟槽表面质量进行量化评估,基本原理为对待测图像进行灰度化处理和颜色采样,选定匹配模板后,对图像和模板的每个像素灰度值以统计相关方法进行计算,获得两者的相似度指标。其中灰度处理和计算精度受到光照强度、拍摄视角等条件的影响,需要对镜头和光照进行精确控制,在测量中使用光学位移台控制数码显微镜探头在试样表面的移动扫描,使用探头内置光源控制同强度光照,确保拍摄条件的一致性,显微拍摄装置如图 4.8 所示。

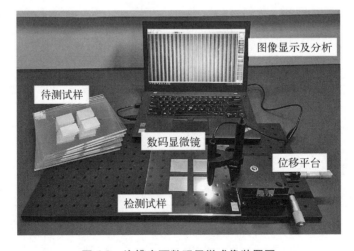

图 4.8　沟槽表面数码显微成像装置图

图像匹配过程如图 4.9 所示,待检测图像 S 为数码显微镜对试样扫描的成像,模板图像 T 为显微镜尺寸测量和精细检测选择的灰度匹配的计算标准,在待检测图像 S 上按步长取出与模板图像 T 同大小的待测子图 $S(i,j)$,与模板 T 进行归一化互相关运算(NCC),获得待检测图像 S 与模板图像 T 的整体相关度。NCC 算法不会受到灰度值线性变换的影响,可在少量图像畸变下保证匹配精度[17],计算公式如下:

$$
\mathrm{NCC}(i,j) \\
= \frac{\sum_{x=1}^{m}\sum_{y=1}^{n}\mid S(i+x-1,j+y-1)-\bar{S}(i,j)\mid \cdot \mid T(x,y)-\bar{T}\mid}{\sqrt{\sum_{x=1}^{m}\sum_{y=1}^{n}[S(i+x-1,j+y-1)-\bar{S}(i,j)]^{2}\cdot\sum_{x=1}^{m}\sum_{y=1}^{n}[T(x,y)-\bar{T}]^{2}}}
$$

$$(4.1)$$

其中, $\bar{S}(i,j)$ 为待测子图的平均灰度值; $\bar{T}$ 为模板图像平均灰度值;NCC 数值越大表示相关度越高, $\mathrm{NCC}(i,j)=1$ 时为完全匹配状态。

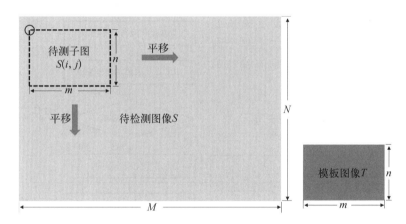

图 4.9　待检测图像与模板图像的平移匹配

沟槽在图像表面中呈现 y 向延伸、x 向周期排布的特征,当匹配模板的沟槽尖峰靠近待检测图像中的沟槽尖峰时,灰度匹配值会增大,在两者重合时的匹配值最大,因此模板图像每通过一次沟槽尖峰,灰度匹配值都呈现先增大后减小的趋势,以此区域匹配的最大值作为待测子图的真实灰度匹配值。当模板图像在待检测图像上逐个像素点平移时,NCC 算法得出的灰度匹配分布如图 4.10 所示。

鉴于灰度匹配值的分布规律,在匹配度减小时,模板中的沟槽尖峰与待测图像的尖峰位置距离较远,可使用较大步长取出待测子图;而在匹配值增大时,模板中

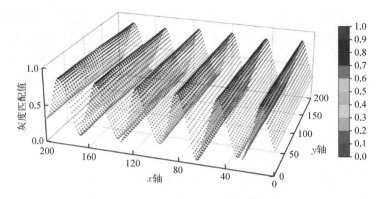

图 4.10　待检测图像 NCC 算法灰度匹配分布

的沟槽尖峰位置与待测图像的沟槽尖峰
距离逐渐靠近,采用较小步长取出待测
子图。采用可变步长的取出待测子图
的方法可加快图像匹配速度,不同匹配
值与待测子图选取步长的设定关系如
表 4.7 所示,N_r 表示模板图像上单个沟
槽宽度占的像素数,图像匹配流程如图
4.11 所示。

**表 4.7　待测子图选取步长与
灰度匹配值对照表**

灰度匹配值	待测子图选取步长(x 方向)
小于 0.3	$0.05N_r$
0.3～0.6	$0.02N_r$
大于 0.6	$0.01N_r$

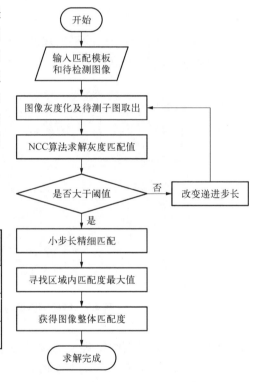

图 4.11　沟槽制备效果快速评估流程

4.4　沟槽流动控制风洞实验平台

实验风洞为半回流式开口结构,总长 24.6 m,最大宽度 5.5 m,最大高度 11 m,
风洞结构如图 4.12 所示,由气体收集器、稳定段、收缩段、实验段、扩散段、拐角段、
动力段和进气/排气口消声装置组成,其中风洞实验段总长 3.5 m,截面为边长
1.2 m 的方形切角,风速范围 5～75 m/s,流场品质参数如表 4.8 所示。

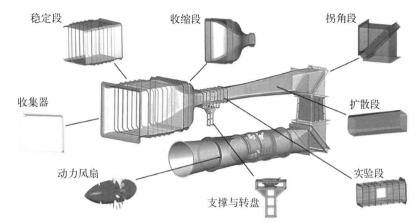

(a) 低湍流度静声风洞结构示意图

(b) 风洞收缩段及实验段

(c) 风洞实验段内部截面

图 4.12　低湍流度静声风洞

表 4.8　风洞实验段流场品质指标

风　洞　参　数	性　能　指　标
风速范围	$5\sim75$ m/s
实验段中心动压稳定性	小于 0.005
落差系数	均方根偏差不大于 0.002
动压场	动压场系数不大于 0.005
局部气流偏角	$\Delta\alpha<0.5°$，$\Delta\beta<0.5°$
平均气流偏角	$\Delta\alpha<0.2°$，$\Delta\beta<0.2°$
轴向静压梯度	<0.005
湍流度	$0.04\%\sim0.05\%$

　　实验测试平台由平面和框架组成,总长 4 000 mm,宽度 1 000 mm,表面为 4 块尺寸 1 000 mm×1 000 mm 有机玻璃板拼接而成,铝型材框架固定于风洞实验段洞壁,支撑平板保持测试平面的水平。测试平台正对来流的前缘为楔形,在上表面粘贴 30 mm 宽的粗糙带和拌线用于强制转捩,平台两侧安装高度 200 mm 的垂直端板隔绝侧边缘上下表面的气体交换。在平台表面不同流向位置开设微型测压孔,与 PSI 公司的 ESP－32HD 型电子压力扫描阀连接,实时监测平台上表面的流向压力梯度。测试平台后缘安装有倾角可调尾板,通过推杆电机调节尾板角度以保证测试平台上表面的流向零压力梯度状态,测试平台如图 4.13 所示。

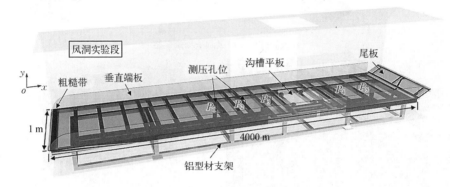

图 4.13　风洞实验测试平台示意图

　　沟槽流动控制装置安装在距测试平台前缘 2 500 mm 至 3 000 mm 的中心位置,安装孔内通过高精度升降平台精确调整沟槽高度,使沟槽平板边缘与测试平台的上表面平齐。在实验开始前微调升降平台,使沟槽尖峰的高度与测试平台的上表面保持水平,沟槽安装位置如图 4.14 所示。

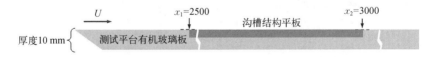

图 4.14　沟槽平板安装示意图

　　实验用沟槽流动控制装置为使用加工参数优化后的辊轴热压印和微细铣削工艺制得,其中流向直沟槽被压印在 TPU 薄膜表面并粘贴在有机玻璃板上;流向正弦曲形沟槽则直接微细铣削加工于有机玻璃板表面,共有 7 块沟槽测试平板,沟槽尖峰角度 α 均为 60°,4 款直沟槽的特征宽度 s 分别为 0.9 mm、0.75 mm、0.6 mm、0.5 mm,3 款流向正弦曲形沟槽的特征宽度 $s=0.5$ mm,波长 $\lambda=30$ mm,振幅 A 分别为 1 mm、2 mm、3 mm。使用光滑平板作为对照组,沟槽测试平板的几何参数如图 4.15 所示,沟槽尺寸如表 4.9。

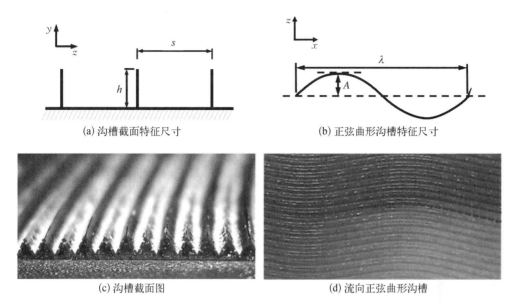

(a) 沟槽截面特征尺寸　　　　　　　(b) 正弦曲形沟槽特征尺寸

(c) 沟槽截面图　　　　　　　　　　(d) 流向正弦曲形沟槽

图 4.15　沟槽测试平板表面

表 4.9　各沟槽流动控制装置尺寸参数

编号	沟槽类型	特征宽度 s/mm	特征高度 h/mm	s^+	h^+	波长 λ/mm	振幅 A/mm
1	直沟槽	0.9	0.78	18.8	16.3	—	—
2		0.75	0.65	15.6	13.5	—	—
3		0.6	0.52	12.5	10.8	—	—
4		0.5	0.43	10.4	9.1	—	—
5	曲形沟槽	0.5	0.43	10.4	9.1	30	1
6		0.5	0.43	10.4	9.1	30	2
7		0.5	0.43	10.4	9.1	30	3

4.5　实验测量技术

湍流流场中的速度、压力等物理量为时间和空间的不规则函数,根据各态遍历定理,可使用一次实验中长时间序列遍历系综中所有可能出现的值,即认为湍流场为统计定常状态,则要求测量设备在保证高准确度的同时,还拥有高响应特性以获得湍流的高频成分。

4.5.1 热线风速仪测量系统

实验中使用 Dantec MiniCTA 型恒温热线风速仪(hot-wire anemometry,HWA)对平板湍流流场的速度进行采集,系统通过 StreamWare Basic 软件平台完成系统配置、硬件设置、探头标定、数据采集和图像处理等操作。本节测量中使用 55P11 型一维微型直探头和 55P15 型一维微型边界层探头,尺寸特征如图 4.16,探头尖端为直径 5 μm、长度 1.2 mm 的镀铂金钨丝。热翔探头安装于 55H21 型长柄支架上,支架后端以屏蔽线与 54T42 型控制盒及数据采集卡相连。由于探头热丝的阻值受到环境温度、空气湿度的影响,因此在测量前使用 Dantec - 50H10 标定器对探头进行速度-电压曲线的标定,流速 U 与热线桥端电压 E 的关系为

$$E = A_1 \cdot \ln^2(1 + g \cdot U) + A_0 \tag{4.2}$$

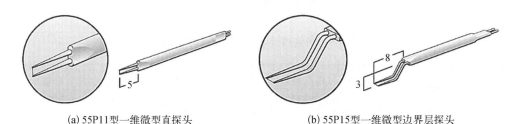

(a) 55P11型一维微型直探头　　　　　(b) 55P15型一维微型边界层探头

图 4.16　Dantec 热线风速仪探头

由于热线只能进行单点测量,需要在实验段中安装位移机构移动探头到不同位置实现流场不同点的速度采集,并需要精确控制探头到测试平台壁面的高度,获得湍流边界层内的速度剖面以计算壁面摩擦阻力。为实现热线探头的精确定位,并将位移机构的安装对流场影响降至最低,制作可精确控制热线风速仪探头位置的三维位移结构,如图 4.17,位移机构 $x \times y \times z$ 的有效行程为 500 mm×200 mm×170 mm,移动分辨率≤0.001 mm,定位精度±0.003 mm,探头支架固定于 z 轴滑块上,支架顺流向截面为对称翼型剖面,以减小涡脱落产生的振动对测试平台壁面边界层的影响。

风洞实验段中热线测量系统的安装如图 4.18 所示,探头位移结构固定在实验段顶部,在探头支架上安装位移传感器校准坐标架 $x - y$ 位移平面相对测试平台的角度误差,上位机软件获得角度值后在实验测量中自动以测试平台平面为位移基准自动调整位移步长,避免热线探头与测试平台的碰撞而损坏。

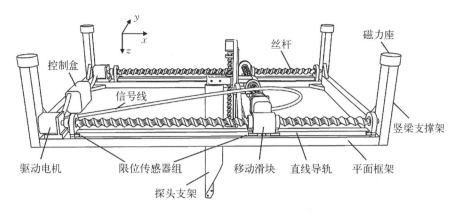

图 4.17　热线探头三维位移机构示意图

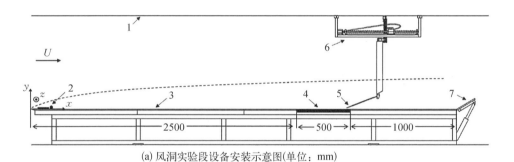

(a) 风洞实验段设备安装示意图(单位：mm)

1. 风洞实验段洞壁；2. 粗糙带及拌线；3. 实验测试平板；4. 沟槽测试平板；5. 热线探头；6. 三维位移机构；7. 尾板

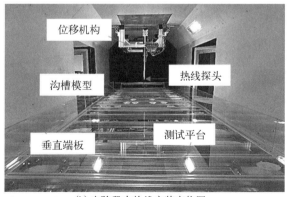

(b) 实验段内热线安装实物图

图 4.18　热线测量系统沟槽减阻实验设备安装图

4.5.2 激光多普勒测速系统

激光多普勒测速（laser doppler velocimetry，LDV）是利用多普勒频移现象测量流场中散射粒子速度的技术，属于非接触式光学测量方法。实验中使用 MSE 公司的 Mini LDV 和 MicroPro LDV 两款小型测速仪对流场速度分布进行测量，两款 LDV 探头如图 4.19 所示。

(a) Mini LDV   (b) MicroPro LDV

图 4.19　MSE Mini LDV 和 MicroPro LDV 探头实物图

MiniLDV 的测量点位置为探头轴线上距离 378 mm 的固定点，空间分辨率为 300 μm×150 μm，采样频率最高 10 MHz，测速范围为 0.01~70 m/s，不确定度 0.1%，速度测量精度为 99.7%。MicroPro LDV 用于精细测量边界层的速度分布，探头内的驱动机构可控制光学组件实现测量点位到探头距离的精确变化，测量区域最远距探头 22 mm，可以最小步长 $\Delta=0.01$ mm 向探头方向移动，区域空间分辨率为 60 μm×25 μm，采集频率最高 3 MHz。LDV 探头的测量区域示意如图 4.20 所示。

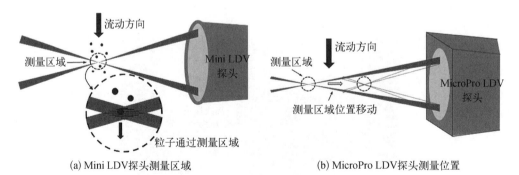

(a) Mini LDV 探头测量区域   (b) MicroPro LDV 探头测量位置

图 4.20　LDV 探头测量区域示意图

使用位移机构移动 LDV 探头完成对测试平台不同位置的速度采集，将 Mini LDV 安装在测试平台上部，固定于风洞实验段顶端的二维位移支架上，MicroPro LDV 安装在测试平台下表面的顺流向一维位移支架上，激光穿过透明有机玻璃板测量平台上表面速度分布,实验段内 LDV 的探头安装如图 4.21 所示。在边界层测量中调节 Mini LDV 和 MicroPro LDV 探头位置,使两者在流场中的测量区域重合,即对流场的同一空间位置进行测量,以便在数据处理中进行对照和相互补充,探头测量位置如图 4.22 所示。

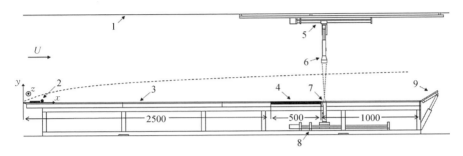

图 4.21　LDV 探头风洞实验段安装示意图(单位:mm)

1. 风洞洞壁;2. 粗糙带及拌线;3. 实验测试平板;4. 沟槽测试平板;5. 二维位移支架;6. Mini LDV 探头;7. MicroPro LDV 探头;8. 一维位移支架;9. 尾板

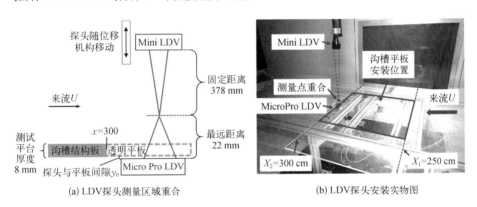

(a) LDV探头测量区域重合　　　　　　(b) LDV探头安装实物图

图 4.22　LDV 探头安装使测量区域重合

LDV 测量的是流体中散射粒子的速度,因此对散射粒子要求能精确跟踪和表征流动速度,实验中使用乙二醇汽化后冷凝形成的液滴作为散射粒子,通过散布箱在粗糙带下游以一定浓度均匀散布到平板表面 LDV 测量区域内,如图 4.23 所示,保证了散射粒子的跟随性和均匀性,并提高 LDV 的测量频率和精度。

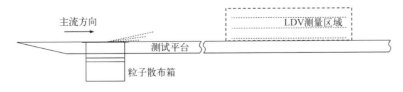

图 4.23　散射粒子壁面散布示意图

4.6　实验数据处理方法

4.6.1　湍流充分发展验证

　　实验目的为验证沟槽对充分发展湍流边界层的流动控制特性,因此风洞实验段内测试平台上表面的流场需满足充分发展的湍流条件。风洞来流速度 U_∞ 设置为 6 m/s,将对照组光滑平板安装在测试平台沟槽安装位上并保持表面的水平平整($x = 2\,500 \sim 3\,000$),调节测试平台后缘尾板使表面为流向零压力梯度状态,距平台前缘流向 $x = 2\,750$ mm 处测得边界层数据如表 4.10 所示,移动热线探头在不同位置测量并取展向平均后得到边界层的平均速度(u^+)和脉动速度均方根(u_{rms}^+)随壁面高度(y^+)变化曲线如图 4.24。由图可知,边界层平均速度曲线与充分发展湍流边界层的实验结果[18]和 Spalding 壁面律公式曲线[19]的趋势相同,且在 $y^+ = 15$ 高度处 u_{rms}^+ 取最大值为 3,表明此高度上流动脉动程度强烈,为过渡层范围与经验值吻合,符合壁湍流边界层的分层特征,可认为在测量位置的流动已满足充分发展的湍流条件。

表 4.10　光滑平板湍流边界层参数($x = 2\,750$ mm)

流向位置 x/mm	来流速度 U_∞/(m/s)	壁面摩擦速度 u_τ/(m/s)	边界层厚度 δ/mm	位移厚度 δ^*/mm	动量损失厚度 θ^*/mm	形状因子 H	测量位雷诺数 Re_x	湍流雷诺数 Re_τ
2 750	6	0.277	121	14.38	11.37	1.26	1.13×10^6	2 294

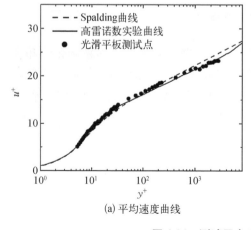

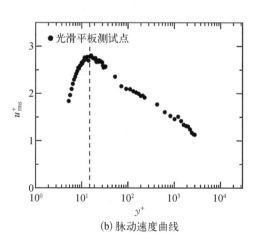

(a) 平均速度曲线　　　　　　　　　　(b) 脉动速度曲线

图 4.24　测试平台光滑壁面边界层测量

4.6.2　速度采集点分布

LDV 的测量频率由单位时间通过测量区域的散射粒子数量决定,设置两款 LDV 的单点采集时间均为 60 s。设置热线风速仪的采样频率为 200 kHz,单点采样时间为 60 s,单一空间位置可获得样本数 12 000 000。测试平台表面流向选取 5 个测量站位,分别为:沟槽表面 1/4 处($x_A = 2\,625$)、沟槽板正中心($x_B = 2\,750$)、沟槽表面 3/4 处($x_C = 2\,875$)、沟槽平板下游 20 mm 处($x_D = 3\,020$)、沟槽平板下游 120 mm 处($x_E = 3\,120$),如图 4.25 所示。

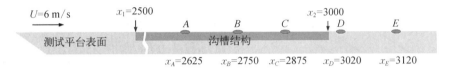

图 4.25　测试平台流向测量站位分布(单位: mm)

热线风速仪探头的热丝长度为 1.2 mm,沟槽表面最小特征宽度 s 为 0.5 mm,热丝在沟槽表面的展向上会跨越至少两个尖峰宽度,如图 4.26,无法深入到沟槽谷底位置进行测量。对沟槽同一流向位置上的不同展向位置进行测量,使探头分别置于沟槽尖峰和谷底的上方,结果表明不同展向位置的 $u^+ - y^+$ 曲线基本重合,摩擦速度的拟合值相同,即热线测量的数据已是沟槽尖峰和谷底的平均作用效果,实验中沟槽的展向效应可忽略不计。

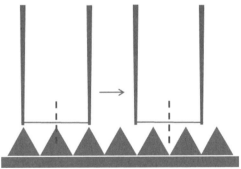

图 4.26　测试平台展向测量点位分布

4.6.3　边界层不同高度速度测量

在测量中需要将壁面高度和流场速度精确对应,为减少探头位移时的误差积累,热线和 LDV 均从壁面处开始速度测量,再逐步向远离壁面的外层推进。LDV

为非接触式测量,激光测量点可部分进入到测试平台表面的有机玻璃板内,因此在测点移出壁面获得第一组有效速度数据时,高度记录为 $y = 0$。 热线风速仪探头热丝直径为 5 μm,轻微碰撞则极易损坏,在确定热线零高度时,使用数码显微镜实时监控探头与壁面距离,以 0.01 mm 步长控制探头靠近壁面,在热线足够靠近壁面而不碰撞时记录为 $y = 0$ 的起始点,如图 4.27 所示。在处理热线测量数据时,探头起始点距壁面仍有一定的高度,且热线探头靠近壁面时,由于壁面的传热效应,热线的热交换并不完全由流体运动产生,此时热线测得靠近壁面的流体流向速度值将上升而非趋于零速度的理论值,因此需要引入虚拟原点 y_0 进行初始位置的修正。

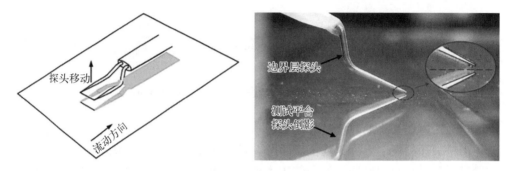

图 4.27　测试平台表面热线探头移动测量

探头的移动在距离壁面不同高度使用不同的移动步长:由于壁面附近流体的速度梯度大,探头以最小步长 $\Delta_1 = 0.01$ mm 递进采集,共测量 20 组数据;后以步长 $\Delta_2 = 0.05$ mm 采集 20 组数据,此时探头位置已高于黏性底层的范围;再以 $\Delta_3 = 1$ mm 测量 10 组数据并到达边界层外层,后以 $\Delta_4 = 10$ mm 移动探头直到位移机构的最大行程量。边界层速度测量点距离壁面高度的分布如表 4.11,测量时在各流向站位上取不同展向位置进行测量并取平均,在每个测量点位上也进行多次测量取平均值以减少实验测量误差。

表 4.11　边界层速度测量点距壁面高度分布

序号	高度/mm	序号	高度/mm	序号	高度/mm	序号	高度/mm
01	0	05	0.04	09	0.08	13	0.12
02	0.01	06	0.05	10	0.09	14	0.13
03	0.02	07	0.06	11	0.10	15	0.14
04	0.03	08	0.07	12	0.11	16	0.15

序号	高度/mm	序号	高度/mm	序号	高度/mm	序号	高度/mm
17	0.16	29	0.60	41	1.20	53	31.20
18	0.17	30	0.65	42	2.20	54	41.20
19	0.18	31	0.70	43	3.20	55	51.20
20	0.19	32	0.75	44	4.20	56	61.20
21	0.20	33	0.80	45	5.20	57	71.20
22	0.25	34	0.85	46	6.20	58	81.20
23	0.30	35	0.90	47	7.20	59	91.20
24	0.35	36	0.95	48	8.20	60	101.20
25	0.40	37	1.00	49	9.20	61	111.20
26	0.45	38	1.05	50	10.20	62	121.20
27	0.50	39	1.10	51	11.20	63	131.20
28	0.55	40	1.15	52	21.20	64	141.20

4.6.4 摩擦阻力及湍流统计量

实验中对壁面附近流场进行速度测量,使用平均速度剖面法结合边界层速度分布经验公式计算壁面摩擦阻力。对于充分发展的壁湍流边界层,已有多个经验公式可对边界层的平均速度分布进行拟合,如经典的边界层壁面律公式,区分线性底层($u^+=y^+$)和对数律层($u^+=A\ln y^++B$);以及将线性层、过渡层和对数律层使用单表达式归纳的 Spalding 公式:

$$y^+=u^++e^{-kB}[e^{ku^+}-1-ku^+-(ku^+)^2/2-(ku^+)^3/6-(ku^+)^4/24] \quad (4.3)$$

其中,e 为自然底数;k 为卡门常数,理论值为 $0.4\sim0.41$,B 值与实验工况相关,对零压力梯度湍流边界层取值为 $5\sim5.5$。测量获得边界层平均速度分布后,使用 Clauser 作图法[20]代入壁面律公式进行参数拟合,在测量值与壁面率公式的拟合程度最高时,得到测量点的壁面摩擦速度 u_τ,再代入壁面摩擦应力计算公式 $\tau_w=\rho u_\tau^2=1/2\rho u_\infty^2 c_{fx}$,即可获得测量点的局部摩擦系数 c_{fx},进行壁面摩擦应力的估算。

同时也使用牛顿黏性定律,从壁面摩擦应力的定义出发,由测量数据中的近壁区线性底层 $u^+ = y^+$,得到:

$$\frac{(y + y_0) u_\tau}{\nu} = \frac{u}{u_\tau} \tag{4.4}$$

由壁面摩擦应力关系式 $\tau_w = \rho u_\tau^2 = \mu \dfrac{\delta u}{\delta y}$,定义减阻率(drag reduction rate,DRR)为

$$\text{DDR} = \frac{\tau_1 - \tau_0}{\tau_0} \times 100\% = \frac{\dfrac{\rho(u_{\tau 1}^2 - u_{\tau 0}^2)}{\nu}}{\dfrac{\rho u_{\tau 0}^2}{\nu}} = \frac{k_1 - k_0}{k_0} = \frac{k_1}{k_0} - 1 \tag{4.5}$$

其中,k 为线性底层流速随高度线性变化的斜率,下标"0"为无控量,下标"1"为有控量。

对于湍流统计量计算,由于湍流速度的随机性,通常将速度分解为时均速度 $\langle u \rangle$ 和脉动速度 u' 组合,表示为 $u = \langle u \rangle + u'$。在湍流测量中,通常采用脉动速度的统计矩表征湍流结构特性,脉动速度的 n 阶统计矩表达式为

$$\langle u'^n \rangle = \int_{-\infty}^{\infty} u'^n p(u') \, \mathrm{d}x = \sum_{i=1}^{N} u_i'^n / N \tag{4.6}$$

$n = 1$ 时,$\overline{u'} = 0$ 即湍流流场中任意一点的脉动速度平均值为0;$n = 2$ 时,$\overline{u'^2} = u_{\text{rms}}^2$,$u_{\text{rms}}$ 为脉动速度的均方根,对 $n > 2$ 的取值均使用 u_{rms} 进行无量纲化;当 $n = 3$ 时,得到的 $\overline{u'^3} / u_{\text{rms}}^3$ 为偏斜因子(skewness),表示湍流脉动速度概率密度分布的不对称性;当 $n = 4$ 时,得到的 $\overline{u'^4} / u_{\text{rms}}^4$ 为平坦因子(flatness),表示湍流脉动速度的间歇性。

多尺度的涡结构及涡间的相互作用是湍流流场的主要表现,通过能谱分析可以将不同尺度的涡结构与脉动能量对应,在准定常的假设下,u_{rms}^2 为所有尺度涡结构的能量在频域上的积分,可表示为

$$u_{\text{rms}}^2 = \int_0^{\infty} E(f) \, \mathrm{d}f \tag{4.7}$$

其中,$E(f)$ 为涡的能量,即能谱。

4.7　沟槽减阻风洞实验结果

4.7.1　直沟槽流动控制减阻效果

辊轴热压印工艺制得的直沟槽测试模型的特征尺寸 s 分别为 0.9 mm、

0.75 mm、0.6 mm、0.5 mm，测试平台在沟槽表面的流向测量站位为 $x_A = 2\,625$ mm、$x_B = 2\,750$ mm、$x_C = 2\,875$ mm，距沟槽板前缘无量纲长度分别为：$\Delta x_A^+ = 278$、$\Delta x_B^+ = 557$、$\Delta x_C^+ = 835$，平台在安装各尺寸的沟槽模型后保持表面的流向零压力梯度，在每个流向位置选取多个展向点位测量并进行平均，使用 Clauser 作图法结合壁面律公式对直沟槽表面的湍流边界层时均速度、脉动速度和高阶统计量进行分析。

直沟槽表面流向各站位的湍流边界层流向时均速度分布如图 4.28 所示，为对比不同沟槽对边界层的流动影响，使用光滑平板的壁面摩擦速度 $u_{\tau 0}$ 对壁面高度和流场速度进行无量纲化。由图中的时均速度分布曲线可以发现如下规律：

（1）直沟槽表面的湍流边界层与光滑平板湍流边界层特征一致，流速沿壁面法向高度分布具有分区特性，满足线性底层和对数律层的速度分布趋势；

（2）在不同的流向位置处，沟槽引入后均使得边界层的线性底层和对数律层

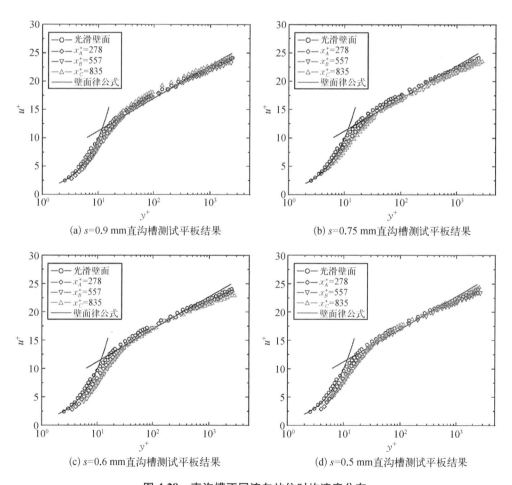

(a) $s=0.9$ mm直沟槽测试平板结果　　　(b) $s=0.75$ mm直沟槽测试平板结果

(c) $s=0.6$ mm直沟槽测试平板结果　　　(d) $s=0.5$ mm直沟槽测试平板结果

图 4.28　直沟槽不同流向站位时均速度分布

（$y^+ < 50$）出现了速度亏损,即在距离壁面相同法向高度处,沟槽表面的时均速度值有不同程度的减小,在近壁区的速度梯度降低,相应的壁面摩擦应力减小;

（3）随着远离壁面,直沟槽和光滑壁面的时均速度曲线趋势一致,说明在此高度的湍流边界层不再受到沟槽的影响,沟槽对湍流边界层的流动控制作用只影响到对数律层的高度;

（4）沟槽附近三个流向位置处的时均速度分布曲线基本重合,在边界层底层的速度亏损量的差距很小,说明流向不同位置处的沟槽减阻效率无明显变化,同时也表明沟槽表面的湍流流动已进入充分发展状态。

光滑壁面和直沟槽表面流向各位置的湍流边界层流向脉动速度分布如图4.29所示,为突出沟槽控制的影响,同样以光滑平板的壁面摩擦速度 $u_{\tau 0}$ 作为无量纲特征量对速度和壁面高度进行归一化处理。由图中的脉动速度分布曲线可以发现:

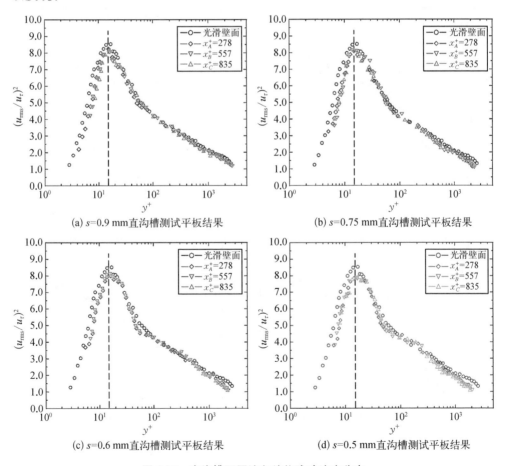

(a) $s=0.9$ mm直沟槽测试平板结果

(b) $s=0.75$ mm直沟槽测试平板结果

(c) $s=0.6$ mm直沟槽测试平板结果

(d) $s=0.5$ mm直沟槽测试平板结果

图 4.29　直沟槽不同流向站位脉动速度分布

（1）直沟槽表面的湍流边界层流向脉动速度分布与光滑平板湍流边界层特征相同，均在过渡层（$y^+ = 15$）位置处出现了峰值，且$(u_{rms}/u_\tau)^2 \approx 9$；

（2）在不同的流向位置处，直沟槽使边界层内脉动速度的峰值相对光滑壁面出现了下降，在对数律层范围（$y^+ < 200$）的脉动速度均有减小，即沟槽减弱了流场近壁区域的湍流脉动强度，减小了高速流体对壁面的剪切作用；

（3）在远离壁面的边界层外层，沟槽和光滑壁面的脉动速度曲线趋势基本重合，进一步说明此高度的流动已经不受沟槽的影响，当前尺寸沟槽控制对湍流边界层的影响只影响到对数区以内，属于边界层内层控制；

（4）沟槽三个流向位置的脉动速度峰值减小量差距很小，即在流向不同位置沟槽对湍流脉动的抑制效果相同，与时均速度型得出的结论一致。

由沟槽表面各流向位置的时均速度和脉动速度分布可知，实验中沟槽沿流向的减阻控制效果基本相同，而沿展向分布在速度采集时已进行平均，因此使用沟槽测试模型的中心位置点（$x_B = 2\,750$）计算各直沟槽平板的脉动速度高阶统计矩。偏斜因子和平坦因子分别为速度脉动的三阶矩和四阶矩，曲线如图 4.30 所示，从沟槽对湍流边界层控制的影响范围和对脉动量的抑制效果上分析，偏斜因子和平坦因子的曲线变化与时均速度型曲线和脉动速度型曲线的趋势保持一致，只在近壁区域（$y^+ < 10$）内偏斜因子和平坦因子略有增大，其他区域则基本无影响，进一步说明沟槽只在边界层的内层减小速度梯度并抑制脉动，与 Choi 等[21]的直接数值模拟结论一致，沟槽干扰了拟序运动中底层条带结构的产生，使流场的各向异性增强，导致了高阶统计矩因子的增大。

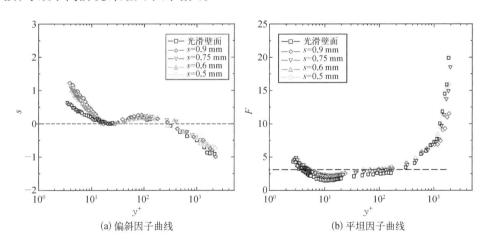

(a) 偏斜因子曲线　　　　　　　　(b) 平坦因子曲线

图 4.30　直沟槽表面高阶统计矩曲线

因此，直沟槽的引入使近壁面脉动速度和速度梯度的减小，其原因为沟槽抑制了湍流边界层内层条带结构的产生，干扰了湍流边界层的自维持机制，从而产生了减阻效果。

4.7.2 曲形沟槽流动控制减阻效果

对于沿流向为正弦曲线分布的沟槽测试模型,使用与直沟槽同样的测量方法,在三个流向站位($x_A = 2\,625$、$x_B = 2\,750$、$x_C = 2\,875$)上对曲形沟槽表面的湍流边界层速度场分布进行测量,使用光滑平板的壁面摩擦速度 $u_{\tau 0}$ 对边界层壁面高度和速度进行无量纲化,使用 Clauser 作图法结合壁面律公式对曲形沟槽表面的湍流边界层时均速度、脉动速度和高阶统计量进行分析。

曲形沟槽表面流向各站位的湍流边界层流向时均速度分布如图 4.31 所示,通过时均速度分布可以发现:

(1)曲形沟槽表面的湍流边界层与直沟槽和光滑平板的湍流边界层特征相

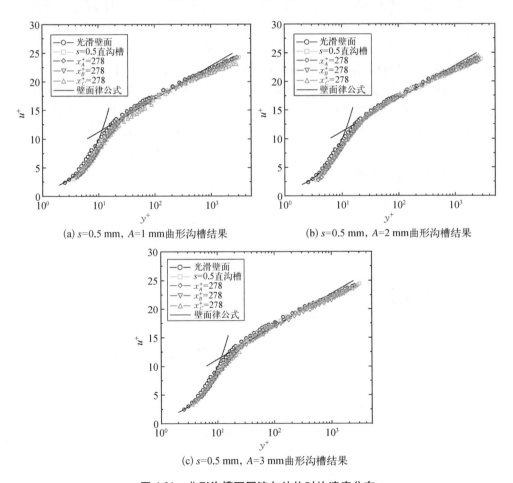

(a) s=0.5 mm, A=1 mm曲形沟槽结果　　　(b) s=0.5 mm, A=2 mm曲形沟槽结果

(c) s=0.5 mm, A=3 mm曲形沟槽结果

图 4.31　曲形沟槽不同流向站位时均速度分布

同,流速沿壁面法向高度分布均具有分区特性,满足线性底层和对数律层的速度分布趋势;

（2）在不同的流向位置,曲形沟槽均使边界层的线性底层和对数律层（$y^+ < 50$）较光滑壁面和直沟槽表面出现了速度亏损,即在距离壁面相同法向高度处,曲形沟槽表面的时均速度值有更大的减少量,使近壁区的速度梯度更低,相应的壁面摩擦应力更小;

（3）随着远离壁面,曲形沟槽、直沟槽和光滑壁面的时均速度曲线趋势一致,说明在此高度的湍流边界层不再受到沟槽的影响,当前尺寸沟槽对湍流边界层的流动控制作用只影响到对数律层。

曲形沟槽控制下的湍流边界层脉动速度分布对比如图 4.32,同样以光滑平板的壁面摩擦速度 $u_{\tau 0}$ 作为无量纲特征量对速度和壁面高度进行归一化处理,通过脉动速度分布曲线可以发现如下规律:

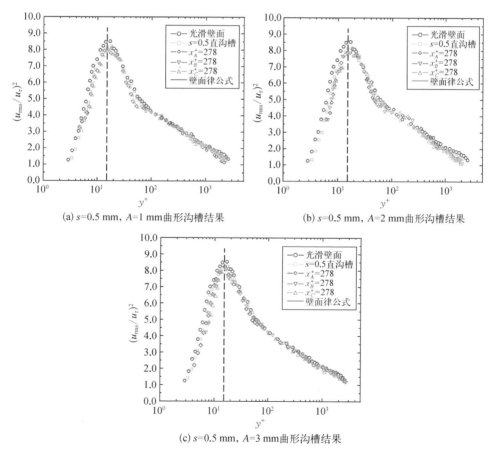

(a) $s=0.5$ mm, $A=1$ mm曲形沟槽结果　　(b) $s=0.5$ mm, $A=2$ mm曲形沟槽结果

(c) $s=0.5$ mm, $A=3$ mm曲形沟槽结果

图 4.32　曲形沟槽不同流向站位时均速度分布

（1）曲形沟槽表面的湍流边界层流向脉动速度分布与直沟槽和光滑平板的湍流边界层特征相同，在过渡层（$y^+ = 15$）位置处出现峰值（u_{rms}/u_τ）$^2 \approx 9$；

（2）在不同的流向位置处，曲形沟槽使边界层内脉动速度的峰值下降，在对数律层范围（$y^+ < 200$）的脉动速度均有减小，即曲形沟槽同样减弱了流场近壁区域的湍流脉动强度，抑制高速流体对壁面的剪切作用；

（3）在远离壁面的边界层外层，曲形沟槽、直沟槽和光滑壁面的脉动速度曲线趋势基本重合，进一步说明此高度的流动已经不受沟槽的影响，沟槽控制对湍流边界层的影响只影响到对数区以内，属于边界层内层控制的范畴；

（4）曲形沟槽三个流向位置的脉动速度峰值减小量差距很小，即在流向不同位置沟槽对湍流脉动的抑制效果相同，与时均速度型得出的结论一致。

曲形沟槽沿流向的控制效果基本相同，使用沟槽中心位置（$x_B = 2\,750$）计算各曲形沟槽平板的脉动速度高阶统计矩，得到偏斜因子和平坦因子曲线如图 4.33 所示。由图可看出，曲形沟槽的偏斜因子和平坦因子变化规律与直沟槽类似，在近壁区域（$y^+ < 10$）内偏斜因子和平坦因子略有增大，其他区域基本无影响。曲形沟槽同样抑制近壁面脉动速度，减小近壁面速度梯度，使近壁面流场的各向异性增强，导致了偏斜因子和平坦因子增大。

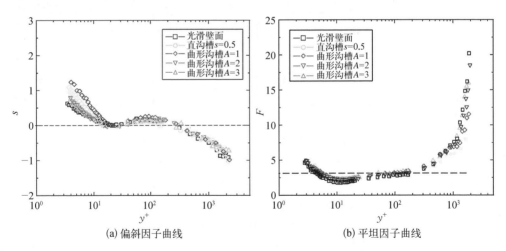

图 4.33　曲形沟槽表面高阶统计矩曲线

4.7.3　两种沟槽表面减阻特性对比

对沟槽控制模型的实验测量结果进行处理，取线性底层时均速度分布，修正壁面效应和虚拟原点后，对线性底层速度信息进行拟合，根据流向速度 $u(\mathrm{m/s})$ 随壁面法向高度 $y(\mathrm{m})$ 的变化线性拟合出各沟槽表面湍流边界层线性底层的斜率，并

与光滑平板斜率 k_0 比较,以 DDR 公式计算出测试平台表面的阻力下降的百分率,整理如表 4.12 所示,可得出以下结果:

(1) 从流向位置变化来看,直沟槽和曲形沟槽的减阻率随流向位置的增加略有增大,但减阻率都在 0.5% 范围内变化,可忽略不计。

(2) 合适尺寸沟槽可对湍流边界层起到减阻作用,直沟槽表面的最大减阻率为 8.4%,曲形沟槽最大减阻率为 10.3%。

(3) 振幅 $A = 1$ mm($A^+ \approx 20$)的流向曲形沟槽的减阻效率比流向直沟槽更好,但当曲形沟槽的振幅增大($A^+ > 60$),减阻效果反而出现下降并低于直沟槽减阻效果。

表 4.12　不同沟槽平板控制测试平台各流向站位减阻率

沟槽 ＼ 流向	$x_A = 2\,625$	$x_B = 2\,750$	$x_C = 2\,875$	$x_D = 3\,020$	$x_E = 3\,120$
直沟槽 $s = 0.9$	2.7	3.0	3.2	1.1	0.3
直沟槽 $s = 0.75$	4.4	4.3	4.7	1.2	0.6
直沟槽 $s = 0.6$	7.1	7.4	7.4	2.9	1.1
直沟槽 $s = 0.5$	8.2	8.4	8.2	3.7	1.6
曲形沟槽 $s = 0.5$, $A = 1$	9.1	10.2	10.3	3.9	1.5
曲形沟槽 $s = 0.5$, $A = 2$	7.4	7.6	7.6	2.0	1.1
曲形沟槽 $s = 0.5$, $A = 3$	3.3	3.9	4.0	1.7	1.1

研究结果表明,沟槽的尖峰和谷底位置的减阻效果不同,沟槽尖峰上较光滑平面会增强剪切应力,谷底位置则减弱剪切应力,实验测得沟槽表面均有减阻效果,说明实验时热线探头和 LDV 光斑未能进入沟槽内部测量,测量结果已是沟槽尖峰和谷底平均后的结果,呈现壁面切应力减小,整体减阻的效果。

通过实验结果对比,可知在相同来流条件下,流向曲形沟槽($A^+ \approx 20$)的控制效果优于直沟槽,此时曲形沟槽使边界层底层产生了更规律的展向运动,类似平板的展向移动对湍流边界层引入展向剪切力的影响,曲形沟槽诱导边界层的展向速度分布从无序到有序,干扰流向涡的形成,使得湍流猝发的频率和强度都降低,而达到比直沟槽更好的减阻效果;但当曲形沟槽的展向振幅过大时,对流体的流向运动反而起到阻碍作用,而使得壁面摩擦阻力升高。

　　能谱曲线则反映了不同尺度湍流脉动的激发强度,表达不同频率速度的涨落对湍流动能的贡献,对应流场中不同尺度结构的分布情况,能谱曲线如图 4.34 所示。在沟槽平板中心位置的壁面法向取 $y^+ = 5$、$y^+ = 15$ 和 $y^+ = 30$ 位置绘制能谱曲线,黑色曲线为光滑平板湍流边界层在对应高度的能谱。能谱曲线的低频部分为含能区,为大尺度湍流结构,在该区域内主要由切变产生湍流动能;中频部分为耗散区,流体黏性将湍流动能转化为内能;高频段为惯性区,该段的湍动能不产生也不会耗散,而是逐渐传递到小尺度的区域中。

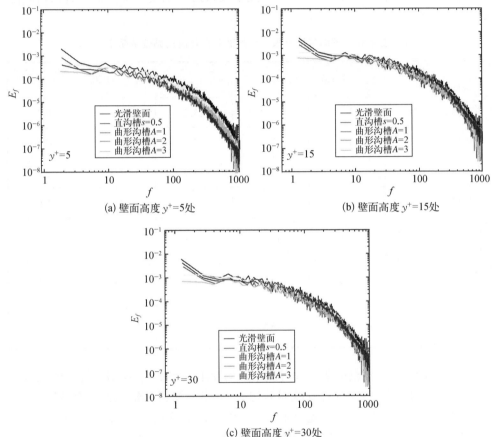

图 4.34　沟槽引入后壁面不同高度处能谱曲线

　　对比不同沟槽,可看出在近壁区的黏性底层范围 $y^+ = 5$,沟槽控制下的低频部分流体能量均有所下降;而在 $y^+ = 15$ 和 $y^+ = 30$ 高度上能谱曲线无变化;且在相同高度处,减阻效果更佳的曲形沟槽相较于直沟槽能谱曲线下降,直沟槽相较于光滑平板的能谱曲线也在下降,进一步说明在沟槽引入后,湍流边界层的能量损失减少,与沟槽减阻效果吻合。能谱曲线的趋势也与速度脉动曲线的分析结果一致,反映沟槽对边界层的流动控制范围非常小,只对边界层内层的线性底层和过渡层流体有影响,而在远离壁面的边界层外层,沟槽控制作用基本可忽略不计。

根据沟槽控制的边界层的实验测量结果,认为沿流向布置的沟槽整体削弱了流向涡的强度,使得低速条带保留在沟槽内并增加了流动的稳定性,削弱了底层流场中的展向运动趋势,弱化了壁面湍流猝发的强度和持续时间,近壁区的低速条带使得外部高速流体从低速条带上流动,避免了与固体壁面直接接触,从而减少了摩擦阻力。

4.8　沟槽控制湍流边界层的直接数值模拟

由于湍流本身的复杂性以及当前实验测量手段的局限性,至今为止学术界对沟槽减阻机理存在不同的观点。一种观点认为,沟槽对边界层起到了抬升作用[7,8],沟槽内部流动被流体黏性所阻滞,使得边界层黏性底层增厚,从而降低了壁面附近流体速度梯度的。与此同时,沟槽的存在也削弱了流向涡与壁面之间的相互作用。Lee 和 Lee[22] 使用 PIV 测速和高速相机准确捕捉到了壁面附近的流向涡演化规律,发现当流向涡集中分布在沟槽尖峰位置时,沟槽会带来减阻效果,此时沟槽波谷流动较为平稳;而当流向涡落到沟槽谷底位置时会与壁面产生直接作用,由此带来增阻效果。沟槽是否减阻取决于合适间距的沟槽尖峰是否抬升了流向涡结构,这种观察现象是对第一种观点的直接佐证。另一种观点认为壁面附近的流向涡受到沟槽尖峰的影响,在沟槽两侧形成了再生的二次涡[23]。二次涡使得流向涡的强度减弱,抑制了低速条带的形成和底层流体向外层的抬升、振荡和破碎过程。与此同时,Choi 等[21] 和 Bacher 和 Smith[24] 发现沟槽尖峰使得流向涡的展向运动趋势减弱,湍流脉动和湍动能耗散同时减弱。此外,Martin 和 Bhushan[25-27] 对刀片形、锯齿形和扇形等三种沟槽构型下湍流边界层流场进行了对比分析,有力地支持了第一种观点。通过探索流向涡、沟槽几何构型和摩擦减阻率三者之间的关系,认为当流向涡尺寸约等于沟槽展向间距的 1.5 倍时将获得最佳的减阻率,此时正对应着沟槽无量纲间距 $s^+ \approx 18 \sim 25$,这与 Bechert 等[7,8] 和 El-Samni 等[28] 的研究结论一致。

湍流是一个多尺度的时空结构,要想对沟槽微结构附近的湍流结构进行精确数值捕捉,需要耗费较大的计算资源和时间。随着大规模并行计算技术的发展以及计算机软硬件水平不断提高,各种雷诺数下的湍流直接数值模拟也逐渐成为可能。Choi 等[21] 对布置有二维沟槽的充分发展槽道流进行了直接数值模拟,其中槽道半高雷诺数 Re_b 为 4 200,湍流雷诺数 Re_τ 约为 180。他们发现沟槽影响了近壁流向涡运动,这是因为沟槽展向间距小于流向涡的大小。Chu 和 Karniadakis[29] 对比了层流和低雷诺数湍流两种情况下沟槽减阻效果,研究发现,与无控制光滑平板相比,层流工况下沟槽并没有减阻效果;反而在湍流 $Re_b = 3\,500$ 条件下获得了大约 6%减阻率。考虑真实鲨鱼表皮三维形貌特征,Boomsma 和 Sotiropoulos[30]对三维鲨鱼表皮微观齿状纹结构进行建模并在 $Re_\tau = 180$ 槽道流中开展直接数值模拟,发现鲨鱼表皮微观结构引起边界层内出现强烈二次流,使得湍流雷诺应力显著增强,进而导致表面摩擦阻力增加,这与 Bechert 等[7,8]的实验结论一致,但可能由于流动条件差异,这与 Wen 等[31]的结论相悖。事实上,人们很难获得真实鲨鱼表皮的剪切应力分布,以至于很难理解仿鲨鱼表皮微观结构是否真正减阻。此外,Smith 等[32]通过高精度大涡模拟计算,也发现三维锯齿状沟槽结构并不会比二维沟槽在低雷诺数通道流中具有更大的减阻潜力。

事实上,沟槽控制在飞行器增升减阻应用上非常具有工业前景,将会带来巨大的经济效益。因此,研究沟槽控制空间发展湍流边界层演化更接近真实飞机表面的流动状况。Klumpp 等[33]通过大涡模拟研究了沟槽对零压力梯度空间发展湍流边界层转捩的影响,发现沟槽增强了二维 Tollmien – Schlichting(T – S)波强度,但削弱了三维发卡涡和流向涡运动。同样地,Boomsma 和 Sotiropoulos[34]对比研究了零压力梯度和逆压力梯度对扇形沟槽平板边界层减阻效果的影响,结果发现在中等逆压力梯度下沟槽减阻效果得到了进一步提高。此外,Zhang 等[35,36]还讨论了沟槽控制在低速翼型流动中的升阻力特性。

本节内容将对空间发展平板湍流边界层在布置沟槽和光滑两种情况进行直接数值模拟,深入挖掘三维时空演变湍流结构变化规律,这将有助于理解沟槽流动控制减阻内在机制。为了尽可能接近实际飞行条件,将选取 $Ma = 0.7$ 亚声速可压缩湍流平板自由来流,通过在入口附近人为设置非定常吹/吸气扰动加速湍流边界层转捩,平板计算域的流向和展向区域足够长,三角形锯齿沟槽安装在平板的后板部位置,此时对应于动量雷诺数约等于 2 000。通过对不同位置处平均速度剖面、表面摩擦阻力、湍流脉动以及三个方向涡量等计算结果对比分析,进一步理解沟槽在平板湍流边界层摩擦阻力控制中所发挥的作用以及沟槽流动控制在工业应用上的可能性。

4.8.1　直接数值模拟计算模型

在前面章节中已经对湍流直接数值模拟方法进行了介绍,本节内容将对沟槽控制的可压缩平板湍流边界层流场进行全三维直接数值计算。在数值计算之前,首先简要回顾需要求解的流体运动控制方程、数值求解策略、沟槽几何建模、计算网格解析精度等,这是直接数值求解的前处理过程。

4.8.1.1　流体运动控制方程

牛顿流体运动规律可以由 N – S 方程组,包括质量、动量和能量守恒方程来表征,如下:

$$\frac{\partial \rho}{\partial t} + \frac{\partial \rho u_j}{\partial x_j} = 0 \tag{4.8}$$

$$\frac{\partial \rho u_i}{\partial t} + \frac{\partial \rho u_i u_j}{\partial x_j} = -\frac{\partial p}{\partial x_i} + \frac{\partial \tau_{ij}}{\partial x_j} \tag{4.9}$$

$$\frac{\partial \rho E}{\partial t} + \frac{\partial (\rho E + p) u_i}{\partial x_i} = -\frac{\partial q_i}{\partial x_i} + \frac{\partial u_i \tau_{ij}}{\partial x_j} \tag{4.10}$$

这里采用自由来流参数对方程组进行无量纲化,无量纲密度 $\rho = \rho^*/\rho_\infty^*$,速度 $u = u^*/u_\infty^*$,压力 $p = p^*/(\rho_\infty^* u_\infty^{*2})$ 和能量 $E = E^*/u_\infty^{*2}$,特征长度 L_∞ 设置为 1 in,无量纲时间 $t = t^* \times u_\infty^*/L_\infty$,其中下标 ∞ 表示自由流,上标 $*$ 表示流场实际值。

黏性应力张量 τ 表示为

$$\tau_{ij} = \frac{\mu}{Re}\left(\frac{\partial u_j}{\partial x_i} + \frac{\partial u_i}{\partial x_j} - \frac{2}{3}\frac{\partial u_k}{\partial x_k}\delta_{ij}\right) \tag{4.11}$$

其中,动力黏度系数 $\mu = \mu^*/\mu_\infty$;$Re = \rho^* u_\infty^* L_\infty/\mu_\infty^*$;$\delta_{ij}$ 是克罗内克记号:

$$\delta_{ij} = \begin{cases} 0, & i \neq j \\ 1, & i = j \end{cases} \tag{4.12}$$

压力和热通量分别通过气体状态方程和 Fourier 热传导关系式来表示:

$$p = (\gamma - 1)\left(\rho E - \frac{1}{2}\rho u_i u_i\right) = \frac{1}{\gamma Ma_\infty^2}\rho T \tag{4.13}$$

$$q = \frac{-\mu}{(\gamma - 1)Ma_\infty^2 RePr}\frac{\partial T}{\partial x_j} \tag{4.14}$$

其中,$T = T^*/T_\infty^*$;定常比热比 $\gamma = 1.4$;自由流马赫数 $Ma_\infty = u_\infty^*/\sqrt{\gamma R^* T_\infty^*}$;气体常数 $R^* = 287\ \mathrm{J}/(\mathrm{K}^{-1} \cdot \mathrm{kg}^{-1})$;普朗特常数 $Pr = 0.72$。

流体的动力黏性系数取决于分子密度、平均自由程和平均速度等,与温度有关。当气体温度在 100 K 到 1 900 K 区间变化时,可采用 Sutherland 公式计算动力黏度系数:

$$\mu^*(T^*) = \frac{C_1^* T^{*3/2}}{T^* + S^*} \tag{4.15}$$

$$C_1^* = \frac{\mu_r^*}{T_r^{*3/2}}(T_r^* + S^*) \tag{4.16}$$

对于空气,一般取 $S^* = 110.4\ \mathrm{K}; \mu_\mathrm{r}^*$ 是参考温度 $T_\mathrm{r}^* = 273.15\ \mathrm{K}$ 下动力黏度系数,取 $1.716 \times 10^{-5}\ \mathrm{kg/(m \cdot s)}$。

4.8.1.2　数值求解策略

对于上一节介绍的流体运动控制方程的数值求解,采用 Steger‐Warming 流通矢量分裂方法对控制方程对流项进行处理,并运用 7 阶精度迎风格式进行数值离散。对于控制方程扩散项处理,采用 8 阶精度中心差分格式进行离散。对于控制方程时间项处理,采用三阶 TVD 型 Runge‐Kutta 方法进行时间推进。对于平板湍流空气流动,补充一个理想气体状态方程。

4.8.1.3　计算网格与解析精度

在当前物理问题设计中,三维可压缩平板湍流的自由来流马赫数 Ma_∞ 为 0.7,基于入口附近边界层位移厚度 δ_d^0 对应雷诺数 $Re_{\delta_\mathrm{d}^0}$ 为 500。计算域流向 x、法向 y 和展向 z 三个方向的几何长度分别是 $L_x \times L_y \times L_z = 3\,000\delta_\mathrm{d}^0 \times 65\delta_\mathrm{d}^0 \times 130\delta_\mathrm{d}^0$,对应实际长度为 $[0,\ 30] \times [0,\ 0.65] \times [0,\ 1.3]\,(\mathrm{in}^3)$,其展向宽度超过了 2 倍边界层厚度 δ_{99},两点相关分析证实了其展向长度是足够的,且不会影响湍流动力学的发展。对于不施加沟槽控制的光滑平板基本算例来说,网格尺寸在流向和展向方向上均匀分布,且沿着壁面法向呈指数增长,三个方向的网格节点数为 $2\,338 \times 160 \times 320$,壁面附近网格分辨率为 $\Delta x^+ \approx 20.45$,$\Delta y_\mathrm{min}^+ \approx 0.21$,$\Delta z^+ \approx 10.26$,这里上标+表示采用基于摩擦速度 u_r 的壁面黏性尺度 ν/u_r 进行无量纲化,其中 ν 是气体运动黏度。对于计算边界条件,自由来流入口条件为 $\rho_\infty = 1.0$,$u_\infty = 1.0$,$v_\infty = 0$,$w_\infty = 0$,$T_\infty = 1.0$,无滑移平板壁温 $T_\mathrm{w} = 1.098$,法向 y 上边界与流向出口边界设置为无反射条件,展向 z 方向为周期性边界条件。

如图 4.35 所示是光滑平板湍流边界层在纵向 $z = 0.785$ 截面的瞬时密度可视化云图,可以看出可压缩自由来流在经过平板上游转捩区($x < 10$)后逐渐演变成空间发展湍流。边界层内密度小于自由流,且分布厚度沿着下游发展逐渐增加,预示着湍流边界层厚度的不断增大。如图 4.36 给出了壁面摩擦速度关系式沿着下游湍流动量雷诺数 Re_θ($Re_\theta = \rho_\infty u_\infty \delta_\theta / \mu_\infty$,$\delta_\theta$ 是湍流动量边界层厚度)的变化曲线,可以看出,壁面摩擦阻力系数 c_f($\sqrt{c_\mathrm{f}/2} = u_\mathrm{r}/u_\infty$)沿着光滑平板的演化规律。在空间发展湍流 $Re_\theta > 1\,000$ 区域,壁面摩擦阻力随着下游湍流边界层厚度的增加而缓慢减小,当前 DNS 结果与文献[37]~[39]关于湍流平板边界层的数据吻合较好,略大于简单经验公式 $c_\mathrm{f} = 0.024Re_\theta^{(-1/4)}$,相对误差均小于 2%。此外,选取了 $Re_\theta = 1\,410$ 和 $2\,000$ 两个位置,对其三个方向湍流雷诺应力进行了对比分析,可以看出当前计算结果与文献 DNS 结果吻合较好,如图 4.37 所示。对于 $Re_\theta = 1\,410$ 和 $2\,000$ 两个位置来说,流向方向雷诺正应力 $\left(u_{\mathrm{rms}}^{+2} \right)$ 均在法向位置 $y^+ \approx 14$ 处取得峰值,分别对应峰值大小为 7.15 和 7.39,而对于法向 $\left(v_{\mathrm{rms}}^{+2} \right)$ 和展向 $\left(w_{\mathrm{rms}}^{+2} \right)$ 两个方向雷诺应力来说,峰值点位置则向外移动,例如对于 $Re_\theta = 2\,000$ 来说,它们峰值取得位置分别是 $y^+ = 115$ 和 $y^+ = 48$。

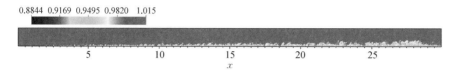

图 4.35　$z = L_z/2$ 截面瞬时密度分布云图

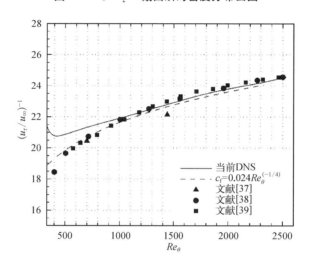

图 4.36　壁面摩擦速度随着动量雷诺数变化

　　根据光滑无控制平板湍流边界层的演化结果,选取空间湍流充分发展的下游区域 $x = [22.5,\ 25]$ 上布置微结构沟槽,正对应于湍流边界层 $Re_\theta = [2\,107,\ 2\,332]$ 位置。顺着流向方向在光滑平板上布置展向周期性的等腰三角形锯齿沟槽,用以观察沟槽对中等雷诺数湍流边界层摩擦阻力的控制作用。锯齿形是被大家研究最多的沟槽微结构,其减阻特性与几何尺寸、边界层状态以及环境条件等因素息息相关。对于数值计算来说,越小的沟槽尺寸,会带来越精细的计算网格尺度,由此将会导致昂贵的计算成本。在本章的直接数值模拟研究中,主要是为了对比讨论沟槽控制影响湍流边界层时空演化以及摩擦阻力特性的差异。因此,当前三角形沟槽的特征参数是:底边 $s = 0.018$,高 $h = 0.009$,等腰角 $\alpha = 45°$,根据光滑平板局部黏性尺度 ν/u_τ,可得到无量纲化尺寸分别是 $s^+ \approx 30.82$, $h^+ \approx 15.41$。这里需要注意的是,为了使湍流边界层流场在遇到凸起沟槽时尽可能平滑过渡,在沟槽前面布置一段过渡沟槽,其高度从 $h = 0$ 线性增长到 $h = 0.01$,如图 4.38 所示。

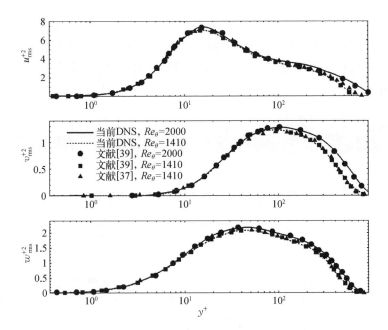

图 4.37　在 $Re_\theta=1\,410$ 和 $2\,000$ 位置雷诺应力分布与文献对比

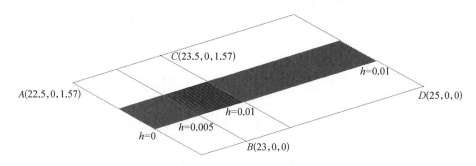

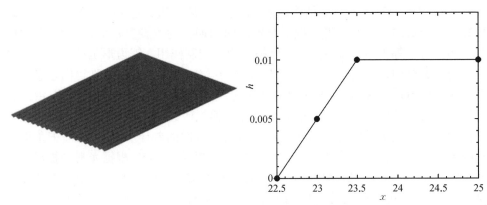

图 4.38　施加沟槽控制的平板几何模型和沟槽高度变化

在施加沟槽控制区域,计算网格进行局部加密处理,使得每个三角形单边布置 16 个网格节点,并且沿着沟槽壁面的法向方向垂直增长,以此保证壁面附近网格的正交性,如图 4.39 所示。整个三维沟槽控制平板湍流边界层流场计算域在三个方向的网格节点数达到 2 338×160×499。采用与光滑平板算例相同的初始和边界条件,并运用同样的直接数值模拟算法对沟槽控制平板湍流边界层进行并行求解。特别值得注意的是锯齿形沟槽以及前后过渡区域贴体网格的生成质量,既要保证壁面法向正交性,也要保证壁面附近足够的网格解析精度。与此同时,加密区与粗网格区采用平缓的网格尺度函数进行过渡。

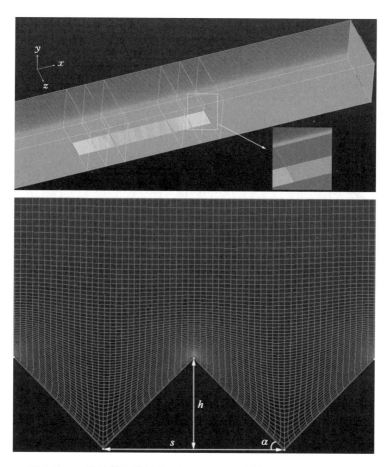

图 4.39 三维计算区域网格(上)和三角形沟槽附近网格分布(下)

4.8.2 流向速度型与减阻率

下面将对有无沟槽控制两种情形下湍流边界层空间发展状况进行分析。从图

4.40(a)可以看出,两种情形下动量边界层雷诺数 Re_θ 与流向方向位移均呈近似线性关系,且相对于光滑平板算例来说,在沟槽控制区域 Re_θ 有一个小量的增加(沟槽布置区域 $x=22.5\sim25$)。形状因子 H_{12} 的定义是

$$H_{12} = \delta_d/\delta_\theta \tag{4.17}$$

其中,δ_d 和 δ_θ 分别是位移边界层和动量边界层厚度。H_{12} 越大,边界层内速度分布越呈现凹形状;H_{12} 越小,速度分布越饱满。从图 4.40(b)可以看出,光滑平板湍流边界层 H_{12} 随着 Re_θ 增加即湍流边界层流向发展而逐渐下降,当施加沟槽控制后,H_{12} 经历了先突然上升后逐渐下降的过程,当失去沟槽控制后,H_{12} 将会逐渐恢复至无控制光滑平板湍流边界层相同的状态。

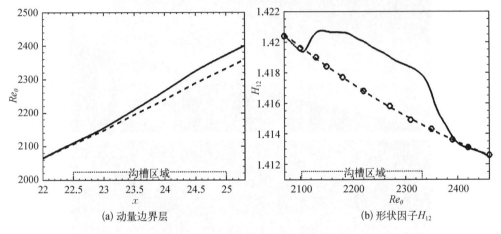

(a) 动量边界层 (b) 形状因子 H_{12}

图 4.40 边界层沿着流向方向空间发展
实线和虚线分别表示沟槽算例和光滑平板算例,圆圈表示文献[24]结果

与光滑平板计算结果类似,在经过沟槽区域之前,自由来流会从层流逐渐转捩到空间发展湍流。图 4.41 对比了展向 $z=0.875$ 截面相同时刻的瞬时速度 u 分布,图中标颜色曲线表示边界层厚度 δ_{99}(取主流速度 99%)沿平板流向的演化曲线。对于空间发展湍流边界层来说,边界层内层和外层均会随着时空演化,其中内层的变化直接影响到近壁面摩擦阻力,而外层的变化直接会导致边界层外边界以及自由流的空间发展。从图中可以定性地看出,两种情况下瞬时边界层流场存在相似性,边界层外层边界均沿着流向方向不断脉动且缓慢增大;对比沟槽控制区域(图中黑色虚线框)的边界层厚度在定性上变化不明显,这表明了当前壁面沟槽作为一种亚毫米尺度的微型结构,对边界层外层空间的影响比较小,这一点也可以从沟槽壁面的平均速度分布看出。

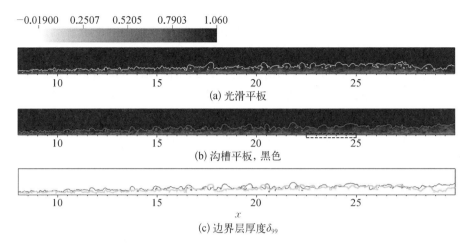

(a) 光滑平板

(b) 沟槽平板，黑色

(c) 边界层厚度 δ_{99}

图 4.41　对比中心截面流向速度 u 分布

红绿曲线分别取光滑平板算例和沟槽平板算例

　　图 4.42 所示是从沟槽波谷到波峰位置的边界层速度分布，这里取边界层外层厚度 δ_{99} 作为无量纲尺度参数，U 表示时间平均处理的流向速度。可以看出，在 $y/\delta_{99}>0.06$ 时，沟槽不同位置的平均速度分布基本一致，速度变化的影响区域主要在近壁面沟槽附近，并且在相同的壁面法向位置 y，波谷处流向速度相比于波峰处更大，这与 Vukoslavcevic 等[40]的试验观察结果一致。

　　为了对沟槽控制下边界层内层流场结构进行研究，有必要以壁面摩擦速度 u_τ 和黏性尺度 ν/u_τ 为无量纲参数，对湍流边界层平均速度分布进行分析。图 4.43 对比了光滑算例和沟槽控制算例的边界层平均速度 U^+-y^+ 变化，分别采用沟槽壁面

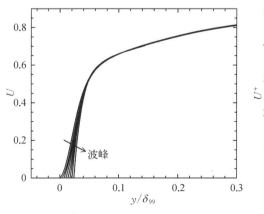

图 4.42　沟槽壁面平均速度分布

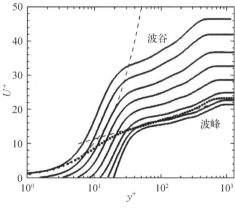

图 4.43　无量纲化的平均速度分布曲线

各自位置的局部摩擦速度 u_τ 和黏性尺度 ν/u_τ 对时间平均流向速度 U 和壁面法向高度 y 进行无量纲。图中圆点和实线分别表示光滑平板和沟槽平板湍流边界层速度分布曲线,两条虚线分别是通用壁面律和对数律曲线,$U^+ = y^+$ 和 $U^+ =$ $2.5\ln(y^+) + 5.5$。可以看出,从沟槽波谷到波峰,不同位置处湍流边界层对数律曲线相对光滑平板算例都有不同程度的向上或向下偏移,从而导致边界层外层速度大小 U^+ 存在差异。其中在靠近波峰位置,对数律曲线向下偏移,边界层外层最大速度($U^+ \approx 21$)较小;波谷位置的湍流边界层对数律曲线向上偏移,其边界层外层最大速度达到最大值 $U^+ \approx 46$。对数律曲线的上抬或下偏以及边界层外层速度 U^+ 大小的变化表征了湍流边界层摩擦速度 u_τ 的差异,从而导致平板表面摩擦阻力的不同。

由于沟槽尺度十分微小,在工程实验中探针往往很难深入沟槽里面,从而导致壁面摩阻情况难以确定。这就涉及壁面虚拟原点选取和摩擦速度的确定问题。在当前的数值计算中,分别选取沟槽波峰和波谷位置作为沟槽壁面的虚拟原点,由此得到沟槽上方的平均速度型分布,如图 4.44 所示。注意曲线并没有包含黏性底层数据,因为不同虚拟原点情况下黏性底层速度分布在沟槽展向方向存在差异。与流向相同位置($Re_\theta = 2\,320$,$Re_\tau = 500$)的光滑平板湍流边界层速度型分布对比,无论虚拟原点选取在沟槽波峰还是波谷,其湍流边界层对数律的斜率变化很小且向上抬升,这表明当前构型下沟槽带来了壁面黏性底层厚度增加,壁面摩擦速度减少,从而使得沟槽控制具有减阻效果,这与前人研究结论一致。例如 Choi 等[21]、Park 和 Wallace[41] 及 Wang 等[42] 对沟槽附近边界层流场进行分析,均认为沟槽减阻的原因为谷底的低速流体使边界层黏性底层的厚度增加,将过渡层和对数律层

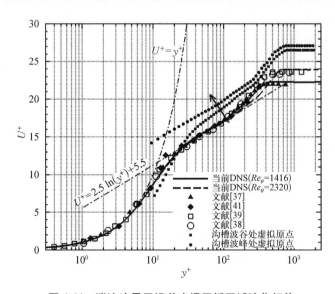

图 4.44 湍流边界层沿着光滑平板区域演化规律

向外移动,边界层被抬高后壁面附近的流体动量和能量交换减弱,使壁面剪切应力降低。

根据壁面局部摩擦阻力系数 c_f 关系式,定义沟槽表面控制的平板湍流边界层摩擦减阻率 DR:

$$c_f = \frac{\mu_w \partial u / \partial y \mid_w}{0.5\rho_\infty u_\infty^2} \tag{4.18}$$

$$DR = \frac{\int_{A_f} c_{f0} - \int_{A_r} c_f}{\int_{A_f} c_{f0}}, \ A_f = A_r \cos\alpha \tag{4.19}$$

其中,c_{f0} 和 c_f 分别表示光滑平板和沟槽平板在相同位置的摩擦阻力系数;A_f 和 A_r 是两种平板对应的面积。

如图 4.45 所示是壁面局部摩擦阻力系数变化规律。从图 4.45(a)中可以发现,沟槽内部结构表面的摩擦阻力小于相同位置的光滑平板算例,且在沟槽波谷位置阻力取得最小值。从波谷到波峰,表面摩擦阻力逐渐上升,且在一定位置时,其大小超过了光滑平板,并最终在波峰位置达到局部最大值。这说明了并不是在沟槽内部结构任何位置都具有减阻效果,特别是在波峰位置附近,由于不存在沟槽凹腔保护作用,这使得波峰附近的湍流流动会增强。类似地,在沟槽区域下游,局部摩擦阻力逐渐恢复至于光滑平板算例相同的状态。

如图 4.45(b)给出了在沟槽所在位置(对应光滑平板 $Re_\theta = 2\,320$)处壁面局部摩擦阻力系数沿着展向方向的变化。由于沟槽在展向方向呈周期性排布,进而局

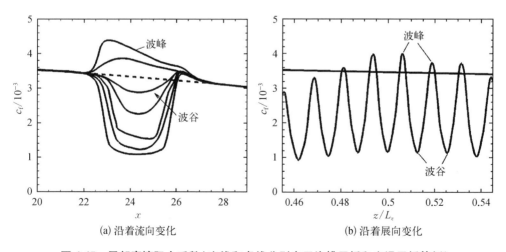

（a）沿着流向变化　　　　　　　　　（b）沿着展向变化

图 4.45　局部摩擦阻力系数(实线和虚线分别表示沟槽平板和光滑平板算例)

部摩擦阻力系数在展向 z 方向也呈周期性变化。但值得注意的是其波动振幅大小有少许差异,这是由于沟槽阵列并没有布满整个平板展向空间,当接近沟槽区域边缘位置时,沟槽控制湍流边界层会受到光滑区域流场的影响;与此同时,壁面摩擦阻力在波峰和波谷位置分别达到最大和最小值,这表明沟槽波谷作为一个天然的凹陷屏障区,有利于低速气流的聚积,其黏性底层厚度要比波峰位置大。与光滑平板局部摩擦阻力对比,除了沟槽波峰位置的摩擦阻力稍微大于相同位置的光滑平板外,展向沟槽大部分位置的局部摩擦阻力系数都比光滑平板计算结果小。为了探究沟槽控制对整个平板壁表面湍流边界层的摩擦减阻效果,对壁面局部摩擦阻力作用于沟槽控制区域面积进行积分,由此可得到当前沟槽结构的全局减阻率 DR 为 1.276%,在当前沟槽几何构型($s^+ \approx 30.52$,$h^+ \approx 15.26$)下数值计算所得减阻率与 Bechert 等[7] 的工作吻合较好。

4.8.3 脉动速度场

为了直观展示沟槽对湍流结构演化过程的影响,空间充分发展平板湍流从光滑区域到沟槽区域以及下游流场的流向脉动速度 u' 分布云图如图 4.46 所示,虚线框为沟槽控制区域,三个法向截面分别对应湍流边界层的缓冲层($y^+ = 8.43$,20.35)和对数律层($y^+ = 39.22$),这里取沟槽前 $x = 20$ 处壁面黏性尺度进行无量纲化。可以明显地看出,在靠近壁面缓冲层 $y^+ = 8.43$,沟槽前后的光滑区域内充斥着扭曲的湍流脉动条带;当这些结构流经沟槽区域时,被分割成一条条笔直且细长结构,整齐有序地沿着沟槽槽道向下游流动;当经过沟槽区域之后,笔直的条带结构又开始变得扭曲;另外随着逐渐远离壁面 $y^+ = 20.35$,沟槽上方的笔直条带也逐步开始变形扭曲;在 $y^+ = 39.22$ 时,沟槽前后光滑区域和沟槽区域的湍流脉动结构基本相似。这说明了沟槽对近壁区湍流脉动结构具有很强的整流作用,但这种整流作用会沿着壁面法向方向会逐渐减弱,直至最后消失。由此可见,当前微尺度沟槽

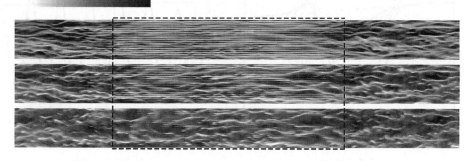

图 4.46　三个截面脉动速度 u' 分布

上、中、下分别对应 $y^+ = 8.43$;20.35;39.22;虚线框为沟槽控制区域

对壁面湍流边界层流场的作用局限在近壁区内。

如图 4.47 定量对比了沟槽内部从波谷到波峰位置的湍流脉动均方根（u_{rms}、v_{rms}、w_{rms}）分布，这里沟槽所在流向位置选取为对应光滑平板 $Re_\theta = 2\,320$ 处，虚线为光滑平板算例结果。从中可以看出，无论沟槽还光滑平板算例，在三个方向雷诺正应力中流向正应力最大，即流向湍流脉动强度最大；光滑平板算例中 u_{rms} 最大值在 $y/\delta_{99} \approx 0.018$（对应 $y^+ \approx 15$）取得；对比施加沟槽控制后湍流脉动场，其脉动峰值取得位置朝远离壁面向外抬升；与此同时，其峰值大小也相对光滑平板有所下降，表明了施加沟槽控制后，沟槽上方的湍流强度下降。对比沟槽内部各个位置的湍流脉动强度可以发现，在同一法向壁面位置 y，三个方向的湍流脉动强度从沟槽波谷到波峰均逐渐减小，但超过峰值点之后，波峰和波谷处的湍流脉动变化情况很快趋于一致。值得注意的是，沟槽内部的流向湍流脉动 u_{rms} 最大值并不是在沟槽波峰或是波谷处取得，而是介于波谷和波峰之间的某一位置，但其最大值同样小于光滑平板算例的湍流脉动峰值。

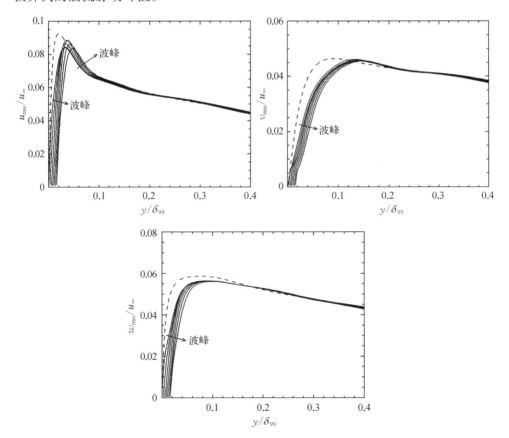

图 4.47　壁湍流脉动均方根分布（虚线表示光滑平板计算结果，箭头标识从波谷到波峰位置）

图 4.48 给出了在壁面法向 $y^+ = 8.43$ 位置上三个方向速度的湍流脉动情况,这里 $\bar{u}_{rms}$、$\bar{v}_{rms}$ 和 $\bar{w}_{rms}$ 分别表示各自脉动速度均方根在展向 z 方向进行空间平均运算,由此可得到湍流脉动强度在沟槽阵列上的变化情况。可以看出,由于展向沟槽阵列的周期性排布,三个方向湍流强度在展向空间上也近似呈周期性分布,且在空间上其波动幅值($u_{rms} - \bar{u}_{rms}$)范围与光滑平板算例基本在同一量级。主要区别在于光滑平板湍流脉动由于没有沟槽阵列的约束,其在展向空间的波动呈现无序化。正如前面图 4.46 所分析的,沟槽阵列将扭曲的湍流条带整流成了笔直细长的条带结构,从而使湍流沿着沟槽流道能够有序流动。

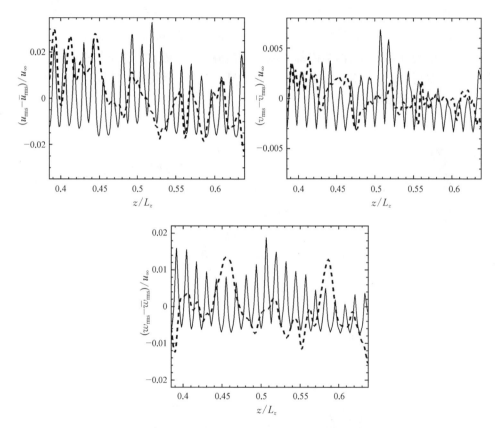

图 4.48　在 $y^+ = 8.43$ 位置处三个方向湍流脉动强度沿着展向分布
（虚线和实线分别表示光滑平板和沟槽平板算例结果）

根据脉动速度 u' 和 v' 进行雷诺切应力象限分析,有助于正确理解湍流边界层中湍动能生成过程。第一($u'>0$, $v'>0$)和第三($u'<0$, $v'<0$)象限事件引起了负湍动能的产生,第二 [$u'<0$, $v'>0$, 上抛(ejection)] 和第四 [$u'>0$, $v'<0$, 下扫(sweep)] 象限事件诱发了正湍动能的产生。如图 4.49 所示,第二象限事件对近壁

区域的雷诺切应力贡献最大,说明了湍流上抛事件所占据的主导地位。从湍流猝发上抛第二象限事件可知,与光滑平板算例相比,波峰、波谷和中间点三个位置的雷诺切应力均明显减小。从波谷到波峰,雷诺切应力的峰值较小幅度增加,且其对应的峰值点位置逐步向边界层外层上移。对于第四象限下扫运动来说,沟槽平板算例下雷诺切应力在紧贴壁面区域有小幅度减小。但当 $y/\delta_{99}>0.1$,光滑平板算例下雷诺切应力略小于沟槽算例,但两者数值也很快收敛至相当大小($y/\delta_{99}>0.4$)。相较于上抛和下扫事件,第一象限和第三象限事件对湍动能生成的负面作用很小,光滑平板和沟槽平板两种算例下雷诺切应力数值除了在 $y/\delta_{99}<0.06$ 处有轻微波动外,在整个边界层没有明显的变化。图 4.50 显示了两个时刻的雷诺切应力 $-u'v'$ 等值线分布云图,其中黑色虚线便是沟槽波峰高度。从中可以看出,在光滑平板算例下,虚线一下有若干个强度较大的涡结构,但在沟槽控制下几乎没有涡结构凹陷在虚线以下。这是因为沟槽不仅对大尺度剪切涡起到屏障作用,而且还削弱了上抛和下扫运动,进而沟槽控制抑制了近壁涡与壁面之间的相互作用。

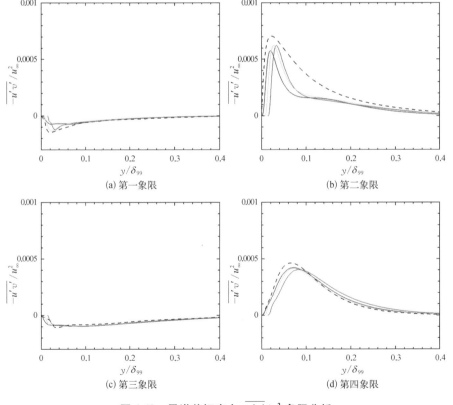

(a) 第一象限　(b) 第二象限

(c) 第三象限　(d) 第四象限

图 4.49　雷诺剪切应力$-\overline{u'v'}/u_\infty^2$象限分析

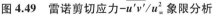

黑色虚线:光滑平板算例;实线:沟槽平板算例;红色:波谷位置;蓝色:沟槽中间位置;粉色:波峰位置

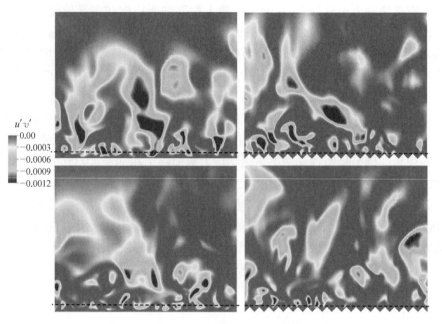

图 4.50 $-u'v'$ 等值线分布云图

上、下分别代表两个时刻流场数据

4.8.4 脉动涡量

图 4.51 对比了光滑平板和沟槽平板两个算例在沟槽区 $(x=24.12)\, y-z$ 截面的流向脉动涡量 w_x' 分布,可以看出光滑平板位置的流向脉动涡紧贴着壁面运动,而沟槽截面上大部分流向涡都出现在波峰之上,这与沟槽的尺寸有关。当沟槽尺寸容纳不下流向涡,流向脉动涡就无法与槽道壁面直接作用,因而槽道壁面受到的剪切应力下降。由于波峰位置可以与流向脉动涡直接接触,因而该位置流向涡脉动强度在数值上也明显高于沟槽其他位置。

图 4.52 定量对比了沟槽内部流向脉动涡量的大小,这里 $|w_x'|$ 取沟槽内部各观察点 $1\sim5$ 在展向方向对应位置所有流向脉动涡量作平均。对比光滑平板算例,当施加沟槽控制后,湍流边界层流向脉动涡量峰值减小,且峰值点位置向壁面外移动;当 $y/\delta_{99}>0.1$ 时,沟槽内部流向脉动涡量稍微大于光滑平板对应位置的涡量分布,但此时流向涡量随着壁面法向方向已经开始呈下降趋势,这说明微尺度沟槽的作用抬升了流向涡,减弱了近壁区流向脉动涡的强度,但远离壁面的边界层外层流向脉动涡强度略有增加。此外,还发现从沟槽波谷到波峰($1\sim5$ 位置),流向脉动涡量峰值呈逐渐增强趋势,在沟槽里面波谷位置的脉动涡量值最小。

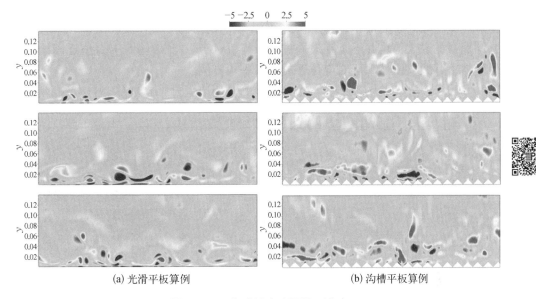

(a) 光滑平板算例　　　　　　　　　　(b) 沟槽平板算例

图 4.51　三个时刻脉动涡量 w'_x 分布

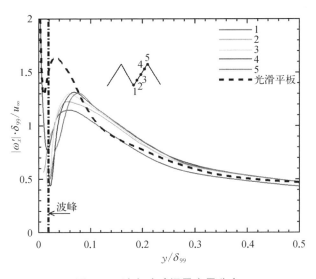

图 4.52　流向脉动涡量定量分布

图 4.53 给出了法向脉动涡量 w'_y 的分布云图,对比光滑平板算例结果,可以看出在每个沟槽波峰位置两侧都几乎出现了一对正负相反的法向脉动涡,较为齐整的排列在整个展向沟槽阵列空间,而光滑平板算例的法向脉动涡虽然也以对涡的形式呈现,但分布较为散乱。图 4.54 定量对比了光滑平板和沟槽平板两种情况下

法向脉动涡量分布,可以看出当施加沟槽控制后,法向脉动涡量大小明显增加,峰值点位置也略高于光滑平板算例。此外,由于法向对涡分布在波峰两侧,因而法向脉动涡量的最大值也并不是在波峰位置取得;从位置 2 到波峰 5,$|w_y'|$ 值逐渐减小,但整体上其数值依然大于对应位置的光滑平板算例。

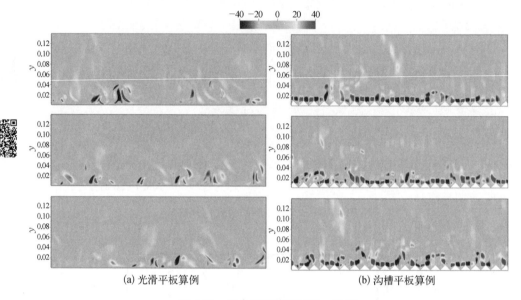

$$(a) \text{ 光滑平板算例} \qquad\qquad (b) \text{ 沟槽平板算例}$$

图 4.53　三个时刻脉动涡量 w_y' 分布

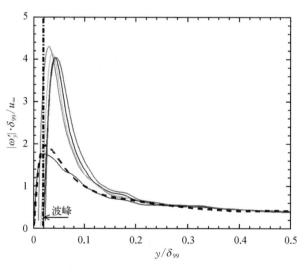

图 4.54　法向脉动涡量定量分布

图 4.55 对沟槽控制的展向脉动涡量分布情况进行了对比分析,可以发现,在光滑平板上展向脉动涡在形状上比流向和法向方向的脉动涡都要细长,且沿着壁面法向方向向外,其展向脉动涡量大小逐渐减小;当施加沟槽控制后,沟槽内部脉动涡量沿着壁面方向不再呈单调递减分布,而是先递减再递增最后递减的趋势走向(图 4.56);无论在近壁区或是边界层外层区域,其展向脉动涡量幅值在总体上均

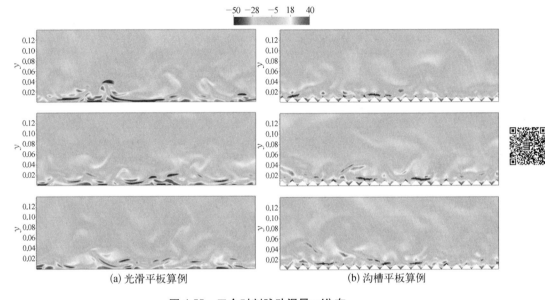

(a) 光滑平板算例　　　　　　　　　　　(b) 沟槽平板算例

图 4.55　三个时刻脉动涡量 w_z' 分布

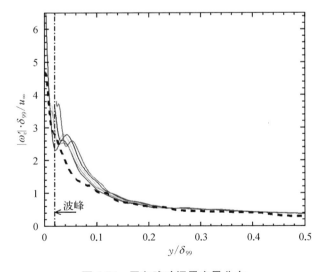

图 4.56　展向脉动涡量定量分布

大于光滑平板算例。表 4.13 具体给出了光滑平板和沟槽平板两种情况下 3 个方向脉动涡量峰值大小和最大法向偏移量的对比,可以看出由于沟槽的存在,三个方向脉动涡量峰值点均以不同程度形式向外抬升,且流向脉动涡量大小减少了 20%,这与文献 Choi 等[21] 数值计算结论一致。区别的是本节计算得到的法向脉动涡量相比光滑平板算例增加了 109%,Choi 等[21] 计算得出法向脉动涡量比光滑平板算例略有减少,这可能与脉动涡量处理形式有关,这里脉动涡量 w' 计算是先取绝对值然后在展向方向作平均运算后的结果。由于法向脉动涡量以正负对涡的形式在每个沟槽区域紧密呈现,经绝对值平均处理后,其脉动涡量值将会累计变大。

表 4.13 各个方向脉动涡量峰值点大小和位置对比

算 例	峰值和最大偏移量	x 方向	y 方向	z 方向
光滑平板	$\lvert w' \rvert \cdot \delta_{99}/u_\infty$	1.65	2.05	—
沟槽平板		1.32	4.28	2.78
增量百分比		−20%	+109%	—
光滑平板	y/δ_{99}	0.033	0.024	—
沟槽平板		0.082	0.052	0.061
法向偏移增量	$\Delta y/\delta_{99}$	+0.049	+0.028	—

微小尺度沟槽结构的存在,使得近壁区湍流拟序结构发生了变化,其中涡量分布的抬升起到了很大的作用。正如 Dean 和 Bhushan[6] 所说,近壁涡大部分存在于沟槽上方,其影响区域局限于沟槽尖部。这与 Choi 等[21] 以及 Martin 和 Bhushan[25, 26] 认为沟槽起到抬升流向涡作用的说法是一致的。如图 4.57 直观地给出了在 $y-z$ 截面平板湍流边界层流线分布,可以明显地观察到,流向涡紧贴着光滑平板壁面运动,近壁区颜色所示的流向涡强度相对沟槽平板来说也较大;由于有了沟槽的屏障作用,大尺度的流向涡无法进入沟槽里面,从而使得沟槽内部的流向涡量较小。

4.8.5 近壁区条带结构

前面对沟槽脉动流场分析,可以发现沟槽的整流作用将边界层内层流动分割成一条条的展向周期性壁湍流结构,流向脉动湍流只能沿着沟槽几何拓展的方向有序流动,这样限制了湍流的横向脉动。与此同时,流向涡由于周期性沟槽结构的抬升作用,无法与近壁黏性底层相接触,这样使得流向涡对壁面的直接作用大大削弱,因而起到了壁湍流减阻的效果。正如对壁湍流速度型分析中已经指出,沟槽的

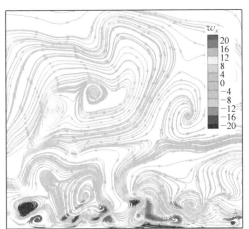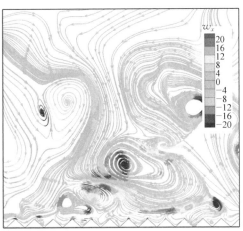

图 4.57　$y-z$ 截面流场流线分布

颜色表示流向涡量 w_x 大小

作用使得边界层对数区内速度分布整体上抬。

　　为了直观展示沟槽控制下近壁区湍流条带结构的演化情况,平板湍流从光滑区域到沟槽区域的瞬态流向速度三维等值面分布如图 4.58 所示。可以看出,当流向速度 u 较低时(如 $u=0.06$),光滑区域内速度等值面分布比较均匀,而沟槽区域速度等值面呈笔直条带状分布,类似于低速流体沿着沟槽槽道向下游流动;当流向速度增大至 0.1 时,光滑区域的速度等值面上出现了少许波纹,表明低速流体出现了波动和失稳,而在沟槽区域上速度分布依然保持整齐的条带状,并没有受到前方速度波动的影响;当 $u=0.2$ 时,光滑区域的波纹逐渐增多,并且沟槽上方也出现了少许波纹,但速度等值面总体上依然能保持细长笔直的条带状分布;逐渐远离壁面,流向速度逐渐增大;当 $u \geqslant 0.3$,无论光滑区域还是沟槽区域,流向速度在等值面上都变得较为紊乱,此时沟槽对流向速度的影响正逐渐变弱。这说明沟槽的作用局限于靠近壁面的低速流体,且使得低速流体沿着沟槽流道进行有序流动,发挥着整流作用。这也可以从图 4.59 所示的流场瞬态流向速度分布中看出,近壁区流向速度等值线分布呈扭曲的条带形状,但经过沟槽区域时条带变得细长笔直,与周围未施加控制区域流场形成了鲜明反差。注意到在沟槽控制结束下游区域,细长笔直的条带并没有立即恢复至未控制之前的湍流扭曲状态,而是笔直条带向下游延伸了一段距离,最后再逐渐变成扭曲紊乱的条带结构。对比两种情况下瞬态速度大小可以发现,沟槽区流向速度 u 明显小于相同位置的光滑平板算例,这说明沟槽阵列为低速流体提供了较好的"避风港",有利于低速流体的缓慢形成和聚集。沟槽之间低速通道中速度梯度比光滑平板流算例更低,意味着更低的壁面剪切应力,因而能起到摩擦减阻的效果。

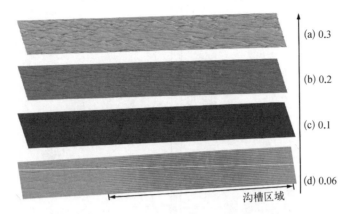

图 4.58　流向速度 u 三维等值面分布

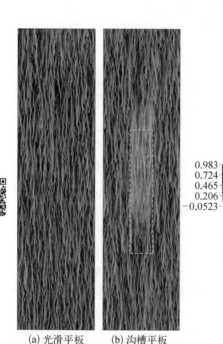

(a) 光滑平板　(b) 沟槽平板

图 4.59　法向 $y^+=8.43$ 截面瞬时速度 u 分布

绿色虚框: 布置沟槽区域

速度脉动的两点相关函数可以反映湍流边界层低速条带的尺度特性。定义流向速度 u' 的两点相关函数 $R_{u'u'}$ 为

$$R_{u'u'}(\Delta z) = \frac{\overline{u'(x, y, z)u'(x, y, z + \Delta z)}}{u_{\mathrm{rms}}^2}$$

(4.20)

研究发现,湍流边界层低速条带间距 λ^+ 通常是两点相关函数极小值取得位置的 2 倍。图 4.60 展示了 $y^+=8.43$、20.35 和 39.22 三个法向位置的两点相关函数分布,可以看出,对于沟槽平板和光滑平板两种算例来说,低速条带间距基本上处于相同水平,即在 $y^+=8.43$ 位置时,λ^+ 取值分别为 93.0 和 95.3,这说明边界层内层条带结构受沟槽影响较小。逐渐远离壁面即从 $y^+=8.43$ 到 $y^+=39.22$,条带间距逐渐增大。进一步地,由于流向脉动相关性减弱,两点相关函数取值也随着 Δz^+ 增加逐渐趋于 0。

　　图 4.61 和图 4.62 分别给出了沟槽平板和光滑平板两种算例下速度梯度张量的二阶不变量 Q_2 三维等值面分布(从左上至右下依次是 $Q_2 = 20$, 50, 80, 110),颜色表示瞬时流向速度 u 大小,图中绿色框表示沟槽所在区域。从中可以对比看出,随着 Q_2 增加,近壁区拟序涡结构逐渐变少。拟序涡结构在经过沟槽区域时被拉成

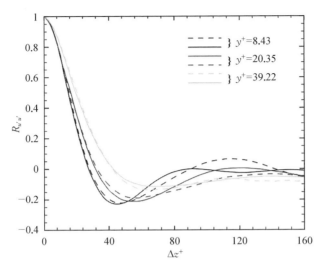

图 4.60　展向方向两点相关函数在壁面法向分布

实线：沟槽平板算例；虚线：光滑平板算例

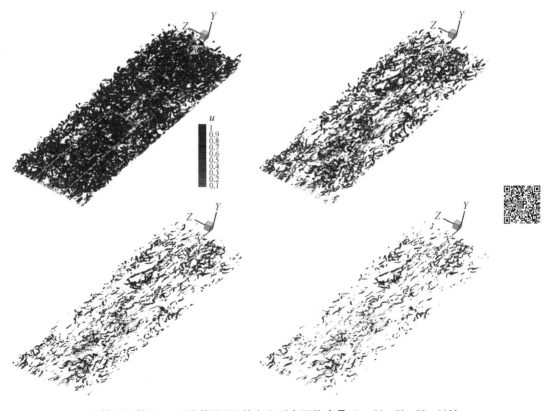

图 4.61　沟槽平板算例 Q_2 三维等值面（从左上到右下依次是 $Q_2 = 20, 50, 80, 110$）

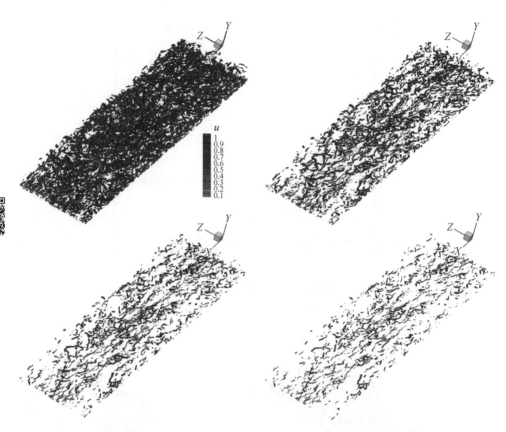

图 4.62 光滑平板算例 Q_2 三维等值面(从左上到右下依次是 $Q_2 = 20, 50, 80, 110$)

直长形状,且沿着展向 z 方向沟槽阵列以一种有序的方式运动。与之形成明显对比的是,在直长拟序涡的上方或周围则充斥着大小不一的扭曲涡,并且这些涡的流向运动速度也比直长拟序涡要大,这同样表明了沟槽对近壁涡旋运动起到整流和减缓的作用。然而,对于光滑平板算例来说,近壁区各种尺度拟序涡结构并没有明显的特征变化,但其流向运动速度大于沟槽平板算例,这表明沟槽控制减缓了近壁区湍流运动。

4.8.6 规律性归纳

为了探究与摩擦减阻相关的湍流特性差异,本节内容通过超大规模直接数值模拟技术对沟槽平板湍流边界层进行了仿真计算,当前选取是等腰三角锯齿形沟槽,将其布置在湍流充分发展 $Re_\theta = 2\,107 \sim 2\,332$ 区域。通过与光滑平板湍流流动情况的对比分析,主要可以得出以下结论:

(1)在当前沟槽几何构型和湍流条件下,获得了 1.276% 的整体减阻率,有力地证实了沟槽控制对表面摩擦减阻的有效性。沟槽控制使得湍流边界层平均速度型分布向上抬升,带来了相对较小的壁面摩擦速度和增厚的边界层黏性底层。然而,还应注意到在沟槽波峰位置的对数律曲线有轻微的向下移动,这也导致了该位置的局部摩擦阻力系数增加。

(2)沟槽控制削弱了三个方向湍流雷诺正应力,且使其峰值远离壁面法向移动。通过对雷诺剪切应力 $u'v'$ 进行象限分析,发现第一象限和第三象限事件没有显著变化,但沟槽控制使得上抛和下扫运动同时减弱,进而导致湍动能生成较少。

(3)沟槽在影响湍流结构演化过程中发挥着抬升和整流双重作用。在法向方向上,近壁涡及其脉动结构被沟槽所抬升,直接削弱了近壁涡与壁面之间的相互作用,从而导致湍流脉动强度的减弱。在流向方向上,近壁涡在经过沟槽后会由扭曲状变为长直状,使得湍流在沟槽中流动时逐渐变得有序并且缓慢。

参 考 文 献

[1] Toussaint H M, Truijens M, Elzinga M J, et al. Swimming: Effect of a Fast-skin^{TM} 'body' suit on drag during front crawl swimming[J]. Sports Biomechanics, 2002, 1(1): 1 - 10.

[2] Abbas A, Bugeda G, Ferrer E, et al. Drag reduction via turbulent boundary layer flow control [J]. Science China Technological Sciences, 2017, 60: 1281 - 1290.

[3] Zhang Y, Ye Z, Li B, et al. Numerical analysis of turbulence characteristics in a flat-plate flow with riblets control[J]. Advances in Aerodynamics, 2022, 4(1): 1 - 28.

[4] Walsh M, Lindemann A. Optimization and application of riblets for turbulent drag reduction[C]. Reno: 22nd Aerospace Sciences Meeting, 1984.

[5] Walsh M J. Drag characteristics of V-groove and transverse curvature riblets[M]//Hough G R. Symposium on Viscous Flow Drag Reduction. Reston: American Institute of Aeronautics and Astronautics, 1980.

[6] Dean B, Bhushan B. Shark-skin surfaces for fluid-drag reduction in turbulent flow: A review[J]. Philosophical Transactions of the Royal Society A: Mathematical, Physical and Engineering Sciences, 2010, 368(1929): 4775 - 4806.

[7] Bechert D W, Bruse M, Hage W, et al. Experiments on drag-reducing surfaces and their optimization with an adjustable geometry[J]. Journal of Fluid Mechanics, 1997, 338: 59 - 87.

[8] Bechert D W, Bruse M, Hage W. Experiments with three-dimensional riblets as an idealized model of shark skin[J]. Experiments in Fluids, 2000, 28(5): 403 - 412.

[9] Wakuda M, Yamauchi Y, Kanzaki S, et al. Effect of surface texturing on friction reduction between ceramic and steel materials under lubricated sliding contact[J]. Wear, 2003, 254(3 - 4): 356 - 363.

[10] Pettersson U, Jacobson S. Friction and wear properties of micro textured DLC coated surfaces in boundary lubricated sliding[J]. Tribology Letters, 2004, 17(3): 553 - 559.

[11] Ye Z X, Zhang Y, Zou J F, et al. Tunnel measurement of riblet drag reduction [J]. Instrumentation Mesure Métrologie, 2019, 18(4): 361 – 367.

[12] 叶志贤.两种流动控制技术在湍流减阻中的应用[D].杭州: 浙江大学,2021.

[13] Wang S, Chen D, Jang M, et al. Development of micro milling force model and cutting parameter optimization [J]. Transactions of Nonferrous Metals Society of China, 2012, 22: s851 – s858.

[14] Weber L, Ehrfeld W, Freimuth H, et al. Micromolding: A powerful tool for large-scale production of precise microstructures [C]. Austin: Proceedings of SPIE 2879, Micromachining and Microfabrication Process Technology II, 1996.

[15] Malekian M, Mostofa M G, Park S S, et al. Modeling of minimum uncut chip thickness in micro machining of aluminum [J]. Journal of Materials Processing Technology, 2012, 212 (3): 553 – 559.

[16] Vogler M P, DeVor R E, Kapoor S G. On the modeling and analysis of machining performance in micro-endmilling, Part I: Surface generation [J]. Journal of Manufacturing Science and Engineering, 2004, 126(4): 685 – 694.

[17] 陈丽芳,刘渊,须文波.改进的归一互相关法的灰度图像模板匹配方法[J].计算机工程与应用,2011,47(26): 181 – 183.

[18] Carlier J, Stanislas M. Experimental study of eddy structures in a turbulent boundary layer using particle image velocimetry[J]. Journal of Fluid Mechanics, 2005, 535: 143 – 188.

[19] Spalding D. A single formula for the law of the wall[J]. Journal of Applied Mechanics, 1961, 28(3): 455 – 458.

[20] Wei T, Schmidt R, McMurtry P. Comment on the Clauser chart method for determining the friction velocity[J]. Experiments in Fluids, 2005, 38(5): 695 – 699.

[21] Choi H, Moin P, Kim J. Direct numerical simulation of turbulent flow over riblets[J]. Journal of Fluid Mechanics, 1993, 255(1): 503 – 539.

[22] Lee S J, Lee S H. Flow field analysis of a turbulent boundary layer over a riblet surface[J]. Experiments in Fluids, 2001, 30(2): 153 – 166.

[23] Goldstein D B, Tuan T C. Secondary flow induced by riblets[J]. Journal of Fluid Mechanics, 1998, 363: 115 – 151.

[24] Bacher E V, Smith C R. Turbulent boundary-layer modification by surface riblets[J]. AIAA Journal, 1986, 24(8): 1382 – 1385.

[25] Martin S, Bhushan B. Fluid flow analysis of a shark-inspired microstructure[J]. Journal of Fluid Mechanics, 2014, 756: 5 – 29.

[26] Martin S, Bhushan B. Modeling and optimization of shark-inspired riblet geometries for low drag applications[J]. Journal of Colloid and Interface Science, 2016, 474: 206 – 215.

[27] Bhushan B. Biomimetics: Lessons from nature-An overview[J]. Philosophical Transactions of the Royal Society A: Mathematical, Physical and Engineering Sciences, 2009, 367 (1893): 1445 – 1486.

[28] El-Samni O A, Chun H H, Yoon H S. Drag reduction of turbulent flow over thin rectangular riblets[J]. International Journal of Engineering Science, 2007, 45(2 – 8): 436 – 454.

[29] Chu D C, Karniadakis G E. A direct numerical simulation of laminar and turbulent flow over riblet-mounted surfaces[J]. Journal of Fluid Mechanics, 1993, 250: 1 – 42.

[30] Boomsma A, Sotiropoulos F. Direct numerical simulation of sharkskin denticles in turbulent channel flow[J]. Physics of Fluids, 2016, 28(3): 035106.

[31] Wen L, Weaver J C, Lauder G V. Biomimetic shark skin: Design, fabrication and hydrodynamic function[J]. Journal of Experimental Biology, 2014, 217(10): 1656 – 1666.

[32] Smith B R, Yagle P J, McClure P D. Computational simulation of 3 – D riblets for skin friction drag reduction[C]. San Diego: AIAA Scitech 2019 Forum, 2019.

[33] Klumpp S, Meinke M, Schröder W. Numerical simulation of riblet controlled spatial transition in a zero-pressure-gradient boundary layer[J]. Flow, Turbulence and Combustion, 2010, 85: 57 – 71.

[34] Boomsma A, Sotiropoulos F. Riblet drag reduction in mild adverse pressure gradients: A numerical investigation[J]. International Journal of Heat and Fluid Flow, 2015, 56: 251 – 260.

[35] Zhang Y, Chen H, Fu S, et al. Numerical study of an airfoil with riblets installed based on large eddy simulation[J]. Aerospace Science and Technology, 2018, 78: 661 – 670.

[36] Zhang Y, Yan C, Chen H, et al. Study of riblet drag reduction for an infinite span wing with different sweep angles[J]. Chinese Journal of Aeronautics, 2020, 33(12): 3125 – 3137.

[37] Spalart P R. Direct simulation of a turbulent boundary layer up to $R_\theta = 1410$[J]. Journal of Fluid Mechanics, 1988, 187: 61 – 98.

[38] Schlatter P, Örlü R, Li Q, et al. Turbulent boundary layers up to $Re_\theta = 2500$ studied through simulation and experiment[J]. Physics of Fluids, 2009, 21(5): 051702.

[39] Lee J H, Sung H J. Direct numerical simulation of a turbulent boundary layer up to $Re_\theta = 2500$ [J]. International Journal of Heat and Fluid Flow, 2011, 32(1): 1 – 10.

[40] Vukoslavcevic P, Wallace J M, Balint J L. Viscous drag reduction using streamwise-aligned riblets[J]. AIAA Journal, 1992, 30(4): 1119 – 1122.

[41] Park S R, Wallace J M. Flow alteration and drag reduction by riblets in a turbulent boundary layer[J]. AIAA Journal, 1994, 32(1): 31 – 38.

[42] Wang J J, Lan S L, Chen G. Experimental study on the turbulent boundary layer flow over riblets surface[J]. Fluid Dynamics Research, 2000, 27(4): 217.

第5章

合成射流控制技术

5.1 前言

　　合成射流控制技术属于主动流动控制技术中吹/吸气控制的零质量射流类,具有无需外接气源、响应频带宽、结构简单、可微型阵列化等优点[1-3],而合成射流激励器作为形成合成射流的重要部件,其工作性能和流场特征决定了合成射流的应用领域和控制效果。在前人的工作中,Pimpin 等[4,5]和 Dubois[6]等应用一种聚二甲基硅氧烷电致伸缩材料作为震荡膜,将其与兼容电极相结合。膜电极被设计为可以承受 112 μm 的挠度,这个挠度是控制器直径的 5.6%。所生成的合成射流最大速度是 0.4 m/s,频率为 1.1 kHz。Liang 等[7]应用形状记忆合金板及电磁系统设计制作了复合隔膜,制造了 190 m/s 的射流,但是这个射流的频率范围被限制在 300 Hz 以内。

　　因此,本章首先介绍了一种狭缝出口的合成射流激励器设计[8],并采用位移传感器、热线风速仪等实验测量设备讨论激励器在高/低激励电压下的响应特性和流场时空模态特征。其次,基于狭缝出口合成射流激励器的流场特征分析,设计一种用于湍流边界层流动控制的合成射流阵列装置,可产生周期性的流向涡结构,探讨合成射流阵列对湍流边界层流场结构的影响和减阻特性。最后,采用直接数值模拟手段对狭缝出口合成射流控制下湍流边界层流场进行分析,探究合成射流激励对湍流减阻的影响规律。

5.2 合成射流激励器

　　合成射流产生的原理是通过激励器中作动部件的往复运动,在激励器盖板孔口外形成一系列的涡环或涡对,这些涡环或涡对在向外扩展的过程中形成动量射流,在不增加周围流场流体质量的前提下,以能量注入的方式进行主动流动控制。

如图 5.1 介绍了一种单缝式出口合成射流激励器设计。该激励器由作动器、空腔和出口盖板组成,作动器与空腔间配合橡胶密封圈并以螺栓相连,空腔与出口盖板间以紫外光固化胶黏合。以 SONY 40 W 4 Ω 扬声器作为激励器作动部件,振动盆为硬质树脂材料,在接入激励电信号后振动盆整体上下运动。空腔为直径 $\phi =$ 64 mm 的圆柱腔体,内腔高 8 mm;出口盖板由厚 2 mm 的有机玻璃板激光雕刻而成,狭缝出口为 20 mm×2 mm 的矩形,激励器尺寸如图 5.1(b)。激励器工作时,振动盆在激励信号作用下往复运动,压缩和扩张空腔内气体,在出口处产生周期性的吹气和吸气,形成合成射流。此外,激励器的出口盖板、空腔与作动器为纵向层叠机构,总高度为 65 mm。

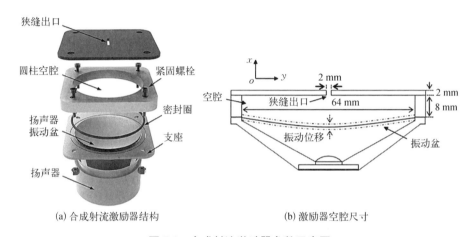

狭缝出口

圆柱空腔　　　　紧固螺栓

扬声器
振动盆　　　　密封圈

　　　　支座

扬声器

空腔

狭缝出口　64 mm

2 mm

2 mm
8 mm

振动位移　　振动盆

(a) 合成射流激励器结构　　　　　　　(b) 激励器空腔尺寸

图 5.1　合成射流激励器参数示意图

5.3　激励器响应特性

合成射流激励器的时间响应包括振动盆位移响应和激励器出口速度响应,在实验中同步记录激励输入信号、激励器作动器位移以及激励器出口处速度,构建激励信号、空腔体积变化与激励器出口速度间的相位延迟关系,并将其作为激励器的响应特性描述,为应用激励器进行湍流时序控制提供参考。

激励器的振动盆位移响应测量装置如图 5.2 所示,包括激励信号输入、位移信号采集和数据处理三部分,使用 UTG9003C 型函数信号发生器控制激励信号波形、幅值及频率,频率输出范围为 0.2 Hz~2 MHz,频率误差 ≤±1%,正弦信号失真 ≤2%;信号经功率放大器后驱动扬声器;使用松下 HG－C1030 型 CMOS 微型激光位移传感器检测振动盆中心位置的变化,测量点到位移传感器的探头距离发生变化时,传感器会根据距离数值自动进行模拟电压输出;使用 24 bit 数据采集卡同步记录位移传感器信号和激励器输入信号。激光位移传感器参数如表 5.1 所示。

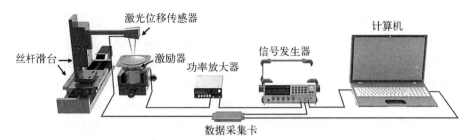

图 5.2　激励器振动盆位移时间响应测量装置

表 5.1　松下 HG‑C1030 型微型激光位移传感器参数

型　　号	HG‑C1030
测量点距离	30 mm
测量范围	±5 mm
重复精度	10 μm
直线性	±0.1%满量程
光束直径	φ50 μm
模拟输出	模拟量电压输出 0~5 V

使用滑台精确控制位移传感器在振动盆上的测量位置,扫描激励器振动盆曲面,定义振动盆中心点为零,则曲面母线的测量结果如图 5.3 所示,母线函数拟合为

$$h = 0.002\,41d + 0.011\,36d^2 \tag{5.1}$$

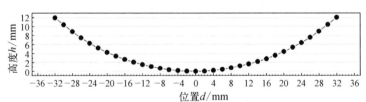

图 5.3　激励器振动盆曲面测量结果

设置激励电压参数:幅值 $e_1 = 0.9\ \mathrm{V}$, $e_2 = 3.6\ \mathrm{V}$,频率 $f = 30\ \mathrm{Hz}$,正弦波形,激励器振动盆运动稳定后,同步记录激励信号和振动盆位移信号,如图 5.4 所示。激励信号可表示为

$$\begin{cases} E_1 = 0.9\sin(60\pi \times t) \\ E_2 = 3.6\sin(60\pi \times t) \end{cases} \tag{5.2}$$

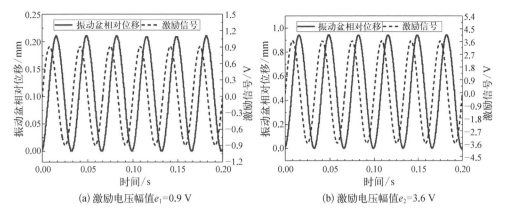

(a) 激励电压幅值e_1=0.9 V（b) 激励电压幅值e_2=3.6 V

图 5.4 激励器振动盆位移时间响应

激励器振动盆为整体移动,其曲面形状保持不变,以振动盆上下振动最低点为零位置,以激励信号为时间参考,得到振动响应为

$$
\begin{cases}
C_1 = 0.105\sin(60\pi t - 0.430\pi) + 0.105 \\
C_2 = 0.470\sin(60\pi t - 0.445\pi) + 0.470
\end{cases}
\tag{5.3}
$$

即激励电压 $e_1 = 0.9$ V 时,激励器最大振动幅度为 0.21 mm,位移响应较激励信号相位滞后 0.430π,为 0.21 个时间周期,约为 7.3 ms;激励电压 $e_2 = 3.6$ V 时,激励器最大振动幅度为 0.94 mm,位移响应较激励信号相位滞后 0.445π,约为 0.22 个时间周期,约为 7.4 ms。

激励器振动盆在上下振动时会压缩和扩张空腔内的气体,不考虑空气的可压缩性,则激励器出口的空气流量与空腔体积变化一致,出口速度可表示为

$$
V_{\text{slot}} = \Delta C/\Delta t \times S_{\text{cavity}}/S_{\text{slot}}(\text{mm/s})
\tag{5.4}
$$

其中,S_{cavity}、S_{slot} 分别为空腔的、横截面积和出口面积,得到激励器出口速度的计算结果为

$$
\begin{cases}
V_{\text{slot1}} = 1.41\sin(60\pi t + 0.070\pi) \\
V_{\text{slot2}} = 6.33\sin(60\pi t + 0.055\pi)
\end{cases}
\tag{5.5}
$$

激励器出口速度响应的测量装置如图 5.5 所示,包括激励信号输入、速度信号采集和数据处理三部分,使用 Dantec－54T42 型热线风速仪采集激励器出口的速度信号,一维热线探头由丝杆滑台支架固定在激励器出口的中心位置,测量频率为 10 kHz,数据采集卡同步记录出口速度和激励器信号输入,记录曲线如图 5.6。由于热线风速仪无法记录速度方向,图中的速度为垂直出口方向气流速度的绝对值大小。

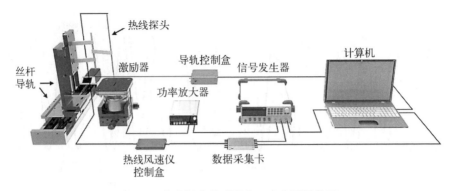

图 5.5　合成射流激励器出口速度测量装置

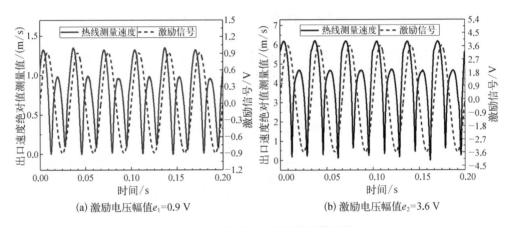

(a) 激励电压幅值e_1=0.9 V　　　　　(b) 激励电压幅值e_2=3.6 V

图 5.6　激励器出口速度热线测量结果

对于合成射流激励器,表征射流特性的无量纲参数包括:雷诺数 Re、斯特劳哈尔数 Sr 和冲程长度 L_0,定义如下:

$$\begin{cases} Re = (d \times v_{\max}/\pi)/\nu \\ Sr = (d \times f)/(v_{\max}/\pi) \\ L_0 = (v_{\max}/\pi)/f \end{cases} \tag{5.6}$$

其中,d 为激励器出口狭缝的特征宽度;$v_{\max}$ 为出口射流的最大速度;ν 为气体运动黏度;无量纲冲程长度 L_0/d 与斯特劳哈尔数 Sr 互为倒数,即

$$L_0/d = 1/Sr \tag{5.7}$$

在激励电压幅值 $e_1 = 0.9$ V 时,激励器出口中心最大速度为 1.35 m/s,此时 $Re_1 = 65$,$Sr_1 = 0.16$,无量纲冲程长度 $L_0/d = 6.4$;在激励电压幅值 $e_2 = 3.6$ V 时,激励器出口中心的最大速度为 6.2 m/s,此时 $Re_2 = 300$,$Sr_2 = 0.03$,无量纲冲程长度

$L_0/d = 29$。将此两种信号输入下的激励器出口速度工况参数记录如表 5.2。

表 5.2　合成射流激励器工作工况参数

实 验 工 况	工况 1	工况 2
激励电压幅值/V	0.9	3.6
出口最大速度/(m/s)	1.35	6.2
雷诺数 Re	65	300
斯特劳哈尔数 Sr	0.16	0.03
无量纲冲程长度 L_0/d	6.4	29

以激励信号作为时间参考,对比出口速度理论值和实际测量值,如图 5.7 所示,在实际测量曲线中,较高的峰出现在吹气半周期,较低峰在吸气半周期内;出口速度测量的最大值小于理论计算的最大值,原因在于激励器出口速度的计算为不考虑黏性的一维推算,实际的激励器空腔内部和出口附近为复杂的三维流动,出口的空间存在速度的不均匀性。

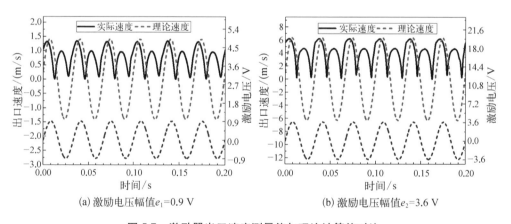

(a) 激励电压幅值 e_1=0.9 V　　　　(b) 激励电压幅值 e_2=3.6 V

图 5.7　激励器出口速度测量值与理论计算值对比

5.4　激励器流场 PIV 实验

5.4.1　时间分辨粒子图像测速系统

合成射流激励器出口流场具有明显的非定常性和周期性特征,热线风速仪只能对流场进行单点测量,无法获得整个区域的速度分布信息,故搭建时间分辨粒子图像测速(time resolved particle image velocimetry,TR-PIV)系统,结合相位锁定方法,测量激励器出口流场的非定常流动,获得激励器出口流场在激励周期内多个相位的流场结构,分析不同电压对合成射流流场和涡系结构的影响。TR-PIV 实验平台如图5.8 所示。

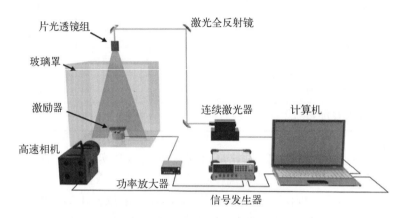

图5.8 合成射流激励器 TR-PIV 实验平台

以表5.2 中实验工况为例,设置合成射流激励器的激励信号为幅值 0.9 V 和 3.6 V,频率30 Hz 的正弦波。使用波长532 nm,最大功率10 W 的固体连续激光器作为照明光源,通过 45°-532 nm 的全反射镜将激光导入至测量区域,通过片光源透镜组展开形成厚度小于 1mm 的片光,片光的束腰位置位于激励器出口中心处。PCO.dimax HD 型高速相机安放在与激励器出口同一高度的光学平台上,镜头轴线垂直片光面照亮的激励器流场平面。高速相机最高分辨率为 1 920×1 080 pixels(像素),全帧率 2 128 fps(每秒传输帧数)。实验中相机工作分辨率为 1 150×710 pixels,采样频率为 4 500 Hz,单张照片曝光时间为 5 μs,在每个激励周期内,相机可等时间间隔拍摄 150 张流场图像。使用 PIVLAB 软件[9-11]对拍摄到的粒子图像进行处理,设置两帧图像互相关计算的查问域为 16×16 pixels,相邻询问区域间的空间重叠率为 50%,每个速度矢量的空间分辨率为 1.12 mm,PIV 图像的物理分辨率为 70 μm/pixel。

实验测量在密闭透明的玻璃罩中进行,使用 TiO_2 颗粒作为示踪粒子,使用粒子发生装置控制粒子浓度,实验中粒子场空间与激励器空腔的体积比为 248∶1。

5.4.2 激励器出口瞬态流场特征

单个周期内特定相位的激励器出口流场锁相平均的速度、涡量及流线分布图如图5.9 和图5.10 所示。在吹气半周期中,激励器空腔内气体受振动盆挤压而向出口外加速吹出,气体在吹出时受激励器出口边缘的迟滞而产生剪切分离,在出口处形成了一对沿出口轴线对称的旋涡,并随着射流离开出口向下游扩散发展。

在吸气半周期内,激励器外侧的气体沿出口两侧表面流向出口并被吸入到空腔内,在出口上方一定范围内亦有部分气体被吸入激励器空腔,在此区域内的速度矢量箭头指向激励器出口;而上一个吹气半周期形成的射流在朝着远离出口的方向运动,即在激励器出口外的某一范围内,存在相对出口轴线对称、速度为零的鞍点结构,在鞍点下方至出口处,气体流向激励器腔体,在鞍点位置上方为喷出阶段形成的射流及涡对扩散运动形成的湍流流动,此区域内激励器吹气阶段产生的射流不会在吸气阶段被吸入到激励器空腔内。

进一步对比不同激励电压幅值下,合成射流激励器流场的锁相平均结果。在图 5.9 的工况 1 中射流雷诺数 $Re_1 = 65$,射流在距离出口 10 mm 位置处出现明显的分散趋势,射流喷出后分为三股主要流动,其原因是在低雷诺数时,射流主流速度较慢,喷出时产生的涡对随着主流向下游运动较为平稳,涡周围气体旋转的速度与射流主流速度相当或略大于主流速度,且出口轴线左侧的逆时针旋涡与轴线右侧的顺时针旋涡同时作用在射流主流两侧,由此产生的水平方向速度分量使部分流体运动方向发生偏转,导致了射流的分散,在射流主流的两侧产生两股明显的侧边射流,使射流主流的强度减弱。

值得说明的是,在图 5.9(b) 的红圈 A 标识处,在侧边射流形成的初期,侧边射流与射流主流间会形成一对小的涡结构,与射流外侧的气体喷出激励器出口时形成的初始涡的旋转方向相反,且在后续发展中,新形成的小涡与外侧初始旋涡相对侧边射流成轴对称分布,并随着侧边射流向下游发展,即出口形成的初始旋涡使射流存在分叉的趋势,而新形成的小涡对使主流与侧边射流的分叉成型。

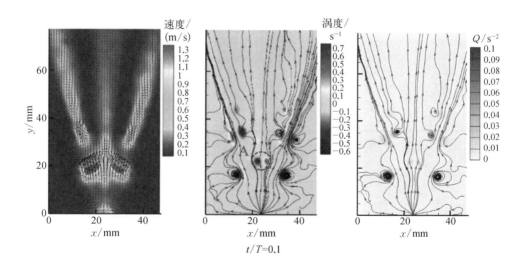

t/T=0.1

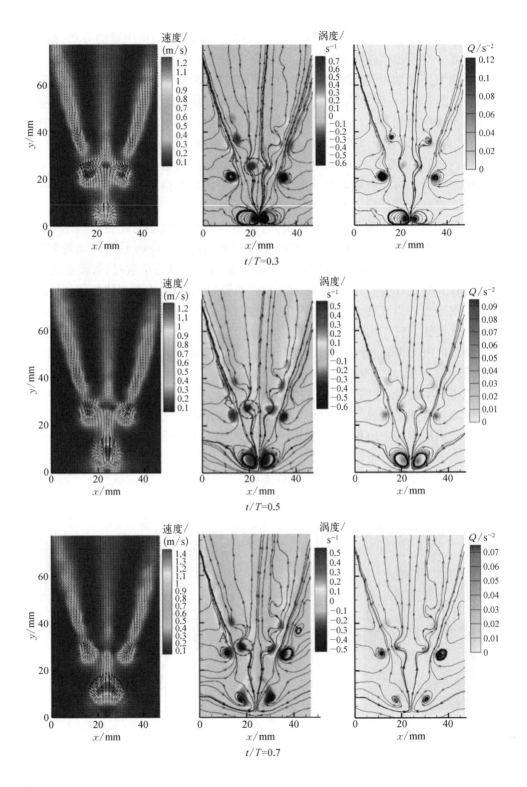

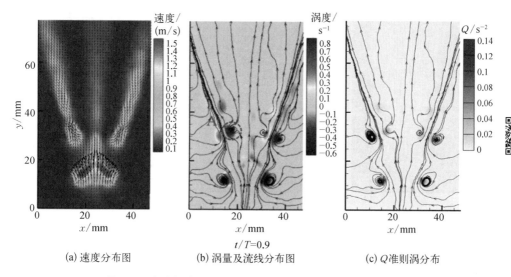

(a) 速度分布图　　　　(b) 涡量及流线分布图　　　　(c) Q 准则涡分布

t/T=0.9

图 5.9　合成射流激励器瞬态流场锁相平均结果(工况 1)

如图 5.10 所示,工况 2 下射流雷诺数 Re_2 = 300。由于雷诺数增加,射流速度增大,激励器出口产生的初始涡对随着射流主流运动获得了更大的竖直运动速度。初始旋涡同样使主流产生分散的趋势,但更大的主流速度导致涡对结构紊乱程度增加。初始旋涡在随射流主流运动的同时破碎为更小的旋涡结构,产生的水平速度分量较小,而无法偏转主流附近气体的运动方向,且没有速度剪切形成的小涡对结构,最终射流整体表现为大范围的湍流结构向下游运动。

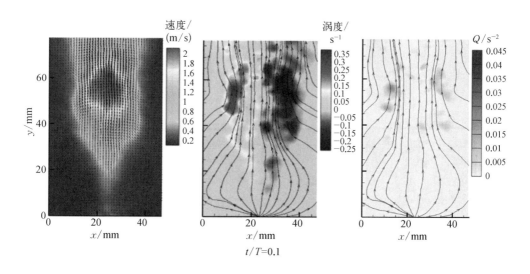

t/T=0.1

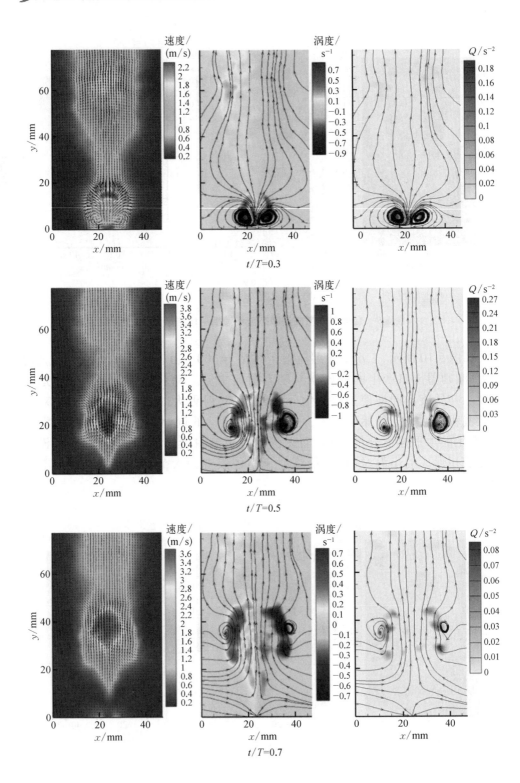

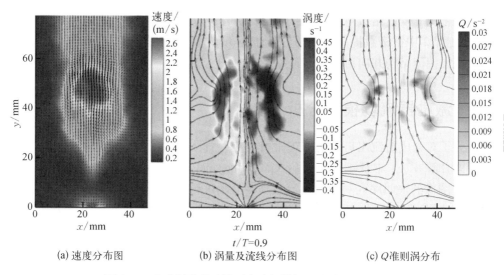

(a) 速度分布图　　　(b) 涡量及流线分布图　　　(c) Q 准则涡分布

t/T=0.9

图 5.10　合成射流激励器瞬态流场锁相平均结果(工况 2)

5.4.3　激励器出口平均流场特征

　　激励器出口附近流场的速度场平均如图 5.11 所示,在 1 和 2 工况的不同激励电压下,激励器振动盆产生了不同的振动响应使出口形成不同雷诺数的射流,一个工作周期的吹气和吸气速度场平均都表现为宏观的出口向外射流,这说明激励器在吸气半周期中,不会将上个吹气半周期吹出的气体全部吸回到激励器空腔中,实现了有效的合成射流动量输出。

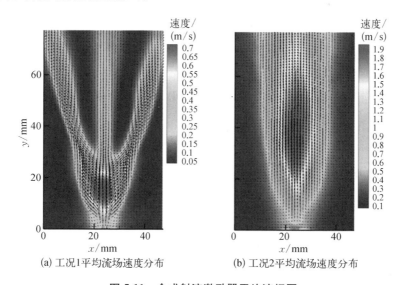

(a) 工况1平均流场速度分布　　　(b) 工况2平均流场速度分布

图 5.11　合成射流激励器平均流场图

在工况 1 低雷诺数情况下,由于出口涡对的作用,使射流主流分叉形成三股流动;在工况 2 中雷诺数提高后,射流主流的速度增大,加快了涡对的破碎和运动,产生大范围湍流结构并向射流下游运动。

5.5　激励器流场模态分析

为了对合成射流出口流场非定常特性进行深入研究,下面简要介绍一种常见的模态分解方法:本征正交分解(proper orthogonal decomposition, POD)[12-17]。基于 PIV 图像的快照序列对合成射流激励器流场进行特征提取[18-25],从初值贡献模态特征、时间推进系数、频率分辨特性、涡结构识别、收敛性及算法细节等方面讨论降阶方法在合成射流研究中的适用性,以获得不同主模态下的射流空间结构特征,为合成射流减阻控制装置提供设计依据。

POD 方法是基于数据集的模态分析方法,将在 $\{t_1, t_2, \cdots, t_N\}$ 时刻得到的流场时序表示为快照序列矩阵的形式:

$$V_1^N = \left[v^{(1)} v^{(2)} \cdots v^{(N)} \right], \; v \in \boldsymbol{\Omega} \tag{5.8}$$

其中, $v^{(i)}$ 表示对应 t_i 时刻的瞬态速度场; $\boldsymbol{\Omega}$ 为快照 $v^{(i)}$ 所处于的函数空间。$v^{(i)}$ 对采样空间点的不同分布形式都具有适应性,即原数据无论是分布在一维、二维或三维空间坐标上,都需重整为一维列向量的形式,通过保留空间点坐标与向量元素坐标间的对应关系实现重构。对于多变量快照(如 PIV 实验获得的两个方向的速度值),也只需保持向量元素与变量间的对应关系即可。记单个快照中的元素个数为 M,则快照序列矩阵 V_1^N 具有 $M \times N$ 的维数。实际应用中,实验或数值方法得到的时序数据往往要求足够高的采样空间点数,即 $M \gg N$,在模态分析中引入的降维过程也需考虑此特点。

为了对快照序列中的时/空分量进行直观区分,统一采用 $v_k^{(i)}$ 的形式表示快照元素,其中 i 与时间相关而 k 与空间相关。POD 方法的本质都是在函数空间 $\boldsymbol{\Omega}$ 中寻求不同性质的基函数,基于目标快照数据 V_1^N 在两组不同基上的投影分别定义 POD 模态。

5.5.1　POD 方法

POD 方法将流场时序分解为具有一定能量等级的拟序结构。Lumley[12] 在 1967 年首次将 POD 方法引入到湍流研究中,通过对空间分布矩阵相关函数的正交分解获得流动的相干结构,称为直接 POD 方法。但直接 POD 方法在空间相关矩阵的维数较大时难以直接求解,因此 Sirovich[13] 提出了快照 POD 方法,用于降低复杂物理场求解矩阵的维数。

POD 方法前处理将快照 $v^{(i)}$ 用快照平均量和脉动量表示,即

$$v^{(i)} = \bar{v} + \widetilde{v^{(i)}} = \frac{1}{N} \sum_{j=1}^{N} v^{(j)} + \widetilde{v^{(i)}} \tag{5.9}$$

进而,构建基于快照脉动量的脉动快照序列 $\widetilde{\boldsymbol{V}_1^N} = [\widetilde{v^{(1)}}\ \widetilde{v^{(2)}} \cdots \widetilde{v^{(N)}}]$。事实上,快照平均值 $\bar{v}$ 可由 $\boldsymbol{V}_1^N$ 进行 POD 处理得到的第一个模态极大表征,进行上述前处理旨在优先和精确地获取快照平均值,将快照平均值作为零阶的 POD 模态。POD 方法核心在于寻求一组定义在希尔伯特(Hilbert)空间 $\boldsymbol{L}^2(\boldsymbol{\Omega})$ 上的正交基 $\{\phi_1\phi_2\cdots\phi_N\}$,POD 方法涉及维数为 $M \times M$ 的核函数矩阵求解,在求解特征值时会出现数据信息复杂、空间点数多、计算量巨大的问题,因此采用快照 POD 方法,将待求解核函数矩阵的维数降为 $N \times N$,快照 POD 等价于对 $\widetilde{\boldsymbol{V}_1^N}$ 进行奇异值分解:

$$\widetilde{\boldsymbol{V}_1^N} = \underset{M \times N}{\tilde{\boldsymbol{U}}}\ \underset{N \times N}{\tilde{\boldsymbol{\Sigma}}}\ \underset{N \times N}{\tilde{\boldsymbol{W}}^T} = \sum_{i=1}^{N} \sigma_i \phi_i w_i \tag{5.10}$$

其中,$\tilde{\boldsymbol{U}}$ 称为空间结构矩阵;ϕ 为快照 POD 的基函数,ϕ_i 对应第 i 阶 POD 模态;$\tilde{\boldsymbol{W}}$ 称为时间结构矩阵,$w_i = [w_i^{(1)}\ w_i^{(2)} \cdots w_i^{(N)}]$ 包含了模态随时间演化的信息;奇异值 $\sigma_i = \sqrt{\lambda_i}$ 满足条件 $\sigma_1 \geqslant \sigma_2 \geqslant \cdots \geqslant \sigma_N \geqslant 0$,$\lambda$ 即为相关矩阵 $\boldsymbol{R}$ 的特征值,具有与动能相同的量纲,λ_i 表征流动过程的能量在第 i 阶 POD 模态上的投影,是关于快照元素的二次型统计量,对 PIV 快照采用"模态能量"来描述该统计量。模态能量的大小以指数律下降,故选取少数的前几阶模态即可实现对原数据空间的近似,选取模态数为 r_p,则基于 POD 方法的模型降阶过程可表示为

$$\boldsymbol{V}_1^N \approx \overline{\boldsymbol{V}_1^N} + \sum_{i=1}^{r_p} \sigma_i \phi_i w_i$$

$$= \bar{v} \underbrace{[1\ 1 \cdots 1]}_{1 \times N} + [\phi_1 \phi_2 \cdots \phi_{r_p}] \begin{bmatrix} \sigma_1 & 0 & \cdots & 0 \\ 0 & \sigma_2 & \cdots & 0 \\ \vdots & \vdots & \ddots & \vdots \\ 0 & 0 & \cdots & \sigma_{r_p} \end{bmatrix} \begin{bmatrix} w_1^{(1)} & w_1^{(2)} & \cdots & w_1^{(N)} \\ w_2^{(1)} & w_2^{(2)} & \cdots & w_2^{(N)} \\ \vdots & \vdots & \ddots & \vdots \\ w_{r_p}^{(1)} & w_{r_p}^{(2)} & \cdots & w_{r_p}^{(N)} \end{bmatrix} \tag{5.11}$$

在对快照序列进行前处理获得快照时均值和脉动值后,对快照脉动值求解得到的 POD 模态将成对反映相似的快照结构,即第一阶和第二阶模态表示变动尺度最大的结构特征,第三阶和第四阶模态表示变动尺度次之的结构特征。故采用两个模态为一组构造初值归一化的模态系数,进一步求取初值贡献模态。取奇数 $i = 2k - 1$ 其中 $k \in N$,则第 k 组初值贡献模态及其时间系数可表示为

$$\begin{cases} \Phi_i = \sigma_i \phi_i \sqrt{(\omega_i^{(1)})^2 + (\omega_{i+1}^{(1)})^2} \\ \Phi_{i+1} = \sigma_{i+1} \phi_{i+1} \sqrt{(\omega_i^{(1)})^2 + (\omega_{i+1}^{(1)})^2} \end{cases}$$

$$\begin{cases} \xi_i = \omega_i / \sqrt{(\omega_i^{(1)})^2 + (\omega_{i+1}^{(1)})^2} \\ \xi_{i+1} = \omega_{i+1} / \sqrt{(\omega_i^{(1)})^2 + (\omega_{i+1}^{(1)})^2} \end{cases} \tag{5.12}$$

将求取的快照时均值作为零阶模态,即 $\Phi_0 = \bar{v}$,则 POD 方法的降阶过程用初值贡献模态及其模态系数矩阵进行表示为

$$V_1^N = [\Phi_0 \Phi_1 \cdots \Phi_{r_p}] \begin{bmatrix} \xi_0^{(1)} & \xi_0^{(2)} & \cdots & \xi_0^{(N)} \\ \xi_1^{(1)} & \xi_1^{(2)} & \cdots & \xi_1^{(N)} \\ \vdots & \vdots & \ddots & \vdots \\ \xi_{r_p}^{(1)} & \xi_{r_p}^{(2)} & \cdots & \xi_{r_p}^{(N)} \end{bmatrix} \tag{5.13}$$

第 i 阶初值贡献模态 Φ_i(或 Ψ_i)与原模态 ϕ_i(或 ψ_i)之间对应的元素只相差一个常数倍数的关系,但初值贡献模态保证了与速度快照在量纲上的一致。

5.5.2 激励器流场模态分析结果

对工况 1 和工况 2 两种情况下,得到的 4 500 个 PIV 流场快照进行 POD 模态分析,得到 POD 模态的能量比分布,如图 5.12。POD 模态能量比随着阶数的增加而衰减,且前几阶模态占据了绝大多部分的能量,工况 1 的模态能量占比衰减速度大于工况 2,在 6 阶模态后的能量比均小于 1%,因此选取 0~6 阶的 POD 模态进行后续分析。

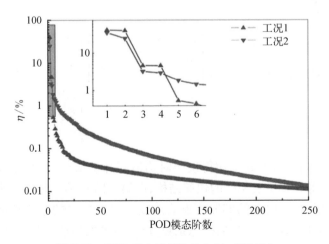

图 5.12 POD 模态能量比分布(1~250 阶)

如图 5.13 和图 5.14 所示是 0~6 阶 POD 初值贡献模态的速度云图。工况 1 中激励器输入频率及其倍频影响的速度脉动区域限于约 30 mm×20 mm 的范围,说明激励器出口的流动在向外发展的过程中,此区域外的流动将不受到预设频率的流动叠加影响。工况 2 中有效流动控制区域则相对较大,激励器出口速度的增加使注入的扰动幅度增加,以及扰动在衰减前能够被到达更远的位置。

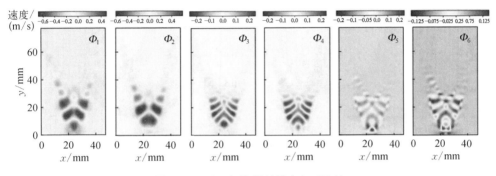

图 5.13　POD 初值贡献模态(工况 1)

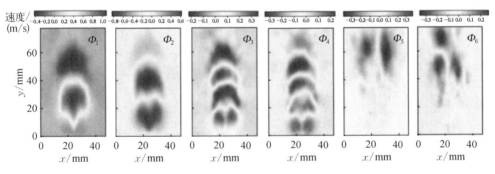

图 5.14　POD 初值贡献模态(工况 2)

工况 1 中 PIV 锁相平均结果显示出流动分叉,且从各模态中可看到中间分叉反映在 0 阶模态中,即以平均流动为主,左右两分支在涡的作用下为合成射流提供了主要的流动通道。工况 2 中较大的出口雷诺数,狭缝出口的涡对在向下游发展过程中未能使主流偏离中心,而是在某一频率下的脉动等值线包络区域形成类沙丘形状。

选取 1~4 阶 POD 初值贡献模态,绘制具有 90° 或近似 90° 相位差的时间系数分布,如图 5.15 和图 5.16 所示。从中可以看出,两两成对的模态间确实存在近似 90° 的相位差关系,但其发散和收敛过程在整个时序中并不保持一致性,表明 POD 方法得到的模态在时间维度并未保持严格正交性。POD 方法的时间系数在工况 1

中更多的分布于稳定极限环附近,而工况 2 中较为发散,说明工况 2 的流场中掺杂有较多的低频流动分量。

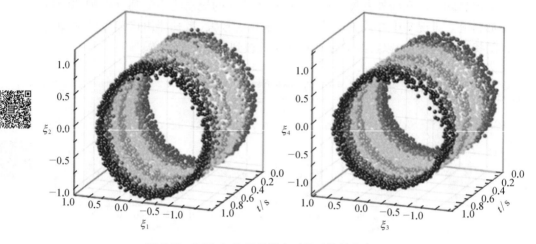

图 5.15　POD 初值贡献模态时间系数的分布(工况 1)

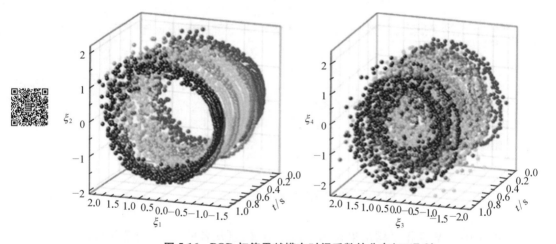

图 5.16　POD 初值贡献模态时间系数的分布(工况 2)

　　为了分析 POD 方法分解的各模态对原流场特征的还原性,使用 0~6 阶 POD 模态进行流场重构,如图 5.17 和图 5.18 所示。可以看出,POD 方法对于真实流场具有较好的还原效果,能捕捉到原流场的主要结构特征。原流场重构结果与真值的均方根误差较小,误差主要集中在涡旋头部的周边位置附近,此位置处的原流场存在不光滑结构。但 POD 降阶方法在模型处理过程中,会对原流场进行平滑和降噪,使流场中小的流动结构和突兀的速度值被抹去,仅保留原流场的主要特征。

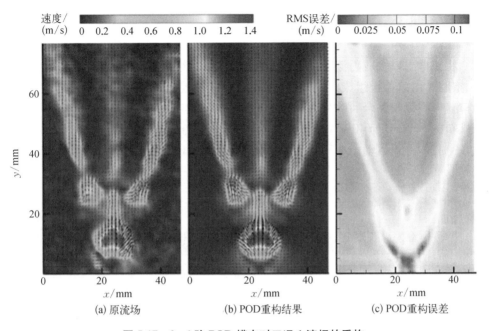

(a) 原流场　　　　　(b) POD重构结果　　　　　(c) POD重构误差

图 5.17　0~6 阶 POD 模态对工况 1 流场的重构

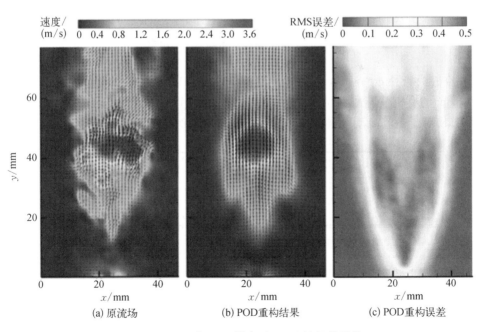

(a) 原流场　　　　　(b) POD重构结果　　　　　(c) POD重构误差

图 5.18　0~6 阶 POD 模态对工况 2 流场的重构

5.6 合成射流激励器阵列设计

将狭缝出口合成射流激励器组合成阵列形式,结构如图 5.19 所示。由作动部件、空腔和出口盖板组成,作动器与空腔间配合橡胶密封圈并以螺栓相连,空腔与出口盖板间以胶黏合,在出口盖板的安装孔内填充密封胶使上表面保持平整。均匀排布的 5 个 SONY40W 4 Ω 扬声器为作动部件,扬声器的振动盆在接入激励信号后在空腔内上下运动压缩和扩张空腔体积,在盖板的狭缝出口处形成周期性的吹气和吸气。

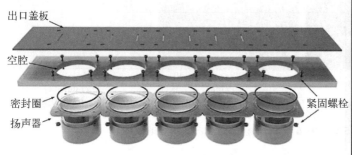 

(a) 合成射流阵列示意图   (b) 合成射流阵列实物图

图 5.19   合成射流激励器阵列结构示意图

空腔为直径 $\phi = 64$ mm、高 8 mm 的圆柱体,出口盖板由长 500 mm、宽 100 mm、厚 2 mm 的有机玻璃雕刻而成,表面均匀设置间距 42 mm、长 30 mm、宽 2 mm 的矩形出口,对于主流流动为展向排布的流向狭缝出口组,如图 5.20 所示。

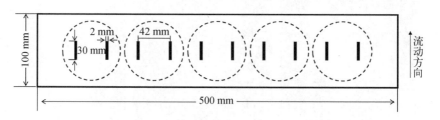

图 5.20   激励器阵列出口盖板示意图

接下来,需要将设计的合成射流激励器阵列进行流动控制风洞实验。实验风洞为浙江大学玉泉校区低湍流度静声风洞,在实验段中搭建可安装激励器阵列的测试平台,测试平台表面尺寸为 4 000 mm×1 000 mm,由 4 块有机玻璃板拼接而成,铝型材框架支撑有机玻璃板并使平台表面水平,平台前缘为楔形,前缘安装粗糙带和拌线用于转捩,两侧安装端板隔绝上下表面气体交换。在平台表面不同流向位置开设微型测压孔,使用电子压力扫描阀实时监测平台表面的流向压力梯度,通过后缘尾板角度调节使上表面的流向压力梯度为零。

风洞实验段中测试平台的安装示意图如图 5.21,实验使用 Dantec 公司 MiniCTA 热线风速仪结合 55P15 型一维微型边界层探头测量湍流边界层的速度分布,探头采样频率为 200 kHz,每个测量点位采集 60 s 数据,即空间单点共 12 000 000 个数据。热线探头安装于风洞上壁面的三维位移机构上,实现热线探头的精确定位。

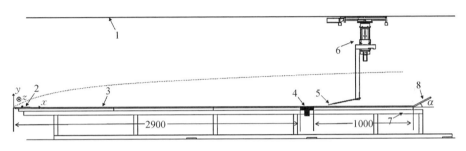

图 5.21　合成射流阵列测试平台安装示意图(单位: mm)

1. 风洞实验段洞壁;2. 粗糙带及拌线;3. 测试平台;4. 合成射流激励器阵列;
5. 热线探头;6. 位移机构;7. 铝型材支撑架;8. 尾板

合成射流阵列安装在距测试平台前缘 2 900~3 000 mm 的位置,激励器出口盖板开槽的中心到平板前缘的距离为 2 950 mm。激励器阵列固定在孔位内的精密升降台上,可精确调节阵列的安装高度,使其盖板上表面与测试平台的上壁面保持水平平整,减小激励器安装对平台表面流动的影响。合成射流阵列在测试平台上的安装如图 5.22 所示。

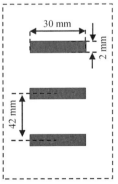

图 5.22　合成射流激励器阵列安装图及出口尺寸

5.7　充分发展湍流

实验目的为测量合成射流激励对充分发展的湍流边界层的流动控制特性,因此风洞实验段内测试平台的上表面流场需满足充分发展的湍流条件。风洞实验条件为来流速度 U_∞ 设置为 6 m/s,将光滑平板安装在合成射流阵列的安装位上作为对照组,调节后缘尾板使上表面为流向零压力梯度状态,距平台前缘流向 $x=2\,950$ mm 处测得的无控制光滑平板湍流边界层数据如表 5.3 所示。

表 5.3　光滑平板湍流边界层参数

变　　量	值
流向位置 x/mm	2 950
来流速度 U_∞/(m/s)	6
壁面摩擦速度 u_τ/(m/s)	0.282
边界层厚度 δ_{99}/mm	124
位移厚度 δ_d/mm	14.65
动量损失厚度 δ_θ/mm	11.39
形状因子 H	1.2
测量位雷诺数 Re_x	1.21×10^6
湍流雷诺数 Re_τ	2 385

在合成射流激励器阵列狭缝出口的下游选取 6 个测量点位进行边界层流场速度信息的测量,分别为激励器狭缝出口正下游距离 5 mm、25 mm、50 mm 处,以及激励器相邻狭缝出口的中间位置的下游距离 5 mm、25 mm、50 mm 处,测量点位如图 5.23 所示。使用激励器安装位置下游 5 mm 处不施加合成射流激励时的边界层黏性尺度 ν/u_τ 进行尺寸的无量纲化 ($x^+=x\nu/u_\tau$),得到测量点位对应的距离激励器出口中心的无量纲距离为 66、333、666。对测量位置进行编号,A 为激励器出口的正下游,M 为激励器出口中间位置的下游,其中 off 为激励器关闭的状态,on 为激励器开启状态。热线探头在靠近壁面时引入虚拟原点 y_0 对初始位置进行修正,在每个测量点位上进行多次测量取平均值以降低实验误差。

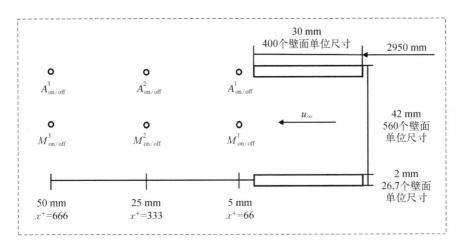

图 5.23　合成射流激励器下游测量点位置

5.8　激励器阵列信号输入

合成射流激励器的输入信号为正弦激励信号,峰值电压 6 V,激励频率为 90 Hz,使用边界层内时间尺度进行无量纲得 $f^+ = f\nu/\mu_\tau^2 = 0.03$。激励器安装在测试平台后,移动热线风速仪探头到激励器夹缝出口中心得正上方 0.5 mm 高度,采集激励器出口在信号输入时的射流速度变化,获得激励器出口速度的时间序列曲线如图 5.24 所示。

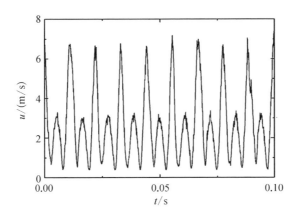

图 5.24　合成射流激励器出口中心上方速度–时间序列信号($d = 0.5$ mm)

热线风速仪探头无法记录速度方向,图中速度值为垂直出口方向气流速度的绝对值。通过之前对单个激励器出口流场的测量结果可知,激励器吹气半周期,射流沿出口轴线向外喷出;在吸气半周期内,激励器沿盖板壁面向空腔吸气。因此,图中较大速度峰值为激励器的吹气速度,较小速度峰值为激励器沿轴线的吸气速度。

在此激励信号下,激励器出口射流的最大速度 $U_{\text{out-max}}$ 为 6.9 m/s,平均出口速度 $\bar{U}_{\text{out}}$ 为 3 m/s,采用摩擦速度进行无量纲化,可得平均出口速度 $\bar{U}_{\text{out}}^+$ 为 15。在整个激励周期内,沿出口向外的吹气速度大于出口向内的吸气速度,可产生宏观的合成射流。

5.9 风洞实验结果

5.9.1 边界层速度分布特性

测试平台安装激励器阵列后,在激励器无控和接入激励信号后,各测量点位置测得的边界层平均速度分布 U^+-y^+ 曲线如图 5.25 所示,其中实心点为无控状态,空心点为激励状态,虚线为无控制时光滑平板数据理论曲线,统一采用光滑平板壁面摩擦速度 $u_{\tau 0}$ 对施加激励器控制后的流向速度进行无量纲化。

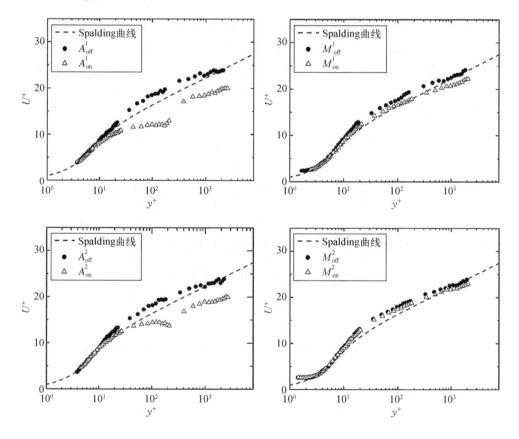

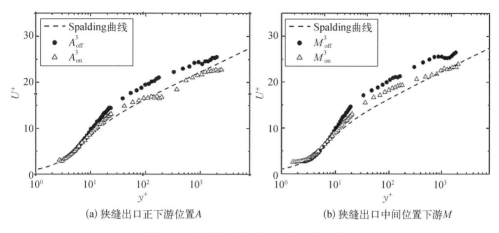

(a) 狭缝出口正下游位置A　　　　　　　(b) 狭缝出口中间位置下游M

图 5.25　各测量点位置平均速度分布曲线

从实验结果中可以看出,对于激励器狭缝出口的正下游(A)位置,安装激励器阵列后的无控状态,下游壁面的平均速度分布发生明显变化,但线性区仍存在,对数区的速度分布会轻微上升,分析原因为合成射流的出口狭缝对壁面附近流场有轻微干扰,使湍流边界层的对数区的涡结构下降,使外层高流速区域下移。

在加入激励后,壁面湍流边界层的线性区仍然符合壁面律,但对数律层和外层的速度明显下降,出现了不同程度的速度亏损。在出口正下游不同距离的三个位置中,最靠近出口的 A^1 点位的速度亏损量最明显;越往下游发展,则速度亏损逐渐呈现减弱趋势。此外,激励器出口下游的边界层速度分布均在 $y^+ \approx 300$ 处出现速度拐点,这表明合成射流的影响在此位置处开始逐渐形成,并一直延伸到边界层外层。

对于激励器出口中间位置的下游点位置(M),在施加激励后,对数区的速度展现出轻微下降,但不会出现狭缝正下游的拐点位置,说明激励器对出口狭缝之间的流动影响较弱。随着逐渐远离出口狭缝,下游边界层对数律及外层速度的下降量逐渐增加。这说明合成射流的影响逐渐向展向方向延伸。

对比合成射流阵列无控和引入激励两种情况,各测量点位置的脉动速度 $y^+ - u_{\mathrm{rms}}^+$ 分布,如图 5.26 所示,其中实心点为无控状态,空心点为激励状态,竖直虚线为 $y^+ = 15$ 的位置,用于对照湍流边界层最大脉动量高度。

从实验结果中可以看出,激励器出口正下游(A)的脉动速度在不引入合成射流激励时,湍流边界层大脉动速度在较大范围内出现,有强烈的上扬下扫运动。最靠近出口的 A^1 位置在 $y^+ = 15$ 处呈现出一个微弱的峰值,并且大脉动状态一直延伸到外区。分析其原因可能是因为壁面流向开槽在边界层底层产生了涡结构,并抬升至边界层的外层区域,使无控状态下的湍流结构变得复杂。当引入激励后,出口下游的脉动速度型出现下降,周期性射流激励使流向速度的脉动幅度下降。

对于激励器出口中间位置下游(M)的脉动速度曲线,无控状态下脉动速度仍表现出上升趋势;施加激励后,在距出口较远的 M^2、M^3 位置,其脉动速度出现下降趋势,这说明了合成射流对主流的干扰在此距离上开始向壁面展向延伸。

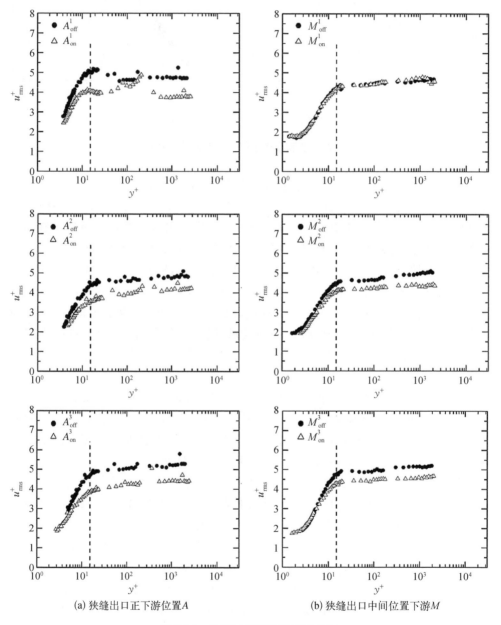

(a) 狭缝出口正下游位置 A (b) 狭缝出口中间位置下游 M

图 5.26　各测量点的脉动速度曲线

5.9.2　壁面摩擦阻力变化

从壁面黏性摩擦剪切力的定义出发,采用线性底层($u^+ = y^+$)的测量数据,定义减阻率 DRR 为

$$\text{DDR} = \frac{\tau_1 - \tau_0}{\tau_0} \times 100\% = \frac{\rho(u_{\tau 1}^2 - u_{\tau 0}^2)}{\nu} \bigg/ \frac{\rho u_{\tau 0}^2}{\nu} = \frac{k_1 - k_0}{k_0} = \frac{k_1}{k_0} - 1 \quad (5.14)$$

其中,k 为线性底层流速随高度线性变化的斜率,下标"0"为无控量,下标"1"为有控量。

如图 5.27 所示是下游各测量点位置的无控状态和加激励控制两种情况的速度 y-u 分布。在消除壁面附近有机玻璃平板对热线探头温度的干扰后,激励器下游近壁区边界层的速度分布都呈现出较好的线性规律。使用符合线性区特征的数据点拟合出斜率 k,根据激励前后拟合出直线斜率不同,可以计算出各出口下游测量位置的阻力变化量。图 5.28 给出了各测量点位置减阻率变化情况,可以看出,激励器出口正下游的减阻效果在总体上优于出口中位置,最大减阻率 DRR 在 A^1处取得约为 10.5%。

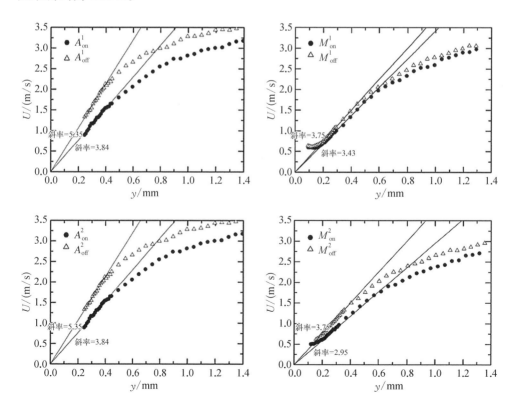

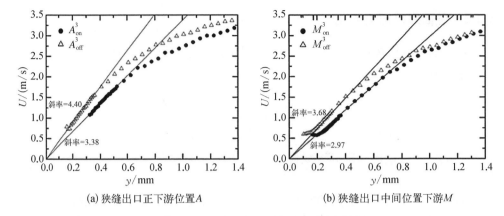

(a) 狭缝出口正下游位置A   (b) 狭缝出口中间位置下游M

图 5.27　各个测量点线性区斜率对比

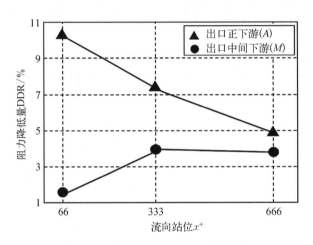

图 5.28　各流向测量站位阻力降低率

5.9.3　湍流流场相关性分析

合成射流激励在湍流边界层中引入了一个高频的周期性扰动,对靠近合成射流狭缝出口的测量点 A^1、M^1 的相关系数进行对比,如图 5.29 所示,图中实线为无控状态,虚线为激励状态。狭缝正下游引入激励后出现了周期性振荡现象,且频率为 90 Hz,说明激励器在 $y^+ = 5$ 位置产生了明显作用;随着壁面高度的增加,周期性扰动的作用开始逐渐减弱;在 $y^+ = 300$ 和 2 000 处,自相关系数不再出现明显的周期性变化。对于槽缝中间位置的下游点站位,在引入激励前后,$y^+ = 5$、300、2 000 高度处的自相关系数均未出现明显变化,即合成射流激励引入的周期性结构并未在此位置产生明显作用。

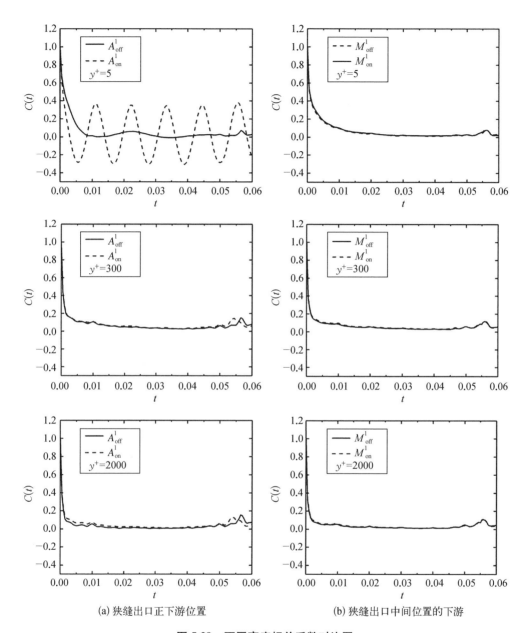

(a) 狭缝出口正下游位置　　　　　　　　　(b) 狭缝出口中间位置的下游

图 5.29　不同高度相关系数对比图

5.10　合成射流控制直接数值模拟

风洞实验使用热线探头无法获得详细的流场时空演化信息,从而难以掌握合成射流控制下湍流边界层流动结构的变化规律。往往可以借助于数值模拟手段进一步了解流动控制的演化机理,但要模拟大雷诺数湍流实验环境需要非常大的数值计算量,特别是获得完全解析的大小尺度湍流结构对于计算资源提出了极大的挑战。因此,下面采用直接数值模拟方法只针对小雷诺数 $Re_\tau = 299$ 平板湍流边界层演化过程进行讨论,并在充分发展的湍流边界层中引入流向狭缝出口的合成射流激励,对比分析周期性吹/吸气扰动下游的湍流流场结构变化规律。

5.10.1 计算域与合成射流条件

三维几何计算域如图 5.30 所示,三维尺寸为 $L_x \times L_y \times L_z = 14.0 \times 0.175 \times 0.8$,下壁面为无滑移边界条件,上边界和出口为无反射条件,展向边界为周期性边界条件。计算域三个方向的网格划分点 $N_x \times N_y \times N_z = 2\,361 \times 96 \times 256$,无量纲分辨率为 $\Delta x^+ \times \Delta y^+ \times \Delta z^+ = 5.625 \times 0.27 \times 1.5$。将流向 $x = 9.33 \sim 10.67$ 区域的展向正中间位置设置为合成射流激励的引入位置,激励器狭缝尺寸 $l_x \times l_y = 1.34 \times 0.18$。表 5.4 列出了具体的参数设置。

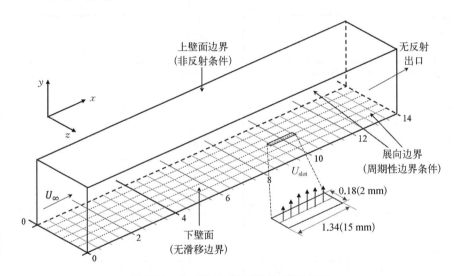

图 5.30   合成射流减阻控制计算域设置

表 5.4   平板湍流边界层计算参数

变　　量	值
Ma_∞	0.2
Re_τ	299

续　表

变　　量	值
L_x	14
L_y	0.175
L_z	0.8
Δx^+	5.625
Δy^+	0.27
Δy^+	1.5
N_x	2 361
N_y	96
N_z	256

通过壁面函数修改向流场中引入合成射流激励,通过对合成射流激励器的 PIV 测试结果可知,激励器沿出口轴向并不是相同速度的吹气和吸气,在吹气半周期内垂直向主流中注入能量,吸气半周期内沿壁面吸入流体,因此设置合成射流的壁面函数为

$$v_{\text{out}} = U_{\text{slot}} \cdot \sin\left(\pi \frac{x - x_{\text{a}}}{x_{\text{b}} - x_{\text{a}}}\right) \cdot \sin\left(\pi \frac{z}{L_z}\right) \cdot \sin(2\pi f t + \phi_0) \tag{5.15}$$

其中,最大出口速度 $U_{\text{slot}} = 6.7$ m/s;x_{a}、x_{b} 为激励器出口的流向坐标;激励频率 $f = 6\,000$ Hz;引入的合成射流激励无量纲参数 $Re = 1\,352$,$Sr = 0.3$。在激励周期内最大吹气和吸气速度时刻的出口速度分布如图 5.31,吹气时出口边缘的速度较中心位置更小,且吸气的最大速度小于吹气的最大速度。

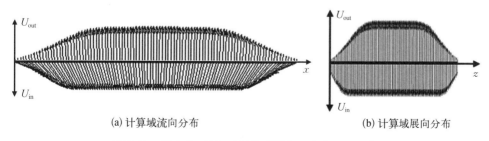

(a)计算域流向分布　　　　　　　　　　(b)计算域展向分布

图 5.31　最大吹/吸气时刻激励器出口速度矢量分布

5.10.2　光滑平板湍流边界层算例验证

为验证计算模型的准确性,并与引入合成射流激励下的湍流边界层计算结果进行对比,首先对光滑平板进行计算,即设置合成射流出口处的壁面函数为零。在流向位置 $x = 10$ 统计一个 T-S 波周期的平均流向速度,并沿展向进行平均,得到流向平均速度 U^+ 与壁面法向高度 y^+ 的无量纲分布曲线。如图 5.32 可以看出,流向平均速度曲线在黏性底层和对数律层都能较好地满足湍流壁面律。

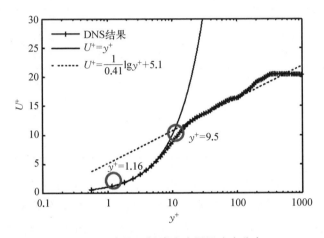

图 5.32　光滑平板湍流边界层速度分布

5.10.3　合成射流减阻控制计算结果分析

在单个激励周期内,合成射流出口附近各瞬时的速度 u 分布如图 5.33 所示,在吹气半周期内,出口位置形成垂直壁面的高速流体,并与主流剪切形成涡对;在吸气半周期内,流体沿着壁面向激励器的内部流动,且吸气阶段不会将吹出的气体重新吸回到激励器内。

在加入合成射流激励后,对计算域各流向位置进行时间平均和展向平均,得到一个激励周期内边界层的平均速度 U 剖面和壁面摩擦系数曲线,与无激励状态的光滑平板计算结果进行对比,如图 5.34 所示,这里均使用光滑平板各流向位置的摩擦速度进行无量纲化。从中可以发现,平均速度分布在合成射流激励引入范围内出现了明显的速度亏损,壁面摩擦阻力系数也在 $x = 9$ 处出现下降,激励出口附近的壁面摩擦阻力较光滑壁面下降约 6%。值得注意的是,由于合成射流激励为周期性的吹气/吸气扰动,在计算摩擦阻力系数时,需考虑整个周期内壁面摩擦阻力的变化。

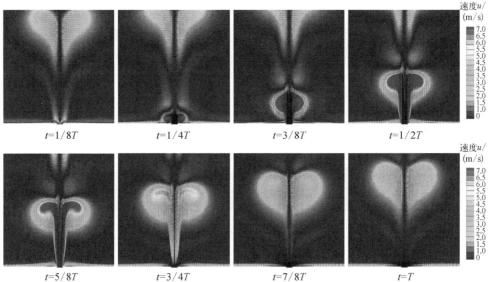

图 5.33　y-z 平面不同时刻激励器出口附近速度分布

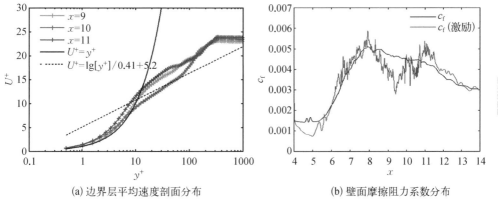

(a) 边界层平均速度剖面分布　　　　(b) 壁面摩擦阻力系数分布

图 5.34　合成射流湍流边界层控制减阻计算结果

　　如图 5.35 所示对比了两种情况下不同高度位置的流向速度分布云图,可以看出,在高度方向上合成射流的影响范围可达到边界层外层区域($y^+ = 208$),但影响范围仅限激励器出口的正中区域即吹气速度最大的位置;在流向方向上,由于吹气速度相对主流速度较小,合成射流激励引入的涡结构很快会融入具有相同尺度和速度量级的主流湍流结构中,且吹气扰动随着流向距离的增加很快消散。

　　进一步分析合成射流激励的引入对壁面附近涡结构的影响,采用压力局部极

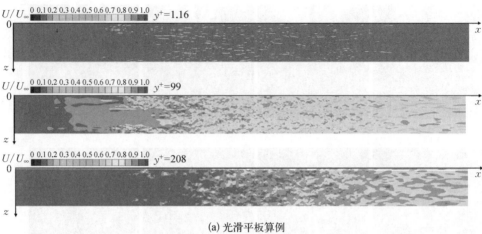

(a) 光滑平板算例

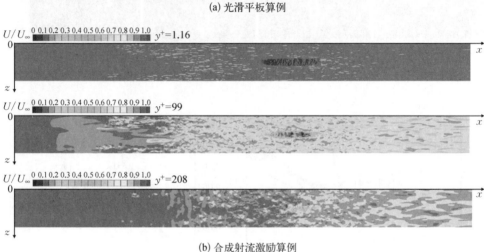

(b) 合成射流激励算例

图 5.35　距壁面不同高度流向速度分布云图

小值方法(λ_2方法)绘制控制区域附近的三维涡结构分布,如图 5.36 所示。从中可以看出,光滑平面在不施加控制情况下,壁面附近的发卡涡结构在展向为均匀分布的状态,可以清晰看见涡头和涡脚结构。

　　而对于激励情况来说,在吸气半周期内,壁面附近涡结构被扰乱并向狭缝位置收缩,原有的发卡涡结构破碎形成了许多小涡结构;吹气半周期,壁面附近的小涡结构被吹离壁面,进入到边界层上层的高速流体中,并随着流动向下游发展。由此可知,合成射流激励使原本相对较大的流场结构破碎变小,并对涡结构起到抬升作用,从而使得壁面摩擦阻力减小。

　　本章通过对狭缝出口合成射流激励器及其阵列装置的设计,详细介绍了合成射流技术在流动控制中的具体实施过程,并以小雷诺数平板湍流风洞实验和小雷

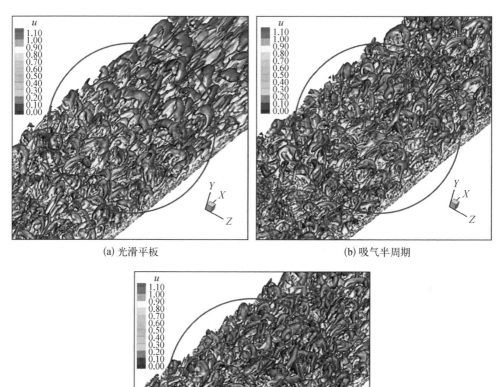

(a) 光滑平板

(b) 吸气半周期

(c) 吹气半周期

图 5.36 合成射流控制周期内壁面涡结构分布($\lambda_2 = -0.1$)

诺数直接数值模拟为例,探讨了合成射流控制湍流边界层的影响规律,进一步证实了合成射流技术用于摩擦减阻的可行性,为读者在合成射流技术方面继续深耕提供借鉴。

参 考 文 献

[1] Kral L D. Active flow control technology[J]. ASME Fluids Engineering Technical Brief, 2000:
1 – 28.

[2] 罗振兵,夏智勋.合成射流技术及其在流动控制中应用的进展[J].力学进展,2005,35(2):

221 – 234.

[3] 张攀峰,王晋军,冯立好.零质量射流技术及其应用研究进展[J].中国科学 E 辑,2008,38 (3): 321 – 349.

[4] Pimpin A, Suzuki Y, Kasagi N. Micro electrostrictive actuator with metal compliant electrodes for flow control applications [C]. Maastricht: 17th IEEE International Conference on Micro Electro Mechanical Systems. Maastricht MEMS 2004 Technical Digest. IEEE, 2004.

[5] Pimpin A, Suzuki Y, Kasagi N. Microelectrostrictive actuator with large out-of-plane deformation for flow-control application [J]. Journal of Microelectromechanical Systems, 2007, 16 (3): 753 – 764.

[6] Dubois P, Rosset S, Niklaus M, et al. Metal ion implanted compliant electrodes in dielectric electroactive polymer (EAP) membranes[J]. Advances in Science and Technology, 2008, 61: 18 – 25.

[7] Liang Y, Kuga Y, Taya M. Design of membrane actuator based on ferromagnetic shape memory alloy composite for synthetic jet applications[J]. Sensors and Actuators A: Physical, 2006, 125 (2): 512 – 518.

[8] 叶志贤.两种流动控制技术在湍流减阻中的应用[D].杭州:浙江大学,2021.

[9] Thielicke W, Sonntag R. Particle image velocimetry for MATLAB: Accuracy and enhanced algorithms in PIVlab[J]. Journal of Open Research Software, 2021, 9(1): 12.

[10] Thielicke W, Stamhuis E. PIVlab-towards user-friendly, affordable and accurate digital particle image velocimetry in MATLAB[J]. Journal of Open Research Software, 2014, 2(1): e30.

[11] Garcia D. A fast all-in-one method for automated post-processing of PIV data[J]. Experiments in Fluids, 2011, 50(5): 1247 – 1259.

[12] Lumley J L. Stochastic tools in turbulence[M]. North Chelmsford: Courier Corporation, 2007.

[13] Sirovich L. Turbulence and the dynamics of coherent structures. I. Coherent structures [J]. Quarterly of Applied Mathematics, 1987, 45(3): 561 – 571.

[14] Berkooz G, Holmes P, Lumley J L. The proper orthogonal decomposition in the analysis of turbulent flows[J]. Annual Review of Fluid mechanics, 1993, 25(1): 539 – 575.

[15] Hilberg D, Lazik W, Fiedler H E. The application of classical POD and snapshot POD in a turbulent shear layer with periodic structures[J]. Applied Scientific Research, 1994, 53(3 – 4): 283 – 290.

[16] Citriniti J H, George W K. Reconstruction of the global velocity field in the axisymmetric mixing layer utilizing the proper orthogonal decomposition[J]. Journal of Fluid Mechanics, 2000, 418: 137 – 166.

[17] 刘强,罗振兵,邓雄,等.基于 POD 方法的合成双射流流场模态分析[J].空气动力学学报, 2020,38(6): 1027 – 1033.

[18] Vitkovicova R, Yokoi Y, Hyhlik T. Identification of structures and mechanisms in a flow field by POD analysis for input data obtained from visualization and PIV [J]. Experiments in Fluids, 2020, 8(61): 1 – 21.

[19] Arányi P，Janiga G，Zähringer K，et al. Analysis of different POD methods for PIV-measurements in complex unsteady flows[J]. International Journal of Heat and Fluid Flow，2013，11(43)：204－211.

[20] 谢龙，靳思宇，王玉璋，等.阀体后 90°圆形弯管内部流场 PIV 测量及 POD 分析[J].实验流体力学，2012，26(3)：21－25.

[21] 温谦，沙江，刘应征.淹没射流湍流场的 TR－PIV 测量及流场结构演变的 POD 分析[J].实验流体力学，2014，28(4)：16－24.

[22] 代钦，赵莉莉.近自由表面翼型尾流速度场的 PIV 测量及 POD 分析[J].水动力学研究与进展 A 辑，2008(2)：196－203.

[23] 叶志贤，方元祺，邹建锋，等.合成射流激励器流场 PIV 实验及模态分析[J].推进技术，2021，42(2)：258－271.

[24] 李卓越，白宏磊，高南.基于 POD 的受激励后向台阶分离流低阶模型[J].气体物理，2017，2(3)：33－43.

[25] 马力群，冯立好.放置于驻点的合成射流控制圆柱涡脱落模式的实验研究[J].中国科学：技术科学，2013，43(2)：208－219.

第**6**章

湍流特征提取动态模态分解方法

6.1 前言

作为一种时空耦合的降阶模型方法,动态模态分解(dynamic mode decomposition,DMD)方法能够从大规模数据中提取具有明确动力学信息的时空特征,已成为一种较为流行的数据驱动频谱分析方法[1],在流体动力学湍流特征提取、表征和分析方面也得到了广泛的应用。在深入对动态模态分解方法的研究细节之前,有必要对动态模态分解方法的理论背景、原理与数学展开进行概述,从而建立对该方法尽量全面的认知。因此,本章首先较为系统地介绍了动态模态分解方法的理论基础和数学展开,然后比较说明了动态模态分解与本征正交分解(POD)的联系与优劣点。

在 Sayadi 等[2]的研究工作中,将 DMD 技术应用于组合快照来计算和分析层流到湍流的转捩过程。这里组合快照指考虑两个或多个不同维度大小的参数变量(例如各速度分量场、壁面摩擦系数、流场的 λ_2 或 Q_2 不变式等)形成的快照序列。通过分析具有物理关联的组合变量的 DMD 低频与高频模态,能够有效地重构单个变量的模态流场从而比较流场中的阻力分布以及涡旋结构的变化。受到这种方式的启发,基于标准 DMD 方法的理论基础,针对混合变量的时间快照,引入复合变量的 DMD 方法,该方法在通过少量 DMD 模态复现复杂流场的物理特性方面能够提供更好的性能,有助于 DMD 技术在大规模流场问题中的应用。

本章将通过对由雷诺切应力和壁面摩擦阻力组合而形成的复合快照时间序列,进行 POD/DMD 分析来提取与壁面摩阻紧密关联的流动特征。同时,通过构建基于壁面阻力的加权因子作为模态选择的指标(即加权幅值),可以建立 DMD 模态的知情分类。这种分类有助于筛选出少数的动态模态,并准确地重构出引起湍流阻力成分的雷诺应力分布。该复合动态模态分解方法(composite DMD,后续简称为复合 DMD 方法)是一种具有显著性能的、纯数据驱动的特征提取工具,其适用于大数据规模的壁湍流问题的特征研究。

6.2　DMD 方法理论框架

DMD 方法是经典的非线性系统库普曼(Koopman)分析[3]的近似,这使得 DMD 方法具备处理线性和非线性系统的能力[4]。考虑一个由瞬时流场(或是数据快照)$v(t_j)$ 构成的队列,其中索引 j 从 1 到 N。通常,这些快照是一个非线性(也可能是线性)系统的解,即

$$\dot{v}(t) = f[v(t), t] \tag{6.1}$$

基于原始快照,我们可以将其变成一个数据矩阵:

$$V_1^N = \{v(t_1), v(t_2), \cdots, v(t_N)\} \in \mathbb{R}^N \tag{6.2}$$

两个递进的快照由时间步 Δt_j 分隔,这里时间步长不要求是均匀的,即 $t_{j+1} = t_j + \Delta t_j$, $j = 1, \cdots, N-1$。在线性稳定性分析和指数增长范畴内,可以定义一个线性算子 A(例如线性化 Navier - Stokes 算子的数值近似)是

$$v(t_{j+1}) = Av(t_j) \tag{6.3}$$

对于非线性系统而言,算子 A 近似于 Koopman 算子。公式(6.2)可以表示成 Krylov 空间[5]的如下形式:

$$V_1^N = \{v(t_1), Av(t_1), \cdots, A^{N-1}v(t_1)\} \tag{6.4}$$

根据数据序列 V_1^N,需要提取算子 A 的有效信息,用来描述动力学过程所隐含的物理特征(即特征值、特征向量、能量放大、共振行为等)。公式(6.4)可以改写为以下形式:

$$A\{v(t_1), v(t_2), \cdots, v(t_{N-1})\} = \{v(t_2), v(t_3), \cdots, v(t_N)\} \tag{6.5}$$

写作矩阵形式如下:

$$AV_1^{N-1} = V_2^N \tag{6.6}$$

6.3　DMD 方法的展开

DMD 技术的展开主要有两种方式[1,6]:一种是基于 Arnoldi 方法获得伴随矩阵 S 的理论性描述;另一种是通过对 S 矩阵的相似变换,得到一个满秩的相似算子 $\bar{A}$ 来进行特征分析的方法。第二种方法在实现上更为稳定有效,目前较为流行。与此同时,POD 模态则是第二种方式的投影基底,是该方法展开过程的副产物。

1. 基于 Arnoldi 方法的标准 DMD 实现

随着快照数量的增加,数据序列 V_1^N 捕获了基础物理过程的最主要特征。因此,可以合理地假设认为数据序列的进一步流场 $v(t_j)$ 不会扩展 V_1^N 中的向量空间。当达到临界极限时,公式(6.3)中的向量将线性相关。因此,可以将 $v(t_N)$ 表示为先前向量的线性组合:

$$v(t_N) = a_1 v(t_1) + a_2 v(t_2) + \cdots + a_{N-1} v(t_{N-1}) + r \tag{6.7}$$

矩阵形式下变为

$$v(t_N) = V_1^{N-1} a + r \tag{6.8}$$

其中, $a^T = \{a_1, a_2, \cdots, a_{N-1}\}$ 和 r 是残差向量。因此,通过公式(6.5)可以得出:

$$
\begin{aligned}
A\{v(t_1), v(t_1), \cdots, v(t_1)\} \\
= \{v(t_2), v(t_3), \cdots, v(t_N)\} \\
= \{v(t_2), v(t_3), \cdots, V_1^{N-1} a\} + r e_{N-1}^T
\end{aligned}
\tag{6.9}
$$

矩阵形式为

$$A V_1^{N-1} = V_2^N = V_1^{N-1} S + r e_{N-1}^T \tag{6.10}$$

其中, $e_{N-1} \in \mathbb{R}^{N-1}$ 是 $N-1$ 阶单位向量。从而,矩阵 S 可以很容易地写为伴随矩阵的形式:

$$
S = \begin{bmatrix}
0 & & & & a_1 \\
1 & 0 & & & a_2 \\
& \ddots & \ddots & & \vdots \\
& & 1 & 0 & a_{N-2} \\
& & & 1 & a_{N-1}
\end{bmatrix} \in \mathbb{C}^{(N-1) \times (N-1)} \tag{6.11}
$$

上述伴随矩阵的形式是参照 Arnoldi 方法关于系统特征值问题的展开[7,8]。未知系数序列 $\{a_1, a_2, \cdots, a_{N-1}\}$ 构成了公式(6.7)中最后一个样本的线性形式。向量 a 可以通过最小化残差向量 r 的二次范数来求解:

$$\min_a \| r \|_F^2 = \| v(t_N) - V_1^{N-1} a \|_F^2 \tag{6.12}$$

然后, S 的特征值可以近似为转换算子 A 的特征值的一部分。对于满秩矩阵 V_1^{N-1},向量 a 的最小二乘解可以由下式给出:

$$a = R^{-1} Q^H v(t_N) \tag{6.13}$$

这一步是借助对数据序列 V_1^{N-1} 进行经济型 QR 分解 $QR = V_1^{N-1}$ 实现。需要注意的是,通过 QR 分解获得的是矩阵 V_1^{N-1} 的 Moore–Penrose 伪逆(更准确地说是左逆矩阵),即 $R^{-1}Q^H = V_1^{N-1}$。

矩阵 S 的特征值分解表示为

$$SY = YM \tag{6.14}$$

其中, $M = \mathrm{diag}(\mu_1, \cdots, \mu_{N-1})$ 是特征值矩阵;矩阵 Y 的第 i 列即特征向量 y_i。 DMD 模态 ϕ_i 定义为 $\Phi = V_1^{N-1}Y$ 的列。进而,整个流场即可重构[4]为 $v(t_j = \sum_{i=1}^{N-1}\mu_i^j\phi_i)$。

如果从所有 $N-1$ 个模态中选取 n_r 个主要模态,即可得到所分析系统的降阶模型:

$$v(t_j) = \sum_{i=1}^{n_r}\mu_i^j\phi_i \tag{6.15}$$

矩阵形式下的系统重构表示为

$$V_1^{N-1} = \Phi V_{\mathrm{and}} = [\phi_1, \phi_2, \cdots, \phi_{n_r}]\begin{bmatrix} 1 & \mu_1 & \cdots & \mu_1^{N-2} \\ 1 & \mu_2 & \cdots & \mu_2^{N-2} \\ \vdots & \vdots & \ddots & \vdots \\ 1 & \mu_{n_r} & \cdots & \mu_{n_r}^{N-2} \end{bmatrix} \tag{6.16}$$

其中, V_{and} 是范德蒙矩阵,也是特征向量 Y^{-1} 的近似矩阵,满足 $\Phi = V_1^{N-1}V_{\mathrm{and}}$。 基于公式(6.16)的关系,任意时刻的任意模态就可以实现近似和可视化。基于伴随矩阵的完整 DMD 展开可以见算法 1。

尽管上述基于伴随矩阵 S 的模态分解在数学上是正确的,但它可能会产生了一种病态算法,使得它甚至无法捕获第一个或前两个主导动态模态,尤其是面对来自(通常受到噪声和其他干扰的)实验的数据时。因此,基于相似变换得到 $\tilde{A}$ 的方法可以带来更具鲁棒性的 DMD 技术实现。

算法 1:基于 Arnoldi 方法的标准 DMD 实现
输入:数据序列 V_1^{N-1},选取模态数 n_r
输出:DMD 模态 Φ,模态特征值 μ_i
1. $V_1^{N-1} = QR \rightarrow QR$ 分解
2. $a = R^{-1}Q^H v(t_N)$

算法 1：基于 Arnoldi 方法的标准 DMD 实现
3. $S = \begin{bmatrix} 0 & & & & a_1 \\ 1 & 0 & & & a_2 \\ & \ddots & \ddots & & \vdots \\ & & 1 & 0 & a_{N-2} \\ & & & 1 & a_{N-1} \end{bmatrix}$
4. $SY = YM \rightarrow$ 特征值分解
5. $\boldsymbol{\Phi} = V_1^{N-1}Y \rightarrow$ DMD 模态包含在 $\boldsymbol{\Phi}$ 中
6. $V_1^{N-1} = \boldsymbol{\Phi}V_{\text{and}} = [\phi_1, \phi_2, \cdots, \phi_{n_r}] \begin{bmatrix} 1 & \mu_1 & \cdots & \mu_1^{N-2} \\ 1 & \mu_2 & \cdots & \mu_2^{N-2} \\ \vdots & \vdots & \ddots & \vdots \\ 1 & \mu_{n_r} & \cdots & \mu_{n_r}^{N-2} \end{bmatrix} \rightarrow$ 数据重构

2. 基于相似变换的 DMD

假定公式(6.2)中数据序列在时间上均匀采样,该方式的 DMD 展开从源数据集子序列的经济型奇异值分解开始:

$$V_1^{N-1} = U\boldsymbol{\Sigma}W^{\text{H}} \tag{6.17}$$

这里上标 H 表示对矩阵的共轭转置,矩阵 $\boldsymbol{\Sigma}$ 是由奇异值构成的对角矩阵。这里,左酉矩阵 U 也是输入数据序列的 POD 模态[9]。

将快照矩阵的奇异值分解插入到公式(6.6)可以得到:

$$AU\boldsymbol{\Sigma}W^{\text{H}} = V_2^{N} \tag{6.18}$$

那么,通过相似变换将算子 A 投影到向量空间 U, 即可得到降阶的矩阵:

$$\tilde{A} = U^{\text{H}}AU = U^{\text{H}}V_2^{N}W\boldsymbol{\Sigma}^{-1} \tag{6.19}$$

这种变换不仅提供了算子 A 的低维表示形式,而且可以解决数据序列 V_1^{n-1} 本身秩不足的情况。通过去除 $\boldsymbol{\Sigma}$ 中零值以及将奇异值划定在预设阈值之上,有助于从实验中消除原始数据序列中的噪声[1],使得算法的鲁棒性要优于基于 Arnoldi 方法的标准 DMD。

通过对降阶的算子 $\tilde{A}$ 求解特征值分解问题,获得 DMD 模态和特征值(Ritz

值)μ_i：

$$\tilde{A}y_i = \mu_i y_i \qquad (6.20)$$

那么，矩阵 A 的近似特征模态可以通过将 $\tilde{A}$ 投影到原始空间复原，即

$$\phi_i = Uy_i \qquad (6.21)$$

这里的模态更具体来说，通常称为投影 DMD 模态[10]。算子 A 更为准确的特征向量是 $\boldsymbol{\Phi} = \dfrac{1}{M}V_2^N W\boldsymbol{\Sigma}^{-1}Y$，这样的模态常称为精确 DMD 模态[11]。

一般而言，如果 V_1^{N-1} 和 V_2^N 具有相同的列空间，则这两种计算将趋于收敛一致。当遇到与零特征值 $\mu_i = 0$ 相关的 A 动态模态时，如果 $\phi_i = V_2^N W\boldsymbol{\Sigma}^{-1}y_i \neq 0$，则可以使用精确 DMD 模态公式。否则，应使用公式(6.21)中的投影 DMD 公式[11]。

倘若时间步 $\Delta t_j = \Delta t$ 是恒定的，则复半平面的增长率和角频率为

$$\lambda_i = \lg(\mu_i)/\Delta t = \sigma_i + \mathrm{i}\omega_i \qquad (6.22)$$

其中，λ_i 的实部即对应于第 i 模态的增长率 σ，虚部对应于第 i 模态的角频率 $\omega = 2\pi f$。这里的关系来自 $\mu_i = \mathrm{e}^{\lambda_i \Delta t}$。

根据欧拉公式，$\mathrm{e}^{\lambda_i \Delta t} = \mathrm{e}^{\sigma_i \Delta t}[\cos(\omega_i \Delta t) + \mathrm{i}\sin(\omega_i \Delta t)] = |\mu_i| \cdot [\cos(\varphi_i) + \mathrm{i}\sin(\varphi_i)]$，这里 $|\mu_i|$ 和 φ_i 是对应特征值分布图中，各模态特征值与原点之间距离以及与横坐标正向的夹角。$|\mu_i| = 1$ 时即模态稳定，夹角 φ_i 越大则对应角频率越大。

第 j 个快照可以用 DMD 模态的基底展开为

$$v(t_j) = \sum_{i=1}^{N-1} \phi_i \mu_i^{j-1} \alpha_i \qquad (6.23)$$

其中，α_i 是每个模态的初始幅值。

与公式(6.15)相似，上述表达式选取 n_r 个主要模态对应的矩阵形式为

$$
\begin{aligned}
V_1^{N-1} &= \boldsymbol{\Phi}D_\alpha V_{\mathrm{and}} \\
&= [\phi_1, \phi_2, \cdots, \phi_{n_r}]
\begin{bmatrix}
\alpha_1 & & & \\
& \alpha_2 & & \\
& & \ddots & \\
& & & \alpha_{n_r}
\end{bmatrix}
\begin{bmatrix}
1 & \mu_1 & \cdots & \mu_1^{N-2} \\
1 & \mu_1 & \cdots & \mu_2^{N-2} \\
\vdots & \vdots & \ddots & \vdots \\
1 & \mu_{n_r} & \cdots & \mu_{n_r}^{N-2}
\end{bmatrix}
\end{aligned}
$$

$$(6.24)$$

其中，矩阵 $\boldsymbol{\Phi}$ 的各列是动态模态 ϕ_i；D_α 是由幅值 α_i 构成的对角矩阵；V_{and} 是用上

述 Ritz 值构成的范德蒙矩阵。

需要注意的是,幅值是通过求解一个统一不变量的 F 范数最小化问题确定[12]:

$$\min_{\alpha} \parallel V_1^{N-1} - \boldsymbol{\Phi}\boldsymbol{D}_\alpha V_{\mathrm{and}} \parallel_{\mathrm{F}}^2 \tag{6.25}$$

考虑到矩阵 U 是一个酉矩阵(满足 $UUH = I$),它不会影响公式(6.25)中的范数值,因此该优化问题变为

$$\min_{\alpha} \parallel \boldsymbol{\Sigma}W^{\mathrm{H}} - YD_\alpha V_{\mathrm{and}} \parallel_{\mathrm{F}}^2 \tag{6.26}$$

其中,矩阵 Y 的每列 $\boldsymbol{y}_i$ 即矩阵 A 的特征向量。

对于这个凸优化问题,可以有多种处理办法[1,7,12]。下面简要介绍 2 种常见的计算方法。

1. 通过初试快照重构的 DMD 幅值计算方法

通过观察 $t_1 = 0$ 时刻的初始快照 $v(t_1)$,可以从数据重构方程式(6.24)得到 $v(t_1) = \boldsymbol{\Phi}\boldsymbol{D}_\alpha$。 但是,特征向量矩阵 $\boldsymbol{\Phi}$ 通常不是方阵。因此,通过特征向量矩阵上的伪逆,可以找到最小二乘向量的最佳拟合解,即

$$\boldsymbol{\alpha} = \boldsymbol{\Phi}^\dagger v(t_1) \tag{6.27}$$

其中,† 表示 Moore – Penrose 伪逆。

2. 基于二次函数的最优幅值计算方法

Jovanović 等[12]找到了公式(6.26)的一个等价表示:$\boldsymbol{\alpha}$ 的二次函数。因此,可以通过以下方式获得解决最优化问题的最优 DMD 振幅矢量:

$$\boldsymbol{\alpha} = P^{-1}q = \left[(Y^* Y) \circ (V_{\mathrm{and}} \overline{V_{\mathrm{and}}^*}) \right]^{-1} \overline{\mathrm{diag}(V_{\mathrm{and}} V\boldsymbol{\Sigma}^* Y)} \tag{6.28}$$

其中,星号 ∗ 表示向量(或矩阵)的复数共轭转置,上划线表示复数共轭,∘ 是两个矩阵的元素对应乘积。

此外,Jovanović 等[12]还引入了稀疏改进 DMD,该 DMD 实现了用户定义的提取模态数与等式(6.26)中的近似误差之间的折中。Kou 和 Zhang[13]通过对时间系数进行时间积分,提出了一种模态选择策略的标准,考虑了每种模态的发展并根据其总体贡献对其进行了排序。

最后,注意到公式(6.23)给出的扩展上限:如果考虑一个较小的数字 $n_r < N-1$,选取截断的快照展开,即可获得动态系统的降阶模型。存在不同的准则来确定保留的主导模态数,例如稀疏改进 DMD。下面在算法 2 中给出了通过相似变换实现的 DMD 算法展开。

算法 2：基于相似变换的标准 DMD 实现
输入：数据序列 V_1^{N-1}，时间步 Δt，选取模态数 n_{r}。
输出：DMD 模态 $\boldsymbol{\Phi}$，模态特征值 μ_i
1. $V_1^{N-1} = U\boldsymbol{\Sigma}W^{\mathrm{H}}$ →经济型奇异值分解
2. $AU\boldsymbol{\Sigma}W^{\mathrm{H}} = V_2^{N}$
3. $\tilde{A} = U^{\mathrm{H}}AU = U^{\mathrm{H}}V_2^{N}W\boldsymbol{\Sigma}^{-1}$ →相似变换
4. $\tilde{A}y_i = \mu_i y_i$ →特征值分解
5. $\phi_i = Uy_i$ →获取 DMD 模态
6. $v(t_j) = \sum_{i=1}^{n_{\mathrm{r}}} \alpha_i \phi_i \mu_i^{j-1}$ →数据重构
7. $\min_{\alpha} \parallel \boldsymbol{\Sigma}W^{\mathrm{H}} - YD_{\alpha}V_{\mathrm{and}} \parallel_{\mathrm{F}}^{2}$ →幅值计算

6.4　比较 POD 方法与 DMD 方法的比较

对于上述提到的模态分解技术可以知道,尽管 POD 给出了具有最小维度的正交基向量集,这使得它在构造流场的降阶模型方面十分有效。但 POD 方法是通过模态的能量值(即奇异值 Σ)的顺序来对模态进行排序,而并不是按模态重要性顺序排列,而且 POD 模态的空间结构包含了多种频率的动态特征。这在分析具有显著频率特性的动力学系统中无法给出准确的动力学描述,从而提取更为清晰的动态特性。DMD 方法则能够满足这一层面的要求,也因而成为研究复杂流动过程的有力工具。

图 6.1 用一个层流分离流算例说明了这一点。将 POD 应用于一个二维圆柱绕流[1],可以清晰地分离出作为主导模态的卡门涡街形成过程。除了这一非定常特征,同时还有相应的多个不同能量关联的不同结构模态。通过平均流场和六个 POD 模态,流场的重建基本可以还原原始流场。而作为替代,DMD 技术给出了具有显著动态特性的特征提取结果(图 6.2),每一个模态具有准确的频率特性,且只用平均流态和前四对振荡模态即可准确复原原始流场。通过频率的划分,可以更直观地提取到流场的动态特性。特别是例如模态 7~8 这样的高频模态,在具有周期特性的复杂流场中可能与几何体的气动力分布密切相关,但在 POD 分析中却可能因为较弱的能量值而不能被优先提取。

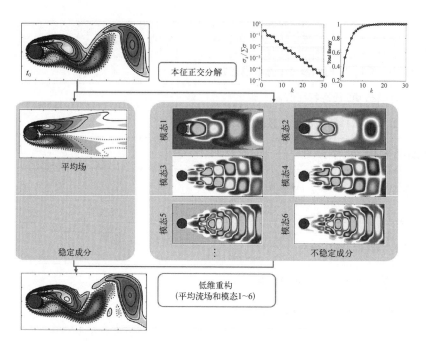

图 6.1　POD 方法应用于二维不可压 $Re_D = 100$ 圆柱绕流,平均场和 6 个 POD 模
　　　态准确重构了该分离流(由流场涡量进行可视化,数据集来自文献[1])

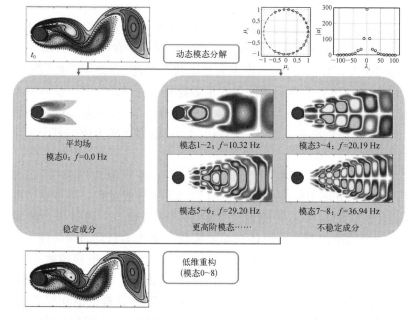

图 6.2　DMD 方法应用于二维不可压 $Re_D = 100$ 圆柱绕流,平均模态和 4 对共轭 DMD
　　　模态准确重构了该分离流(由流场涡量进行可视化,数据集来自文献[1])

POD 和 DMD 方法都提供了从大规模流场数据集中提取流动模态的数学技术。在研究和推广此类方法之前,需要了解它们在特征提取方面的优缺点。通过 Taira 等[14] 的综述研究,POD 具有的明显优缺点可以总结为:

优点:POD 方法给出了一个具有最小维度的正交基向量集;它对构建流场的减阶模型很有用,而且计算简单;快照法实现的 POD 方法对高维空间数据集具有显著的高效性;只要噪声水平低于信号水平,POD 很容易去除不连贯的噪声;POD 分析已经在许多领域得到广泛研究。

缺点:POD 方法忽略了系统的高阶相关性,因为它是基于二阶关联来进行分解的;显而易见,空间 POD 模式一般包含了多个频率,并根据模态的能量值而不是动力学重要性进行排序;很多时候并不清楚应该保留多少个 POD 模态合适。

相比之下,DMD 更专注于具有单一频率和增长率的关键动力学特征,但它们在空间上则不是正交的。其优缺点总结如下:

优点:DMD 不需要先验假设,也不需要有关相关数据序列的基本动态知识,甚至可以应用于不同的数据源;在某些情况下,它可以为描述非线性动力学的 Koompan 算子提供有限维近似;显然,DMD 模态将具有特定频率的特定动态结构隔离开来;事实证明,当遇到下述缺点时,DMD 是可自定义并改进的。

缺点:应用 DMD 的主要困难是如何对特征值的重要性进行排序以确定最相关的 DMD 模态,因为没有单一的幅值计算方法;从信号处理的角度来看,DMD 通常需要时间分辨的数据;DMD 仅在用于系统识别时才会生成线性模型,这意味着 DMD 对于非线性系统不可靠;此外,DMD 的输出对噪声是敏感的,需要在处理实际测量数据时对其进行额外的处理。

通过深入了解 POD 和 DMD 的优缺点,可以发现 DMD 几乎是基于 POD 基的基础上进行动力学分析。在处理大型流场数据库时,特别是在研究具有广泛动态范围的复杂流动时,毫无疑问 DMD 能提供更为丰富的动力信息,其在数据驱动的动力学系统当中具有更广泛的拓展和应用价值。

6.5　复合动态模态分解方法

DMD 方法通常会以变量的快照来执行分析,这些快照采用单一变量[例如在三个方向上的速度场 $v(t_j)$ 或雷诺剪切应力 $u'v'(x, t_j)$]以一定的时间间隔来表征动态系统的演进状态。而复合 DMD 方法则采用的是复合变量序列执行分析。

如表达式(6.29)所示,两个以上的变量同样可以组合成数据矩阵,用来作为 DMD 分析的复合输入。以可压缩流场为例,初始的快照序列可以由多个物理量或统计量构成,如速度、压力、温度、密度与雷诺切应力、λ_2 涡旋准则等进行组合。即使它们可能具有不同的维度,也可以根据它们的内在物理关联性对它们进行联合分析。通过多种变量的复合输入，DMD 分析可以找到基于特定问题的动态模态和组合中各个变量的流场重构：

$$
\boldsymbol{V}_1^N = \begin{bmatrix} \triangle & \triangle & \cdots & \triangle & \triangle \\ \triangle & \triangle & \cdots & \triangle & \triangle \\ \square & \square & \cdots & \square & \square \\ \square & \square & \cdots & \square & \square \\ \square & \square & \cdots & \square & \square \\ \square & \square & \cdots & \square & \square \\ \square & \square & \cdots & \square & \square \\ \square & \square & \cdots & \square & \square \\ \underbrace{\square}_{\overline{v(t_1)}} & \underbrace{\square}_{\overline{v(t_2)}} & \cdots & \underbrace{\square}_{\overline{v(t_{N-1})}} & \underbrace{\square}_{\overline{v(t_N)}} \end{bmatrix} \in \mathbb{R}^{(n_{p1}+n_{p2}) \times N} \tag{6.29}
$$

例如，根据 FIK 壁湍流阻力表达式中物理量关系[15]，主要关注瞬时的壁面摩擦阻力 $c_f(t_j)$ 和雷诺切应力 $u'v'(\boldsymbol{x}, t_j)$ 的变量组合。

$$
c_f = \underbrace{12/Re_b}_{\text{层流}} + \underbrace{12\int_0^1 2(1-y)\langle -u'v' \rangle \mathrm{d}y}_{\text{湍流}} \tag{6.30}
$$

在式（6.30）中，算子 $\langle\ \rangle$ 表示时间和空间周期方向平均（沿 x 和 z 方向），Re_b 代表整体雷诺数。湍流壁面摩擦阻力的这种关系式表明，相比于层流部分，壁湍流中壁面阻力的极大部分来自流场内部的雷诺切应力。在 $u'v'(\boldsymbol{x}, t_j)$ 数据序列中引入 $c_f(t_j)$，可以将其视为 $u'v'(\boldsymbol{x}, t_j)$ 的另一个维度，并在下述加权幅值因子计算的步骤中发挥其关键作用。

对于复合 DMD 的展开，其与标准 DMD 主要有两处不同。显然，第一个差异来自初始数据序列的形成，初始数据序列的形成将在基本快照中附加并不相同的额外维度。第二个改进是对 DMD 模态进行排序的方式。在快照重构的展开方程（6.24）中选择上限时，考虑了两个简单的准则并进行对比。第一个准则是仅保留满足 $\dfrac{|\alpha_i|}{|\alpha_{\max}|} \geqslant 10\%$ 的模态，其中 α_i 是方程（6.24）中的幅值。第二个准则是在展开方程中保留对壁面摩擦阻力起最大作用的模态，这里的作用大小通过定义一个新的数量（称为 β 因子）来实现：

$$
\beta_i \equiv (\boldsymbol{\phi}_i \cdot \boldsymbol{e}_{c_f})\alpha_i \tag{6.31}
$$

如果 $\boldsymbol{e}_{c_f}$ 是壁面摩阻分量的单位矢量，则因数 $\boldsymbol{\phi}_i \cdot \boldsymbol{e}_{c_f}$ 会从复合 DMD 分析的动态模态 $\boldsymbol{\phi}_i$ 中抽取与 c_f 相关联的模态，因此 β 因子也称为加权因子。第二个经过加权的选取准则 $\dfrac{|\beta_i|}{|\beta_{\max}|} \geqslant 10\%$ 将凸显出雷诺切应力与壁面摩阻的关联。

无论公式（6.24）中模态数 n_r 取值多少，雷诺切应力的剖面曲线由下式计算：

$$\langle u'v' \rangle^{\text{DMD}}(y) = \frac{1}{N\Delta t} \sum_{i=1}^{n_{\text{r}}} \alpha_i \langle \phi_i - (\phi_i \cdot e_{c_{\text{f}}}) e_{c_{\text{f}}} \rangle \int_0^{N\Delta t} \text{e}^{\lambda_i t} \text{d}t \qquad (6.32)$$

复原的剖面曲线由 n_{r} 个模态的重构求和并随时间取平均而得,其结果将与 DNS 数据集的直接统计结果进行对比分析,来验证不同数据集设定下不同 DMD 方法所提取特征的准确性。

6.6 动态模态分解方法的并行技术

非均匀(NU – uniform DMD)方法[16]通过压缩感知原理,并借助于 K 平均算法,有效减少了 DMD 分析的计算量。不同的是,Sayadi 等[17]基于并行 $\boldsymbol{QR}$ 分解给出了 DMD 方法分布式内存实现。DMD 分析中最为耗费计算资源的部分就是实现矩阵分解 $\boldsymbol{V}_1^{N-1} = \boldsymbol{U\Sigma W}^{\text{H}}$。奇异值分解 SVD 并行化是基于 Demmel 等[18]提出的分布式内存并行 TSQR(tall-and-skinny matrix $\boldsymbol{QR}$ decomposition,高瘦矩阵 $\boldsymbol{QR}$ 分解)算法,进一步开发实现。

图 6.3 展示了该并行 $\boldsymbol{QR}$ 分解过程的示意图。简而言之,该过程首先将数据矩阵划分为相同列宽的子矩阵(行高可以不同),然后将其分配到各个处理器单元中。在第 k 个处理器上,对子矩阵执行 $\boldsymbol{QR}$ 分解,得到正交矩阵 $\boldsymbol{Q}_k^{\text{I}}$ 和上三角矩阵 $\boldsymbol{R}_k$。然后需要将所有矩阵 $\boldsymbol{R}_k$ 集合成单个矩阵 $\boldsymbol{R}'$,这是整个并行 $\boldsymbol{QR}$ 分解过程中所有处理器之间唯一产生通信的步骤。在每个处理器上对 $\boldsymbol{R}'$ 进行第二次 $\boldsymbol{QR}$ 分解,生成正交矩阵 $\boldsymbol{Q}_k^{\text{II}}$ 和 $\boldsymbol{R}$。这时的矩阵 $\boldsymbol{R}$ 即为整个数据矩阵 $\boldsymbol{V}_1^{N-1}$ 进行 $\boldsymbol{QR}$ 分解

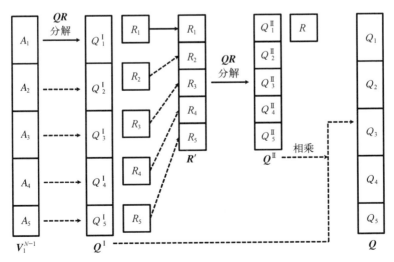

图 6.3 高瘦矩阵 $\boldsymbol{QR}$ 分解算法示意图[19]

简化演示了五个处理器单元情况,实线表示单个处理器上的进程,虚线表示所有可用处理器上的并行进程

时对应的上三角矩阵。然后,将每个处理器上的结果 Q_k^{II} 与子矩阵的原始正交矩阵 Q_k^{I} 相乘,即得出完整数据矩阵 QR 分解的最终正交矩阵 Q。

基于上述并行 QR 分解,即可通过在压缩的 R 矩阵上应用 SVD 来计算整个数据矩阵的 SVD 分解。首先,在所有处理器单元上对 R 矩阵进行奇异值分解 U_R、Σ、$W^{\mathrm{H}} = \mathrm{SVD}(R)$。然后,通过将 U_R 乘以正交矩阵 Q 的相应部分作为 $U_k = Q_k U_R$ 来构成完整数据矩阵的左酉矩阵 U,这些数据在每个处理器上已经直接可用。同时,奇异值和正确的右酉矩阵已经存储在 Σ 和 W^{H} 中。并行化 DMD 技术实现见如下算法 3 实现过程:

算法 3: 并行化 DMD 实现
输入: 数据序列 V_1^{N-1},时间步 t_j
输出: DMD 模态 $\boldsymbol{\Phi}$,模态特征值 μ_i
1. $V_1^{N-1} = \{A_1, A_2, \cdots, A_{N_p}\} \rightarrow$ 构建矩阵并分发给 N_p 个处理器单元
2. $Q_k^{\mathrm{I}} R_k = A_k \rightarrow$ 每个子矩阵的 QR 分解
3. $\{R_1, R_2, \cdots, R_{N_p}\} = R' \rightarrow$ 组合所有 R_k
4. $Q^{\mathrm{II}} R = R' \rightarrow R'$ 的 QR 分解
5. $Q_k = Q_k^{\mathrm{II}} Q_k^{\mathrm{I}} \rightarrow$ 实现第一步(TSQR 算法): 计算 Q_k 和 R 矩阵
6. $R = U_R \Sigma W^{\mathrm{H}} \rightarrow$ 经济型的奇异值分解
7. $U_k = Q_k U_R \rightarrow$ 实现第二步: 计算 U、Σ 和 W 矩阵
8. $\bar{A} = U^{\mathrm{H}} A U = U^{\mathrm{H}} V_2^N W \Sigma^{-1} \rightarrow$ 相似变换
9. $\bar{A} y_i = \mu_i y_i \rightarrow$ 特征值分解
10. $\phi_i = U y_i \rightarrow$ 生成 DMD 模态
11. $v(t_j) = \sum_{i=1}^{n_r} \alpha_i \phi_i \mu_i^{j-1} \rightarrow$ 数据重构
12. $\min_{\alpha} \| \Sigma W^{\mathrm{H}} - Y D_\alpha V_{\mathrm{and}} \|_{\mathrm{F}}^2 \rightarrow$ 实现第三步: 计算 DMD 模态 ϕ_i 和对应特征值 μ_i,与算法 2 相同

6.7 复合 DMD 在槽道湍流分析中的应用

复合 DMD 分析在较小湍流雷诺数中具有显著的特征提取特点和优势[20]。下面选取了马德里理工大学 Jiménez 教授团队提供的 $Re_\tau \approx 950$ 槽道流数据库作为研究对象[21]。作为对比,将文献研究[22]中 $Re_\tau \approx 200$ 槽道流参数也包含在内,后续分别简称为 R200 算例和 R950 算例。下面将首先应用串行化的复合 DMD 技术,尝试找到串行条件下的分析规模上限。参考壁湍流边界层中近壁区的丰富动态特性[23-25],将重点关注 $y^+ \in [0, 50]$ 的区域。然后,采用并行的内存分布式 SVD 技术[17],将研究的时间和空间范围进一步拓展,此时计算量已远超 R200 算例的数据规模,通过并行化能对更大数据集进行分析。

首先介绍湍流数据库的参数情况。该 $Re_\tau \approx 950$ 可以从公开数据库[21]中获得。关于该 DNS 计算的详细描述可以在 Lozano-Durán 和 Jiménez[26, 27]的研究中获取。该数据库包括超过 1.5×10^4 的快照,使用 HDF5 的高压缩数据格式,总存储量也超过 23TB。该数据库的参数总结在表 6.1 中,其中 Δt_s 代表存储字段之间的平均时间间隔。

表 6.1　$Re_\tau \approx 200$ 及 $Re_\tau \approx 950$ 槽道湍流参数汇总表

算例	Re_τ	L_x/h	L_z/h	Δx^+	Δz^+	Δy^+_{max}	N_x, N_z	N_y	Δt_s^+	u_τ
R200	200	2π	π	6.54	3.27	5.18	192	129	0.1	0.041 98
R950	950	2π	π	11	5.7	7.6	768	385	0.8	0.045 39

从图 6.4 可以看到该数据库的壁面法向速度曲线,该剖面也验证了流动的有效性。在进行本节 DMD 分析之前,将采取一些措施来减少内存占用,然后依次展

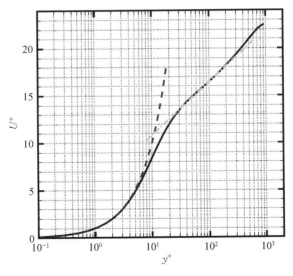

图 6.4　$Re_\tau \approx 950$ 数据库经归一化的流向速度剖面

黑色虚线:线性分布;灰色虚线:对数率分布

开串行和并行化的复合 DMD 分析研究。需要补充说明的是,因为该数据库存储的数据快照并不是完全均匀时间分布的,因此需要线性插值再开展 DMD 分析,插值后的快照序列时间步长为 $\Delta t_j \equiv \overline{\Delta t_s} = (825.307 - 806.044)/(1\,200 - 1) \approx 0.016\,1$。

6.7.1 串行化复合 DMD 分析

对于 $y_{\max}^+ = 50$ 的串行化复合 DMD 分析,由于在典型工作站上能处理的数据规模是有限的,再经过尝试多种数据序列组合后,得到最大数据处理上限为 $n_s = 800$,在 x 和 z 方向上每四个网格取一个数据点(即 $s_x = s_z = 4$)的组合。本节首先对比了几种不同的数据序列长度和网格采样密度进行二阶统计量对比,尝试找到可以满足雷诺切应力分布精度,同时数据量尽量少的组合,再基于此数据组合展开串行 DMD 分析。此时分析的数据序列的大小约为 59.3 GB。

从图 6.5(a)中可以看出,考虑空间上采样密度缩减的快照并不影响二阶统计量的分布。而对于保留的快照数量,图 6.5(b)也显示,至少在近壁区域 $y^+ < 50$,产生的偏差均相对较小。因此,在串行分析的部分目前只考虑 $n_s = 500$ 个快照沿 x 和 z 方向空间缩减 $s_x = s_z = 4$ 的组合。根据槽道流的对称性,这里同样只考虑一半的槽道流域。DMD 要处理的数据就从原来的 15 754 个分辨率为 $n_x \times n_y \times n_z \approx 2.27 \times 10^8$ 的快照减少为 500 个大小为 $\frac{n_x}{s_x} \times \left[\text{floor}\left(\frac{n_y}{2}\right) + 1\right] \times \frac{n_z}{s_z} \approx 3.16 \times 10^6$ 的快照序列。进一步,本节将分析流域截取到 $y^+ \in [0, y_{\max}^+]$ 的范围内。这里取 $y_{\max}^+ = 50$ 已包含了流场的黏性层和缓冲层,可参见图 6.4。到此,这部分分析的时间从 $t_1 \approx 806.044$ 到 $t_{500} \approx 814.204$,时间跨度 $\Delta T \approx 8.160$(注意,这里 $\Delta T \neq \Delta t_s$)。

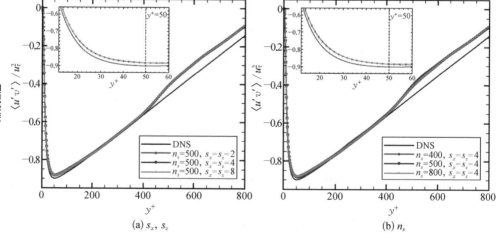

(a) s_x, s_z

(b) n_s

图 6.5 R950 算例中雷诺切应力剖面随快照数 n_s 与空间缩减 s_x、s_z 的敏感性分析

接下来,考察仅由 $u'v'(\vec{x}, t_k)$ 变量形成的快照序列分析(即标准 DMD)和 $u'v'(\vec{x}, t_k)$ 与 $c_f(t_k)$ 变量组合的快照序列分析(即复合 DMD)。从图 6.6 的特征值分布来看,可以发现大多数模态位于位置 $|\mu| = 1$ 附近,这尊重了这种湍流的统计静止性质。一些稳定的模态出现在单位圆内。从图中所示的特征值分布来看,还可以观察到,在 R200 和 R950 算例中,经典和复合 DMD 的特征值实际上是重合的[图 6.6(a)和(c)]。

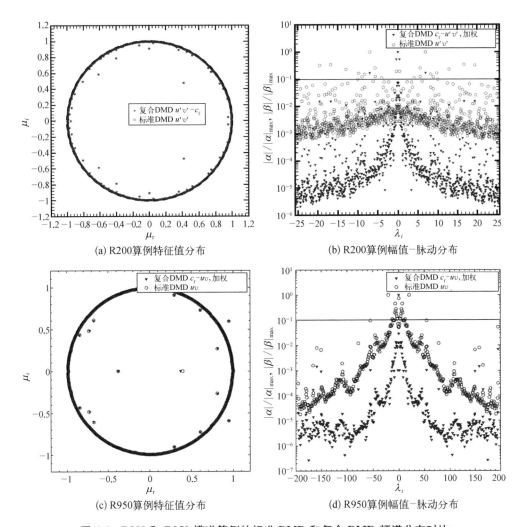

(a) R200算例特征值分布　　　　(b) R200算例幅值-脉动分布

(c) R950算例特征值分布　　　　(d) R950算例幅值-脉动分布

图 6.6　R200 和 R950 槽道算例的标准 DMD 和复合 DMD 频谱分布对比

如上所说,标准 DMD 和复合 DMD 给出的特征值分布实际上是相同的(图 6.6)。然而,根据方程(6.31)中引入的 β_i 因子对模态进行排序,可以检索到较

少数量具有一定相关性的模态。事实上可以发现，无论考察的雷诺数是多少，选取大的 $|\beta_i|$ 所对应的模态数总是小于 $|\alpha_i|$ 选取的模态数量，见图6.6(b)和6.6(d)。

图6.7则检验了通过大的 $|\beta_i|$ 值相关的少数（小于1%）复合DMD模态。它们的叠加重构[式(6.32)]可以非常精确地还原雷诺应力分布曲线。相反，按照 $|\beta_i|$ 值选取相当数量的标准DMD模态却无法还原准确的雷诺应力分布。这也表明，由 $|\beta|$ 所选择的模态比 $|\alpha|$ 的选取模态可以获得与所研究的物理现象更相关的特征。

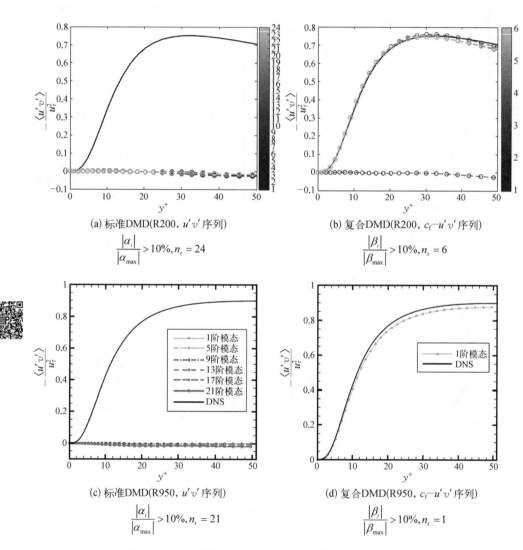

图 6.7　10%幅值准则下 DMD 模态的雷诺切应力剖面重构

黑线为参考 DNS 统计结果

最后,通过可视化动态模态来对复合 DMD 的结果进行分析。图 6.8(a) 显示了 R200 情况下重建的 $u'v'$ 流场,这里根据 $|\beta_i| / |\beta_{max}| > 10\%$ 使用 $n_r = 6$ 个模态。图 6.8(b) 只用一个模态即满足了前述模态选取准则。在两种流场中,可以清晰地看到相隔 $\Delta z^+ \approx 100 \sim 120$ 的流动结构分布,这与文献研究[22-25]结论一致。

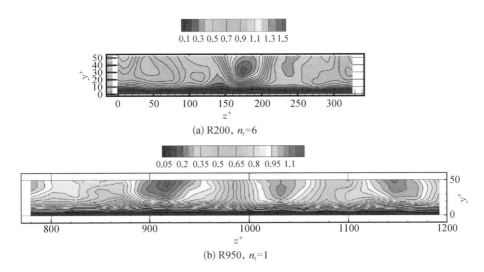

(a) R200, $n_r = 6$

(b) R950, $n_r = 1$

图 6.8　通过槽道流 $c_f - u'v'$ 组合快照的复合 DMD 分析的流场重构图

6.7.2　并行化复合 DMD 分析

与串行分析的展开方式类似,本节中首先将考察的快照序列拓展到一个更广泛的区间,从而可以更准确地表征湍流统计信息。在此基础上,将比较和分析通过并行 DMD 算法获得的有无复合数据的分解结果。

图 6.9 显示了从选取的快照子序列($n_s = 500$、800 和 $1\,200$)中获得的二阶统计量,这些快照沿 x 和 z 方向进行了不同的空间缩减(即每间隔 s_x 或 s_z 取一个网格点)。从图 6.9(a) 中可以看出,考虑空间缩减的快照对二阶统计几乎没有影响。图 6.9(b) 则显示了快照序列长度 n_s 的影响,可以观察到不同 n_s 产生的误差是相对较小的,尤其是在 $y^+ < 150$ 的流场区域内。因此,接下来考察的数据序列是由前 $n_s = 1\,200$ 的快照沿 x 和 z 两个方向进行空间缩减 $s_x = s_z = 2$ 的数据集,以达到高度还原流动信息。因此,DMD 要处理的数据变为 $1\,200$ 个大小为 $\dfrac{n_x}{s_x} \times \left[\text{floor}\left(\dfrac{n_y}{2}\right) + 1 \right] \times \dfrac{n_z}{s_z} \approx 1.26 \times 10^7$ 的快照序列。对应的流场快照时间为从 $t_1 \approx 806.044$ 到 $t_{1\,200} \approx 825.307$,时间跨度 $t_{ns} - t_1 \approx 19.26$。此时,数据序列的规模大约为 355.8 GB。

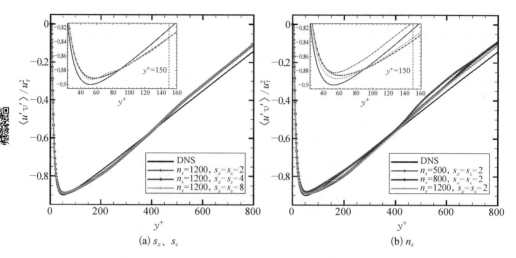

(a) s_x、s_z　　　　　(b) n_s

图 6.9　R950 算例 $y_{max}^+=150$ 下雷诺切应力剖面随快照数 n_s 与空间缩减 s_x、s_z 的敏感性分析

图 6.10(a)比较了两种数据序列下串行和并行的复合 DMD 分析波谱:串行 DMD 分析运用 $n_s=500$ 个快照及 $s_x=s_z=4$ 的空间缩减,而并行 DMD 则使用 $n_s=1\,200$ 个快照和 $s_x=s_z=2$ 的空间缩减。在两个波谱中,特征值几乎都在单位圆上,这与充分发展的槽道湍流准稳态是一致的。而图 6.10(b)中,两者的幅值因子 β_i 分布是相类似的。虽然两者研究的流域均为 $y_{max}^+=50$,但波谱却并不吻合,这恰恰说明更长的快照序列及更精细的分辨率会带来了额外的流场信息。

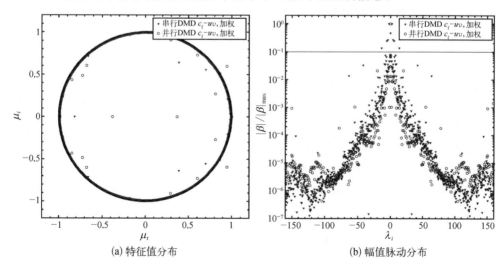

(a) 特征值分布　　　　　(b) 幅值脉动分布

图 6.10　基于 $c_t-u'v'$ 变量组合的 $y_{max}^+=50$ 流域复合 DMD 分析

串行分析基于 $n_s=500$、$s_x=s_z=4$;并行分析基于 $n_s=1\,200$、$s_x=s_z=2$

接下来的 DMD 分析将基于 $n_s = 1\,200$ 个快照序列,并使用 $s_x = s_z = 2$ 的空间缩减和 $y_{max}^+ = 150$ 的流动区域。标准 DMD 将分析 $u'v'(\vec{x}, t_k)$ 变量场,而复合 DMD 分析 $c_f(t_k) - u'v'(\vec{x}, t_k)$ 的变量组合快照序列。从图 6.11 的特征值分布中,发现绝大多数模态落在 $|\mu| = 1$ 的单位圆上,但仍有少数模态在单位圆内。而从图 6.11(a)中,也可以发现标准 DMD 和复合 DMD 是几乎重合的。但通过 β_i 因子来排序的脉动分布是更窄的,也就是 $|\beta_i|$ 的较大值对应的模态数是比 $|\alpha_i|$ 的标准排序得到的较大幅值模态数要少得多,如 6.11(b)所示。

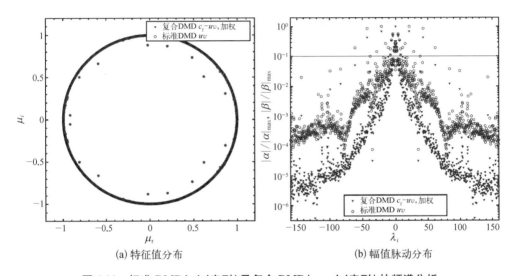

(a) 特征值分布　　　　　　　　　　(b) 幅值脉动分布

图 6.11　标准 DMD($u'v'$ 序列)及复合 DMD($c_f - u'v'$ 序列)的频谱分析

图 6.12 将使用 β_i 因子相较于 α_i 来对模态进行分类和排序的优势明显展示出来了:在标准 DMD 分析中,通过 $|\alpha_i|$ 选取的相当数量的大幅值模态也没能够准确还原 DNS 的雷诺切应力分布曲线。也再次证明,由 $|\beta_i|$ 筛选的大幅值模态与本节所研究的物理现象是更加紧密关联的。

图 6.13 是流向平均后的雷诺切应力横向切面分布图。图 6.13(a)和图 6.13(b)摘取了 $Re_\tau \approx 200$ 标准算例并行分析及 $Re_\tau \approx 950$ 串行分析的模态重构结果,图 6.13(c)则是本节并行 DMD 分析的重构结果。比较图 6.13(b)和(c),可以发现在更大的流域中也提取到了类似尺度的流动结构,但并行 DMD 分析使得近壁区的这些流动结构拓展到 $y^+ = 100$ 的区域。而相比于 $Re_\tau \approx 200$ 槽道流标准算例的结果,从图 6.13(a)可以发现,展向流动结构的分布间隔依然在 $\Delta z^+ \approx 100 \sim 150$ 的范围。总而言之,通过选取更大的流动子域及更长的时间跨度,本章所提出的并行化复合 DMD 技术可以更好地表征 $Re_\tau \approx 950$ 数据库中的壁面阻力相干结构。

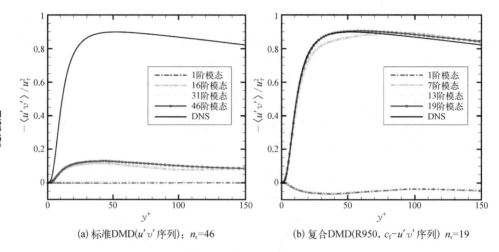

(a) 标准DMD($u'v'$序列)：n_r=46 　　　　(b) 复合DMD(R950, c_f-$u'v'$序列) n_r=19

图 6.12　10%幅值准则下 DMD 模态的雷诺切应力剖面重构

黑线为参考 DNS 统计结果

(a) $Re\approx200$, n_s=1025, y_{max}^+=50(文献[22])

(b) $Re\approx950$, n_s=500, y_{max}^+=50

(c) $Re\approx950$, n_s=1200, y_{max}^+=150

图 6.13　$Re\approx200$ 和 $Re\approx950$ 算例使用 c_f-$u'v'$快照的复合
DMD 分析模态重构：n_r 依次取 9、1 和 19

参 考 文 献

［ 1 ］ Kutz J N, Brunton S L, Brunton B W, et al. Dynamic mode decomposition: Data-driven modeling of complex systems ［ M ］. Philadelphia: Society for Industrial and Applied Mathematics, 2016.

［ 2 ］ Sayadi T, Schmid P J, Nichols J W, et al. Reduced-order representation of near-wall structures in the late transitional boundary layer［ J ］. Journal of Fluid Mechanics, 2014, 748: 278－301.

［ 3 ］ Koopman B O, Neumann J. Dynamical systems of continuous spectra［ J ］. Proceedings of the National Academy of Sciences, 1932, 18(3): 255－263.

［ 4 ］ Rowley C W, Mezić I, Bagheri S, et al. Spectral analysis of nonlinear flows［ J ］. Journal of Fluid Mechanics, 2009, 641: 115－127.

［ 5 ］ Saad Y. Numerical methods for large eigenvalue problems ［ M ］. Philadelphia: Society for Industrial and Applied Mathematics, 2011.

［ 6 ］ 李炳华.基于动态模态分解技术的湍流边界层特征提取方法与应用［ D ］.杭州: 浙江大学, 2021.

［ 7 ］ Greenbaum A. Iterative methods for solving linear systems ［ M ］. Philadelphia: Society for Industrial and Applied Mathematics, 1997.

［ 8 ］ Trefethen L N, Bau D Ⅲ. Numerical linear algebra［ M ］. Philadelphia: Society for Industrial and Applied Mathematics, 1997.

［ 9 ］ Rowley C W, Dawson S T M. Model reduction for flow analysis and control［ J ］. Annual Review of Fluid Mechanics, 2017, 49: 387－417.

［10］ Schmid P J. Dynamic mode decomposition of numerical and experimental data［ J ］. Journal of Fluid Mechanics, 2010, 656: 5－28.

［11］ Tu J H, Rowley D M, Clarence W, et al. On dynamic mode decomposition: Theory and applications［ J ］. Journal of Computational Dynamics, 2014, 1(2): 391－421.

［12］ Jovanović M R, Schmid P J, Nichols J W. Sparsity-promoting dynamic mode decomposition［ J ］. Physics of Fluids, 2014, 26(2): 024103.

［13］ Kou J, Zhang W. An improved criterion to select dominant modes from dynamic mode decomposition［ J ］. European Journal of Mechanics-B/Fluids, 2017, 62: 109－129.

［14］ Taira K, Brunton S L, Dawson S T M, et al. Modal analysis of fluid flows: An overview［ J ］. AIAA Journal, 2017, 55(12): 4013－4041.

［15］ Fukagata K, Iwamoto K, Kasagi N. Contribution of Reynolds stress distribution to the skin friction in wall-bounded flows［ J ］. Physics of Fluids, 2002, 14(11): L73－L76.

［16］ Guéniat F, Mathelin L, Pastur L R. A dynamic mode decomposition approach for large and arbitrarily sampled systems［ J ］. Physics of Fluids, 2015, 27(2): 025113.

［17］ Sayadi T, Schmid P J. Parallel data-driven decomposition algorithm for large-scale datasets: With application to transitional boundary layers ［ J ］. Theoretical and Computational Fluid

Dynamics, 2016, 30: 415 - 428.

[18] Demmel J, Grigori L, Hoemmen M, et al. Communication-optimal parallel and sequential QR and LU factorizations[J]. SIAM Journal on Scientific Computing, 2012, 34(1): A206 - A239.

[19] Benson A R, Gleich D F, Demmel J. Direct QR factorizations for tall-and-skinny matrices in MapReduce architectures [C]. Silicon Valley: 2013 IEEE international conference on big data, 2013.

[20] Li B, Mena J G, Zheng Y, et al. Feature extraction from turbulent channel flow of moderate Reynolds number via composite DMD analysis[C]. Taiyuan: 4th International Conference on Fluid Mechanics and Industrial Applications, 2020.

[21] Lozano-Durán A, Jiménez J. UPM turbulent database [EB/OL]. (2021 - 04 - 10). https:// torroja.dmt.upm.es/turbdata.

[22] Garicano-Mena J, Li B, Ferrer E, et al. A composite dynamic mode decomposition analysis of turbulent channel flows[J]. Physics of Fluids, 2019, 31(11): 115102.

[23] Lagha M. A comprehensible low-order model for wall turbulence dynamics[J]. Physics of Fluids, 2014, 26(8): 085111.

[24] Cassinelli A, de Giovanetti M, Hwang Y. Streak instability in near-wall turbulence revisited[J]. Journal of Turbulence, 2017, 18(5): 443 - 464.

[25] Lagha M, Kim J, Eldredge J D, et al. A numerical study of compressible turbulent boundary layers[J]. Physics of Fluids, 2011, 23(1): 015106.

[26] Lozano-Durán A, Jiménez J. Time-resolved evolution of coherent structures in turbulent channels: Characterization of eddies and cascades[J]. Journal of Fluid Mechanics, 2014, 759: 432 - 471.

[27] Lozano-Durán A, Jiménez J. Effect of the computational domain on direct simulations of turbulent channels up to $Re_\tau = 4200$[J]. Physics of Fluids, 2014, 26(1): 011702.